21世纪高职高专规划教材·机械制造与自动化系列

数控车床综合实训

主　编　吴志清
副主编　史豪慧

中国人民大学出版社
·北京·

前　　言

制造自动化是先进制造技术的重要组成部分，其核心技术是数控技术。随着数控技术的发展，国内数控机床用量的迅速增加，亟需培养一大批熟悉并掌握数控加工工艺、数控机床编程、操作和维护的应用型高级技术人才。为深化高等职业教育改革，培养与我国现代化建设相适应的、在制造领域中从事技术应用的人才，我们在总结高职、高专机械专业人才培养模式的基础上编写了本教材。

《数控车床综合实训》主要以广州数控机床厂的操作系统为基础，以FANUC系统为参考进行了编写。本教材的编写始终坚持以就业为导向，以职业能力培养为核心的原则，将数控车削加工工艺和程序编制方法等专业技术能力融合到教学项目中。教材内容的编写主要体现以下几方面特点：

1. 围绕数控车床考证的岗位要求进行项目的取舍。把提高学生的职业能力放在突出位置，围绕数控编程、加工工艺两大部分进行展开，同时强化数控车削加工工艺知识和训练，使学员通过学习逐步形成职业能力。

2. 通过项目驱动的组织形式分散难点。本教材的组织形式是设置若干个项目，每个项目都以一个实际零件的加工任务为核心引出新的数控指令和数控工艺知识。项目内容从易到难，逐步将各种数控加工指令与工艺知识引出。在多个零件加工项目的驱动下，完成对数控车削加工的相关知识的掌握。

3. 采用理论实践一体化教学。本教材以数控加工技术应用与操作能力的培养为主要目标，专业知识内容以够用、必需为度，具有较强的针对性和适应性。

4. 采用由浅入深、深入浅出、循序渐进的编写风格。本教材结合数控车床操作工职业技能资格考核标准进行实训操作的安排，注重提高学生的实践能力和岗位就业竞争力。

5. 紧扣数控加工技术的岗位（群）新需求，科学合理地安排教材内容，融合相关数控新技术、新设备、新材料、新工艺等内容，缩短学校教育与企业需要的距离，更好地满足企业的需要。

本书由广州工程技术职业学院的吴志清老师担任主编，史豪慧老师担任副主编。本书在编写的过程中，还得到了许多老师和企业人士的帮助与支持，在此特向他们一并表示感谢。由于编者水平有限，书中难免存在一些错误与缺点，恳请读者批评指正。

编　者

2010年6月

目 录

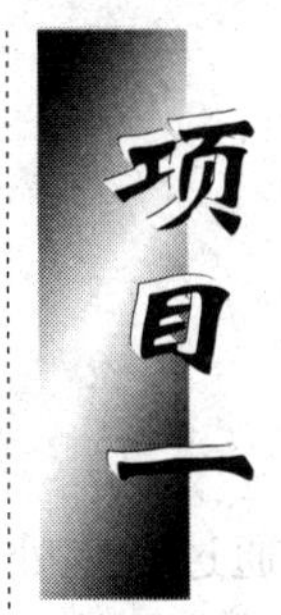

基本插补指令的应用

一、项目内容

如图 1—1 所示为一个简单的轴类零件，工件材料选用 45# 钢，已经进行了粗加工，工件还没有切断，留有 0.5mm 的精加工余量，要求对零件进行技术分析、确定装夹方法、选择刀具、制定加工方案、运用直线插补和圆弧插补等指令进行精加工程序的编制，并加工检验。

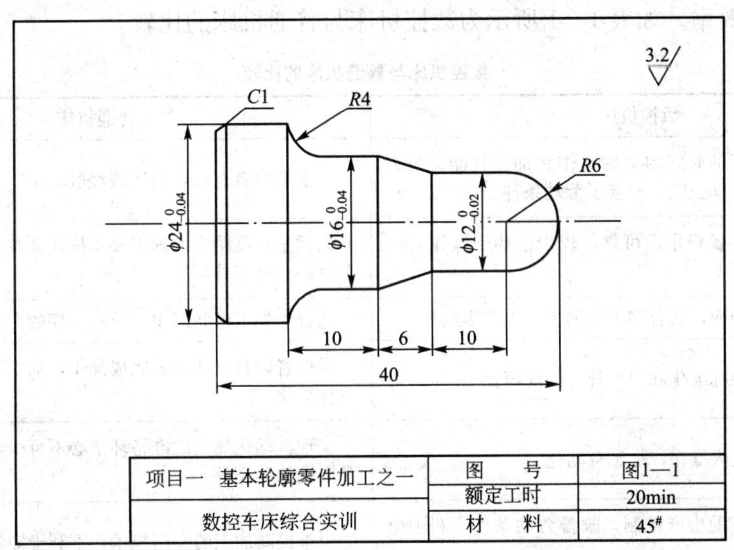

图 1—1

1. 技能目标

◆ 能熟练地操作数控车床，熟悉操作面板的各功能键，快速准确地输入加工程序；

◆ 能熟练地分析零件，制定零件的精加工工艺，确定加工方法及步骤；

◆ 正确地安装夹具刀具，正确地使用量具，快速地加工工件；

◆ 加工过程中，能较好地控制零件尺寸。

2. 知识目标

◆ 掌握数控车床的基础知识、编程内容及基本功能；

◆ 掌握 G00、G01、G02、G03 等基本插补指令的功能、编程格式及特点；

◆ 掌握简单轴类零件的数控车削加工工艺；
◆ 运用相关指令对零件进行精加工程序的编制。

二、相关知识

1. 数控基础知识

(1) 数控的定义与数控机床。

数控是数字程序控制的简称，英文即 Numerical Control。它的实质是通过特定处理方式下的数字信息（不连续变化的数字量）自动控制机械装置进行动作。采用数控技术实现数字控制的一整套装置和设备，称为数控系统。

数控机床就是装备数控系统，采用数字信息对机床运动及其加工过程进行自动控制，自动加工零件的机床。

当前普遍应用的数控机床有数控车床、数控铣床、加工中心、数控镗床、数控磨床、数控线切割、数控电火花等。

(2) 数控机床的特点。

数控机床是机电一体化的典型产品，是集机床、计算机、通信、电力拖动、自动控制、检测等技术为一体的自动化设备，具有高效率、高精度、高自动化和高柔性的特点，是当今机械制造业的主流装备。它可加工一般普通机床上无法加工的复杂零件，同时具有很高的加工质量和效率。如表 1—1 所示为数控机床与普通机床的比较。

表 1—1　　数控机床与普通机床的比较

数控机床	普通机床
操作者可在较短的时间内掌握操作和加工技能。大大减轻了操作者的劳动强度，改善了劳动条件	要求操作者有长期的实践经验
加工精度高，质量稳定、可靠，较少依赖于操作者的技能水平	高质量、高精度的加工要求操作者具有高的技能水平和良好的直觉和技巧
能加工复杂的型面，适合多工序加工，工序集约化	适合于加工形状简单、单一工序的产品
易于加工工艺的标准化和刀具管理的规模化	操作者以自己的方式完成加工，加工方式多样，很难实现标准化
适合于长时间无人操作，加工自动化	实现自动化加工的准备环节必不可少，如材料的预去除及夹具的制作等
适合于计算机辅助生产控制，改善劳动条件，利于生产管理现代化	很难提高加工的专门技术，不利于知识的系统化和普及
生产效率高、自动化程度高、工序集中、有较大的切削用量	生产效率低，产品质量不稳定
价格高、投入成本大、加工过程难以调整，且维修困难	价格低、维修较容易

(3) 数控机床的组成。

数控机床一般由输入输出装置、CNC 数控装置（或称 CNC 单元）、伺服驱动系统（包括驱动电机、驱动元件和执行机构等）、可编程控制器 PLC 及电气控制装置、辅助装置、机床本体和测量装置组成。

与传统的普通机床相比，数控机床机械部件采用了高性能的主轴及进给伺服驱动装置，机械传动装置得到简化，传动链较短；具有较高的动态特性、动态刚性、阻尼精度、耐磨性以及抗热变性；较多地采用了高效传动件，如滚珠丝杠螺母副、直线滚动导轨等。

图 1—2 是数控机床的组成框图，其中除机床本体之外的部分统称为计算机数控（CNC）系统。

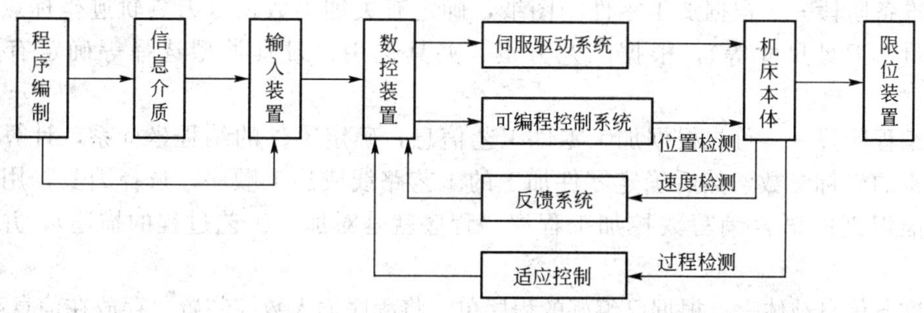

图 1—2 数控机床的组成

图 1—2 中各组成的含义为：

◇ 信息介质——是记录零件加工程序的载体，是人与机建立联系的介质。

◇ 输入输出装置——是数控装置与外部设备进行信息交换的装置。存储介质上记载的加工信息需要输入装置输送给机床数控系统，数控系统中存储的零件加工程序可以通过输出装置传送到存储介质上。

◇ 数控装置——是数控机床的核心，接受由输入装置输入的各种加工信息，经过编译、运算和逻辑处理后，输出各种控制信息和指令，控制机床各部分，使其按程序要求实现规定的有序运动和动作。

◇ 伺服驱动系统——是数控系统的执行部分，把来自数控装置的脉冲信号转换成机床移动部件的运动。每一个脉冲信号对应的机床移动部件的位移量称为脉冲当量，常用的脉冲当量为 0.05mm/脉冲、0.005mm/脉冲、0.001mm/脉冲。每个运动部件都由相应的伺服驱动系统控制。

◇ 可编程控制系统——接受数控装置输出的开关量指令信号，经过编译、逻辑判别和运动，再经功率放大后驱动相应的电器，带动机床的机械、液压、气动等辅助装置完成指令规定的开关动作。

◇ 机床本体——是数控系统的控制对象，是实现零件加工的执行部件。机床本体主要由主运动部件（主轴、主运动传动机构）、进给运动部件（工作台、拖板以及相应的传动机构）、支承件（立柱、床身等）以及特殊装置（刀具自动交换系统、工件自动交换系统）和辅助装置（如排屑装置等）组成。

◇ 反馈系统——是对机床的实际运动速度、方向、位置及加工状态加以检测，把检测结果转化为电信号反馈给数控装置，通过比较，计算出实际位置与指令位置之间的偏差，并发出纠正误差指令。测量反馈系统可分为半闭环和闭环两种系统。

（4）数控机床的加工原理。

数控机床就是将与加工零件有关的信息，用编程代码按一定的格式编写成加工程序，通过控制介质将加工程序输入到数控装置中，由数控装置经过分析处理后，发出各种与加工程序相对应的信号和指令控制机床进行零件的自动加工。也就是将数控加工程序以数据的形式输入数控系统，通过译码、刀补计算、插补计算来控制各坐标轴的运动，通过 PLC 的协调控制，实现零件的自动加工。

(5) 加工步骤。

在数控机床上加工零件通常要经过以下几个主要的步骤：准备阶段→编程阶段→准备信息载体→自动加工阶段。

◇ 准备阶段——根据加工零件的图纸，确定有关加工数据（刀具轨迹坐标点、加工的切削量、刀具尺寸等），根据工艺方案、夹具选用、刀具类型选择等确定有关辅助信息。

◇ 编程阶段——首先根据加工零件工艺信息，确定零件的编程坐标系，计算零件的几何元素的坐标参数，然后确定零件加工的工艺路线或加工顺序，选择刀具，用机床数控系统能识别的语言编写数控加工程序（程序就是对加工工艺过程的描述），并填写程序单。

◇ 准备信息载体——根据已编好的程序单，将程序输入数控装置，存放在信息载体上。信息载体上存储着加工零件所需要的全部信息。目前，随着计算机网络技术的发展，可直接由计算机直接通过网络与机床数控系统传送数控程序。

◇ 自动加工阶段——数控装置根据程序的坐标代码，将程序译码、寄存和运算，进行插补运算并输出插补控制信号。插补控制信号控制伺服机构驱动执行部件做进给运动，同时驱动机床的各辅助装置动作，自动完成对工件的加工。

2. 数控车床

(1) 数控车床的定义。

数控车床是在普通车床的基础上发展和演变而来的。数控车床之所以能够自动加工出不同形状、尺寸及高精度的零件，是因为数控车床接收事先编制好的加工程序，经其数控装置“接收”和“处理”，从而实现对零件自动加工的控制。

数控车床主要用于轴类和盘类等回转体零件的加工，能够通过程序控制自动完成内外圆柱面、圆锥面、圆弧面、螺纹等工序的切削加工，并可进行切槽、钻孔、扩孔、铰孔，以及各种回转曲面的加工。

数控车削中心和数控车铣中心可以在一次装夹中完成更多的加工工序，加工质量和生产效率高，精度稳定性好，操作劳动强度低，特别适用于复杂形状的零件或中、小批量零件的加工。

(2) 数控车床的分类。

1) 按车床主轴位置分类。

◇ 卧式数控车床——机床主轴轴线处于水平位置的数控车床为卧式数控车床，如图 1—3 所示。

◇ 立式数控车床——机床主轴垂直于水平面的数控车床为立式数控车床，主要用于加工径向尺寸大，轴向尺寸相对较小的大型盘类零件，如图 1—4 所示。

2) 按刀架数量分类。

◇ 单刀架数控车床——普通数控车床一般都配置有各种形式的单刀架，如四工位卧式自动转位刀架或多工位转塔式自动转位刀架，如图 1—5 所示。

◇ 双刀架数控车床——这类车床的双刀架配置可以平行分布，也可以相互垂直分布，如图 1—6 所示。

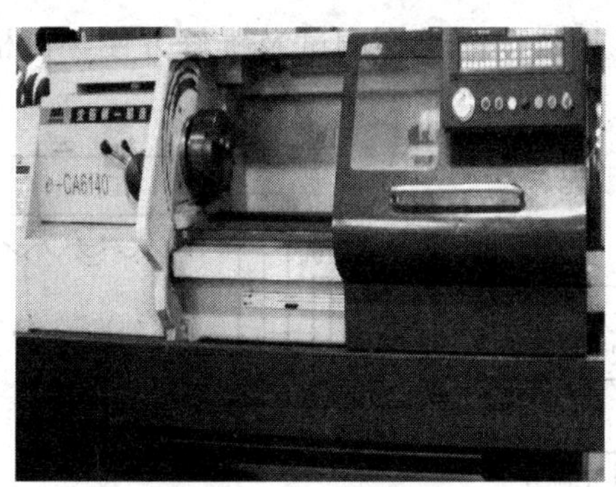

图 1—3　卧式数控车床

图 1—4　立式数控车床

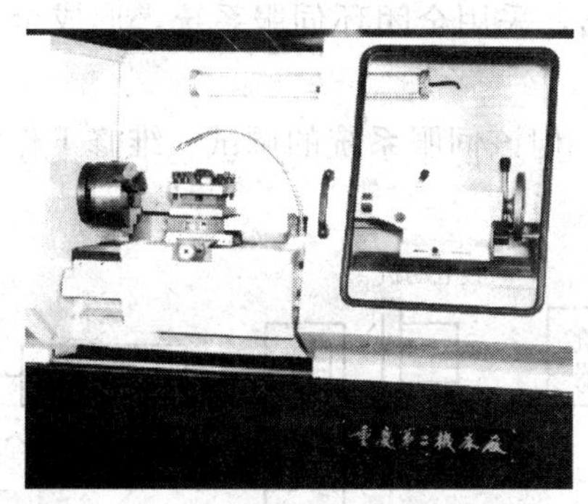

图 1—5　单刀架数控车床

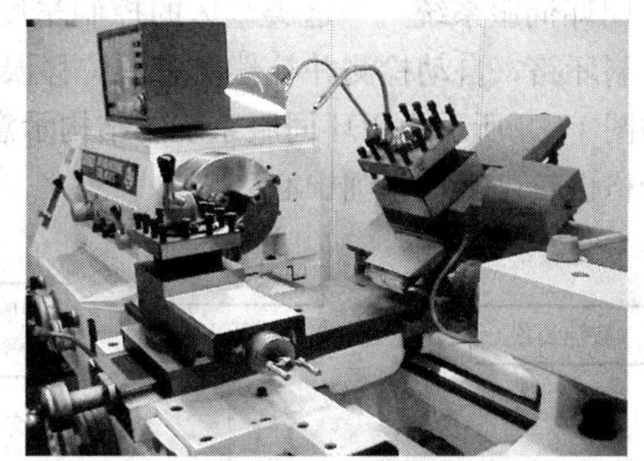

图 1—6　多刀架数控车床

3）按可控制轴数分类。

◇ 两轴控制的数控车床——两轴控制数控车床是指可以控制两个坐标轴同时运动来加工曲线轮廓零件的车床。机床上只有一个回转刀架，就是最常见的同时控制 X 和 Z 坐标轴联动的数控车床。

◇ 四轴控制的数控车床——机床上有两个回转刀架，可实现四坐标轴联动控制。

◇ 多轴控制的数控车床——联动坐标轴以及可以控制的坐标轴均为三轴或三轴以上的车床，统称为多坐标数控车床，即机床上除了控制 X、Z 两坐标轴外，还可控制其他坐标轴，如具有 C 轴控制功能的车床、车削加工中心等。这类数控车床的控制精度较高，加工零件的形状多为空间曲面，故适宜加工形状特别复杂、精度要求较高的零件。

4）按加工零件的基本类型分类。

◇ 卡盘式数控车床——这类车床没有尾座，适合车削盘类零件，夹紧方式多为电动或液压控制，卡盘结构多具有可调卡爪或软卡爪。

◇ 顶尖式数控车床——这类车床配有普通尾座或数控尾座，适合车削较长的零件及直径不太大的盘类零件。

5）按伺服系统的控制方式分类。

◇ 开环伺服系统——这类车床所采用的开环伺服系统又称为步进电动机驱动系统，它的主要特征是该系统内没有位置检测反馈装置。目前我国的经济型数控车床普遍采用步进电动机驱动系统。

开环伺服系统在工作中，不需要比较其指令位置与实际位置之间的误差，也不存在用该误差去进行补偿控制，如图 1—7 所示。这类车床的控制精度主要取决于伺服系统的传动链及步进电动机本身，故控制精度不高。但因其结构简单，调试及维修方便，价格低廉，所以国内至今仍在普遍使用。

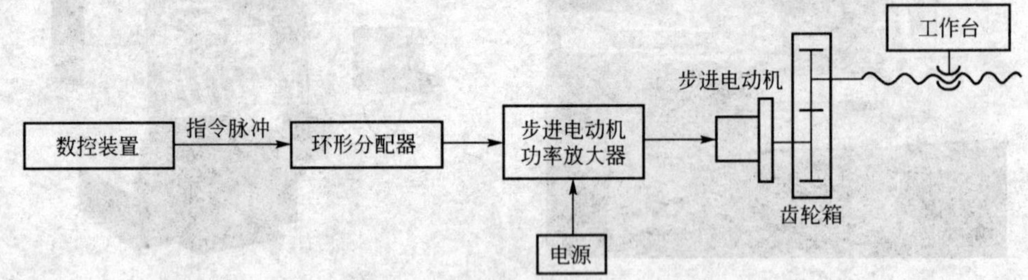

图 1—7　开环伺服系统的结构示意图

◇ 闭环伺服系统——这类车床的控制精度很高，采用全闭环伺服系统，形成全部位置随动控制环路，自动检测并补偿所有的位移误差。

如图 1—8 所示为闭环伺服系统的结构示意图，但该伺服系统的调试、维修工作均较困难，价格也较高，如车削中心。

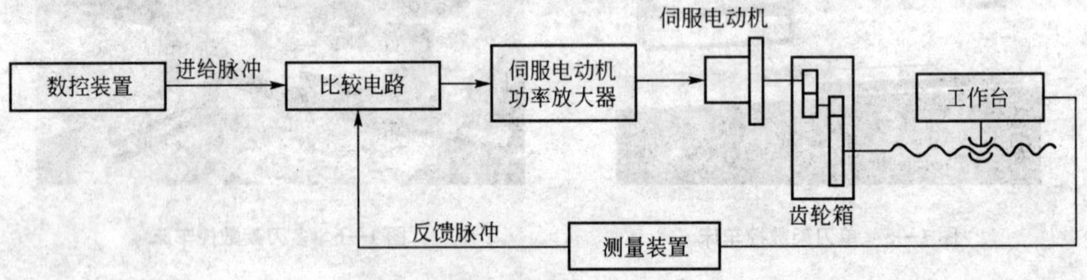

图 1—8　闭环伺服系统的结构示意图

◇ 半闭环伺服系统——这类车床所采用的伺服系统与全闭环伺服系统的共同特点是该系统内设有以位置检测元件为主的测量反馈装置，它在车床的控制过程中形成部分位置随动控制环路，但不把机械传动位置等部分包括在内，故称该控制环路为“半闭环”。

该伺服系统因能自动进行位置检测和误差比较，可对部分误差进行补偿，故其控制精度比开环伺服系统高，如图 1—9 所示。当车床的机械传动等位置精度能满足使用要求时，其总的控制效果仍比较理想。

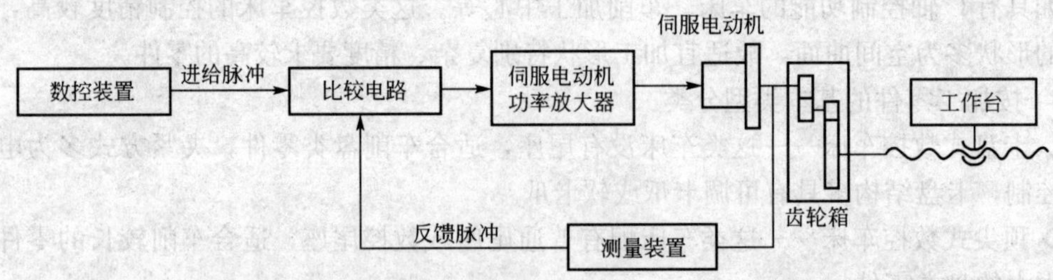

图 1—9　半闭环伺服系统的结构示意图

6）按数控系统的功能分类。

◇ 经济型数控车床——这种车床一般是由普通车床改进的，具有 CRT 显示、程序存储、程序编辑等功能，加工精度较低，功能较简单。一般是采用步进电动机驱动的开环伺服系统。

◇ 全功能型数控车床——较高档次的数控车床，加工能力强，适宜于加工精度高、形状复杂、循环周期长、品种多变的单件或中小批量零件的加工。

◇ 精密型数控车床——采用闭环控制，不但具有全功能型数控车床的全部功能，而且机械系统的动态响应较快。这种车床适用于精密和超精密加工。

◇ 车削加工中心——车削加工中心具有附加动力刀架和主轴分度机构，有一套自动换刀装置，可以实现多工序连续加工，除车削外还可以在零件内外表面和端面上铣平面、凸轮、各种键槽或进行钻、铰、攻丝等的加工。在一台加工中心上可实现原来多台数控机床才能实现的加工。

3. 数控车床加工的主要内容

数控车削加工可分为粗加工、半精加工和精加工。根据数控车床的工艺特点，数控车削加工主要有以下加工内容。

（1）车削外圆。

车削外圆是最常见、最基本的车削方法，工件外圆一般由圆柱面、圆锥面、圆弧面及回转槽等基本件组成。如图 1—10 所示为车削外圆时的几种形式。

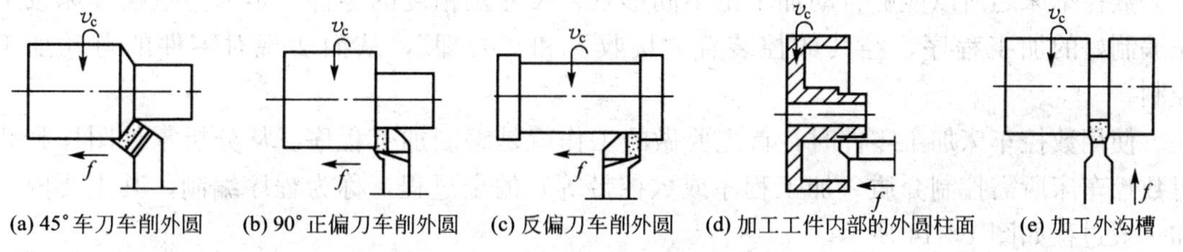

(a) 45°车刀车削外圆　(b) 90°正偏刀车削外圆　(c) 反偏刀车削外圆　(d) 加工工件内部的外圆柱面　(e) 加工外沟槽

图 1—10　车削外圆示意图

（2）车削内孔。

车削内孔是指用车削方法扩大工件的孔或加工空心工件的内表面，是常用的车削加工方法之一。如图 1—11 所示为车削内孔的几种形式。

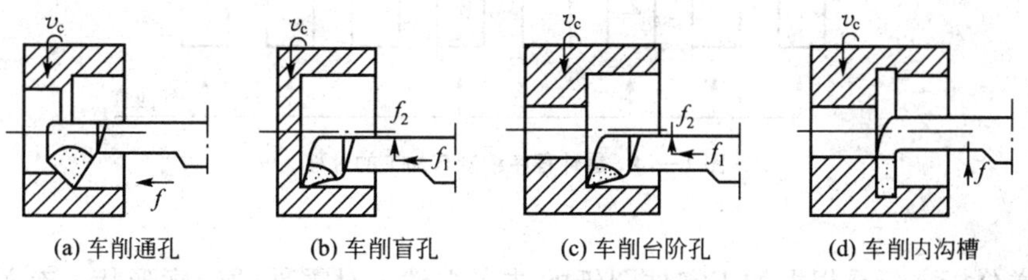

(a) 车削通孔　(b) 车削盲孔　(c) 车削台阶孔　(d) 车削内沟槽

图 1—11　车削内孔示意图

（3）车削端面。

车削端面包括台阶端面的车削，如图 1—12 所示为车削端面的几种形式。

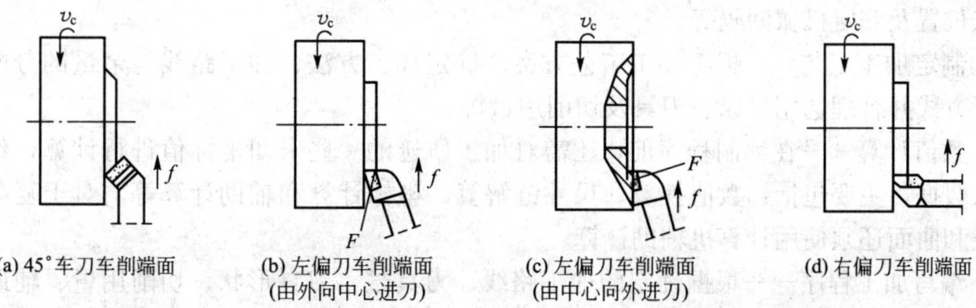

(a) 45°车刀车削端面　(b) 左偏刀车削端面（由外向中心进刀）　(c) 左偏刀车削端面（由中心向外进刀）　(d) 右偏刀车削端面

图 1—12　车削端面示意图

(4) 车削螺纹。

车削螺纹是数控车床的特点之一，如图 1—13 所示数控车削螺纹的几种形式。

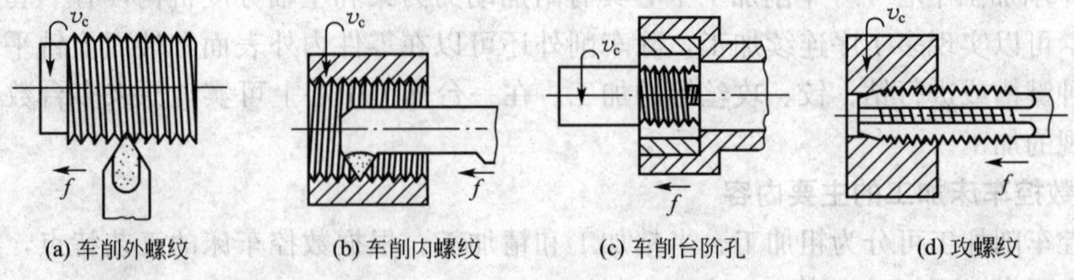

图 1—13　加工螺纹示意图

4. 数控车床编程基础

(1) 程序编制的内容。

数控车床之所以能够自动加工出不同形状、尺寸及精度的零件，是因为数控车床按事先编制好的加工程序，经其数控装置"接收"和"处理"，从而实现对零件的自动加工控制。

使用数控车床加工零件时，首先要做的工作就是编制加工程序。从分析零件图样到获得数控车床所需控制介质（加工程序或数控带等）的全过程，称为程序编制，其主要内容和一般过程如图 1—14 所示。

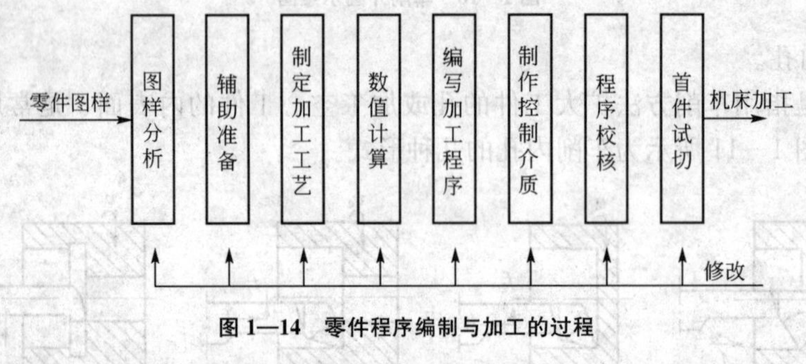

图 1—14　零件程序编制与加工的过程

其中：

◇ 图样分析——是根据加工零件图纸的技术文件，对零件的轮廓形状、有关标注、尺寸、精度、表面粗糙度、毛坯种类、件数、材料及热处理等项目要求进行分析并形成初步的加工方案。

◇ 辅助准备——根据图样分析确定机床和夹具、机床坐标系、刀具准备、对刀方法、对刀点位置及测定机械间隔等。

◇ 制定加工工艺——拟定加工工艺方案、确定加工方法、加工路线与余量的分配、定位夹紧方式并合理选用机床、刀具及切削用量等。

◇ 数值计算——在编制程序前，还需对加工轨迹的一些未知坐标值进行计算，作为程序输入数据，主要包括：数值换算、尺寸链解算、坐标计算和辅助计算等。对于复杂的加工曲线和曲面还须使用计算机辅助计算。

◇ 编写加工程序——根据确定的加工路线、刀具号、刀具形状、切削用量、辅助动作以及数值计算的结果按照数控车床规定使用的功能指令代码及程序段格式，逐段编写加工程序。此外，还应附上必要的加工示意图、刀具示意图、机床调整卡、工序卡等加工条件说明。

◇ 制作控制介质——加工程序完成后，还必须将加工程序的内容记录在控制介质上，以便输入到数控装置中，如穿孔带、磁带及软盘等，还可采用手动方式将程序输入给数控装置。

◇ 程序校核——加工程序必须经过校验和试切削才能正式使用，通常可以通过数控车床的空运行检查程序格式有无出错或用模拟仿真软件检查刀具加工轨迹的正误，根据加工模拟轮廓的形状，与图纸对照检查。但是，这些方法尚无法检查出刀具偏置误差和编程计算不准而造成的零件误差大小，以及切削量选用是否合适、刀具断屑效果和工件表面质量是否达到要求，所以必须采用首件试切进行实际效果的检查，以便对程序进行修正。

◇ 首件试切——在程序校核通过后，建议首件进行试加工。从零件试切中检查程序是否存在需要修改的地方，并加以修正，直至达到图纸的要求。如果试切工件检验合格，就可正式批量加工了。

（2）程序编制的方法。

1）手工编程。

手工编程就是由人工编写零件的加工程序，包括所有编制加工程序的全过程，即图样分析、工艺处理、数值计算、编写程序单、制作控制介质、程序校验都由手工来完成。

手工编程具有编程快速及时的优点，其缺点是不能进行复杂曲面的编程。

对于几何形状不太复杂的零件，手工编程工作量小，加工程序段不多，出错的几率小，快捷、简便、不需要具备特别的条件（相应的硬件和软件）。特别是在数控车床的编程中，手工编程至今仍广泛地适用于点、直线、圆弧组成的轮廓加工中，学习手工编程是学习数控车床加工编程的重要内容。即使在自动编程高速发展的将来，手工编程的重要地位也不可取代，仍是自动编程的基础。

2）自动编程。

自动编程是指用计算机编制数控加工程序的过程，是利用计算机及其外围设备组成的自动编程系统完成程序编制工作的方法，也称为计算机辅助编程。编程人员只需根据零件图样的要求，由计算机自动地进行数值计算及后置处理，编写出零件加工程序单。

对于复杂的零件，如一些非圆曲线、曲面的加工表面，或者零件的几何形状并不复杂但是程序编制的工作量很大，或者是需要进行复杂的工艺及工序处理的零件，由于它们在加工编程过程中数值计算非常烦琐且编程工作量大，如果采用手动编程，往往耗时多而且效率低、出错率高，甚至无法完成，这种情况下必须采用自动编程的方法。

自动编程与手工编程相比优点是效率高、正确性好、可减低编程劳动强度、缩短编程时间和提高编程质量，同时它可以解决许多手工编制无法完成的复杂零件编程难题；缺点是必须具备自动编程系统或自动编程软件。由于自动编程的硬件与软件配置费用较高，故而在加工中心、数控铣床上应用较多，数控车床上应用较少。

实现自动编程的方法主要有语言式自动编程和图形交互式自动编程两种。前者通过高级语言的形式表示出全部加工内容；计算机运行时采用批处理方式，一次性处理、输出加工程序。后者是采用人机对话的处理方式，利用 CAD/CAM 功能生成加工程序。

CAD/CAM 软件编程加工的过程为：图样分析、零件分析、三维造型、生成加工刀具轨迹、后置处理生成加工程序、程序校验、程序传输并进行加工。

（3）数控车床的坐标系。

数控车床的坐标系统的建立是为了确定刀具或工件在车床中的位置，确定车床运动部件的位置及其运动范围。

1）数控机床的坐标系。

按中华人民共和国机械行业标准 JB/T 3051—1999 的统一规定，数控机床的坐标系采用右手直角笛卡儿坐标系，即右手定则法。如图 1—15 所示，其基本坐标轴为 X、Y、Z 轴，大拇指方向为 X 轴的正方向，食指方向为 Y 轴的正方向，中指方向为 Z 轴的正方向；相对于每个坐标轴的旋转运动坐标轴为 A、B、C，以大拇指指向 $+X$、$+Y$、$+Z$ 方向，则其余四指指向圆周进给运动的 $+A$、$+B$、$+C$ 方向。

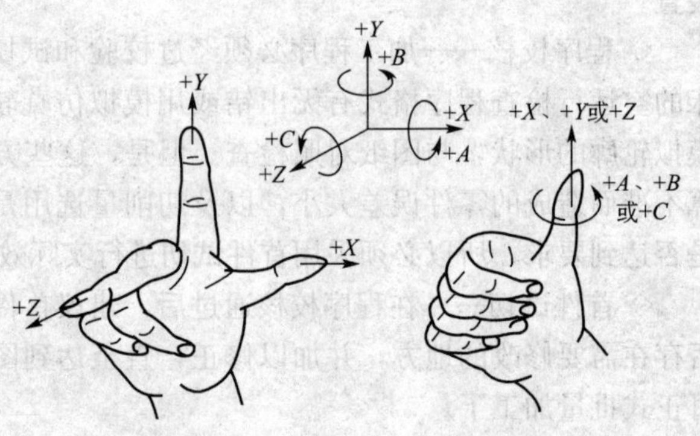

图 1—15　右手笛卡儿直角坐标系

2）数控车床的轴定义。

普通的数控车床用 X 轴、Z 轴组成的直角坐标系进行定位和插补运动。X 轴为水平面的前后方向，表示切削刀具的横向运动；Z 轴，为水平面的左右方向，表示刀具的纵向运动。向工件靠近的方向为轴的负方向，离开工件的方向为轴的正方向。

前、后刀架的坐标系，X 方向正好相反，而 Z 方向是相同的，如图 1—16、图 1—17 所示。

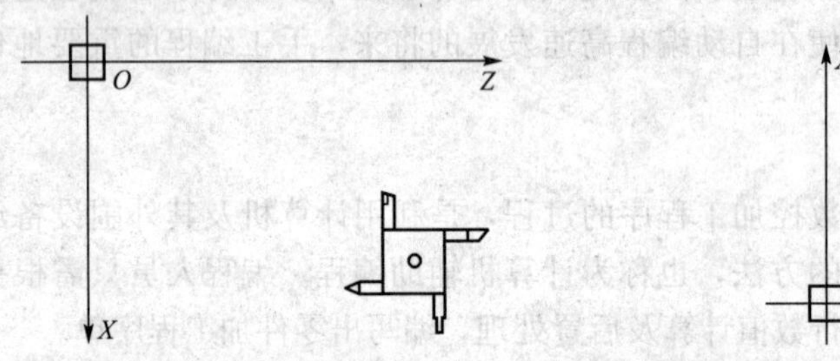

图 1—16　前刀架坐标系　　　　图 1—17　后刀架坐标系

(4) 数控车床坐标系中的各原点。

数控车床的坐标系统，包括坐标系、坐标原点和运动方向，对于数控加工和编程是一个十分重要的概念。每一个数控机床的编程者、操作者都必须对数控车床的坐标系统有一个完全而正确的理解。现将数控车床的主要原点及其机床坐标系和编程坐标系做一介绍，如图 1—18 所示。

1）机床原点。

机床原点也称机床零位。它的位置通常由机床制造厂确定。数控车床的机床坐标系原点的位置大多规定在主轴轴心线与装夹卡盘的法兰盘端面的交点上，该原点是确定机床固定原点的基准。

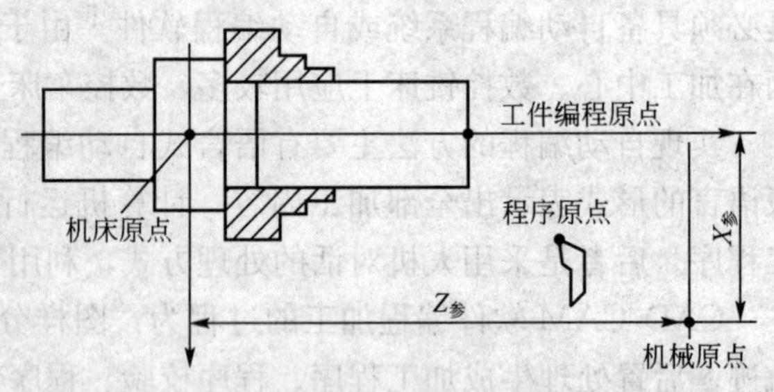

图 1—18　数控车床中的各原点

2）机械原点（机械零点）。

机械原点又称为机床固定原点或机床参考点。机械原点为车床上的固定位置，通常安装在 X 轴和 Z 轴的正向的最大行程处，该点至机床原点在其进给轴方向上的距离在机床出厂时已准确确定。利用系统所指定自动返回机械原点指令可以使指令的轴自动返回机械原点，全动能或高档型的数控车床都设有机械原点，但一般的经济型或改造的数控车床上没有安装机械原点。

★ 数控车床设置机械原点的目的：

● 需要时便于将刀具或刀架自动返回该点；

● 当程序加工起点与机械原点一致时，可执行自动返回程序加工起点；

● 若程序加工起点与机械原点不一致时，可通过快速定位指令或返回程序起点方式返回程序加工起点；

● 可作为进给位置反馈的测量基准点。

3）工件编程原点。

在工件坐标系上，确定工件轮廓坐标值的计算和编程的原点，称为工件编程原点。它属于一个浮动坐标系，以它为原点建立一个直角坐标系进行数值的换算。在数控车床上，一般将工件编程原点设在零件的轴心线和零件两边端面的交点上。

★ 确定工件编程原点的原则：

● 工件编程原点的位置选在工件图样的基准上，以利于编程；

● 在该点建立的坐标系中，各几何要素关系应简洁明了，便于坐标值的确定；

● 选在尺寸精度高、粗糙度值低的工件表面上；

● 选在工件的对称中心上，便于测量和验收。

4）程序原点。

程序原点是指刀具（刀尖）在加工程序执行时的起点，又称为换刀点。程序原点的位置是与工件的编程原点位置相对的。一般情况下，一个零件加工完毕后，刀具返回程序原点位置，等候命令执行下一个步骤。

（5）坐标值的确定。

在编制加工程序时，为了准确描述刀具运动轨迹，除正确使用准备功能字外还要有符合图纸轮廓的地址及坐标值。要正确识读零件图纸中各坐标点的坐标值，首先要确定工件编程坐标原点，以此建立一个直角坐标系，进行各坐标点坐标值的确定。编程时既可用绝对坐标值编程，也可用增量（相对）坐标值编程，还可用混合坐标值编程。

1）绝对坐标值（X，Z）。

在直角坐标系中，所有的坐标点均以直角坐标系中的原点（工件编程原点）为固定的原点，做为坐标位置的起点（0，0）。

如图 1—19 所示的零件，O1/O2 是分别建立在工件上两个不同位置的工件编程原点，并依之计算各坐标点的坐标值，箭头所指的方向为正方向。绝对坐标值是指某坐标点到工件编程原点之间的垂直距离，用 X 代表径向，Z 代表轴向，且 X 向在直径编程时为直径量（实际距离的两倍）。

2）增量（相对）坐标值（U，W）。

增量坐标值指在坐标系中，运动轨迹的终点坐标是指以起点计量的，各坐标点的坐标值相对于前点所在的位置之间的距离，径向用 U 表示，轴向用 W 表示。

3）混合坐标值（X/U，Z/W）。

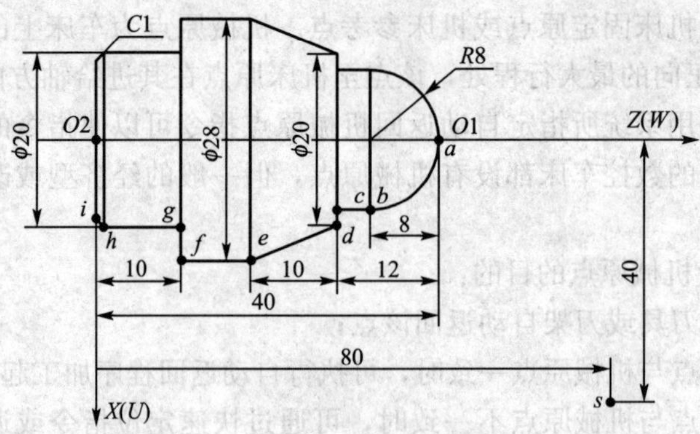

图 1—19

即径向坐标和轴向坐标可以分别采用绝对坐标或相对坐标以组成混合坐标，如 X 和 W、U 和 Z。

表 1—2

编程原点		s	a	b	c	d	e	f	g	h	i
O2	X	80	0	16	16	20	28	28	20	20	18
	Z	80	40	32	28	28	18	10	10	1	0
	U		−80	16	0	4	8	0	−8	0	−2
	W		−80	−8	−4	0	−10	−8	0	−9	−1
O1	X	80	0	16	16	20	28	28	28	20	18
	Z	40	0	−8	−12	−12	−22	−30	−30	−39	−40
	U		−80	16	0	4	8	0	−8	0	−2
	W		−40	−8	−4	0	−10	−8	0	−9	−1

注：假设刀具是从换刀点 s 开始走刀，按 a、b、c、d、e、f、g、h、i 顺序走刀。

从上例可以看出，不管是绝对坐标值还是增量坐标值，在图纸上建立工件编程坐标系后，各点的坐标值都比较容易读出，而在实际加工中，由于材料的毛坯或图纸的设计、标注等原因，往往在编程中许多坐标值是无法在图纸上直接读出的，需要进行数值的换算和数学处理来确定，或利用 CAD 绘图查询各点的坐标值。

(6) 直径、半径编程方式。

数控车床的编程有直径和半径两种编程方式。

1）直径编程。

直径编程是指 X 轴的坐标值取为零件图样上的直径标注值，使直径尺寸编程与零件图样中的尺寸标注一致，这样可避免尺寸换算过程中可能造成的错误，给编程带来很大的方便。所以如没有特别的提示，我们以下都按直径编程的方式编程。

2）半径编程。

半径编程是指 X 轴的坐标值取为零件图样上的半径值。

三、编程指令

数控车床根据功能和性能要求，配置不同的数控系统，系统不同，其指令代码也有差别。典型的数控系统主要有 FANUC（日本）、SIEMENS（德国）、FAGOR（西班牙）等公司的数控系统及相关产品，它们在世界的数控车床行业占据主导地位。

我国的数控产品有华中数控、广州数控、航天数控、沈阳高精、大连大森等。以下的编程指令主要以广州数控系统为主，以 FANUC 系统为参照。

1. G00——快速定位指令

快速地从当前点以直线方式移动到终点坐标，其运动轨迹按快速定位进给速度运行。其执行过程是刀具由程序起始点加速到最大速度，然后快速移动，最后减速到终点，实现快速定位。

指令格式：G00 X（U）__ Z（W）__；

其中：X、Z __刀具终点坐标值（绝对值坐标编程）；

U、W__刀具移动的距离（相对值坐标编程）。

注意

★ G00 指令一般用于加工前快速定位或加工后快速退刀。G00 指令刀具相对于工件以各轴预先设定的速度，从当前位置快速移动到程序段指令的定位目标点。如图 1—20 所示，刀具快速从 A 点移动到 B 点。

★ G00 指令中的快速移动速度由机床参数设定，所以其移动速度不能在地址 F 中规定，但其移动速度可由操作面板上快速移动速度的倍率来调。

★ 在执行 G00 指令时，不能保证同时到达终点，先走完较短的轴，再走完较长的另一轴，如图 1—21 所示从原点到 B 点，刀具并不是简单地从原点移动到 B，而是按 α 角（此角是固定的，22.5°或 45°，它决定于各坐标轴的脉冲当量）从原点先移动到 A 点，再平移到 B 点，所以在使用时注意刀具是否和工件干涉。

★ G00 为模态指令，可由 G01、G02、G03 等指令来进行注销。

★ 使用 G00 指令编程时，可用绝对值，也可以用相对值，甚至可以混合作用，视情况可灵活选用。

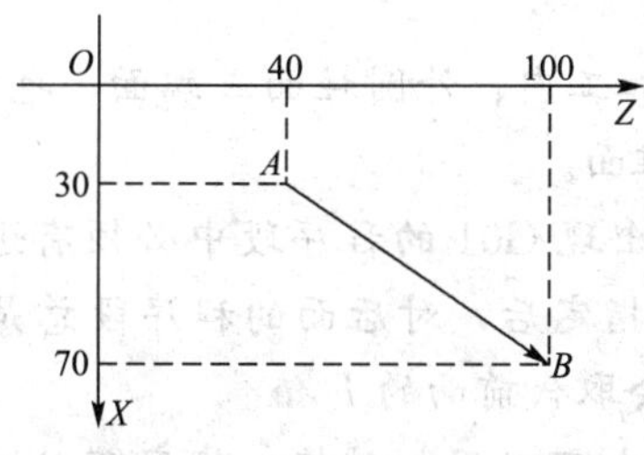

图 1—20 快速移动

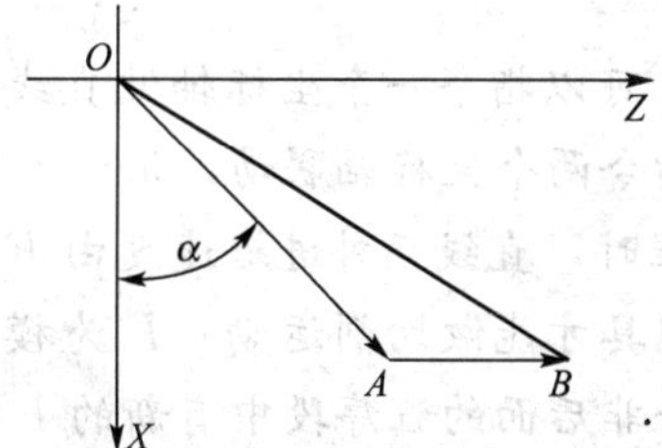

图 1—21 G00 指令的走刀路线

2. G01——直线插补指令

(1) 插补原理。

实际加工中零件形状各式各样，有由直线、圆弧组成的零件轮廓，也有由诸如自由曲线、曲面、方程曲线和曲面体构成的零件轮廓，对于这些复杂的零件轮廓最终还是要用直线或圆弧进行逼近以便数控加工。

在数控机床的刀具运动轨迹控制中，无论是直线运动还是曲线运动，刀具或工作台的各运动坐标轴都是按照数控机床的伺服系统发出的脉冲当量作为最小移动单位来控制各种运动轨迹的。所以，刀具的运动轨迹是由极小的台阶组成的折线（数据点密化）。即刀具是沿 X 轴移动一个或几个脉冲当量，再沿 Z 轴方向移动一个或几个脉冲当量，直至到达目标终点，从而合成所需的运动轨迹（直线、圆弧或曲线），如图 1—22 和图 1—23 所示。

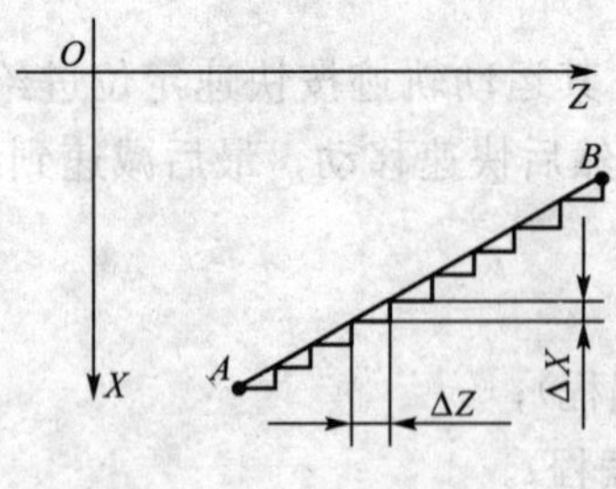

图 1—22 直线的拟合

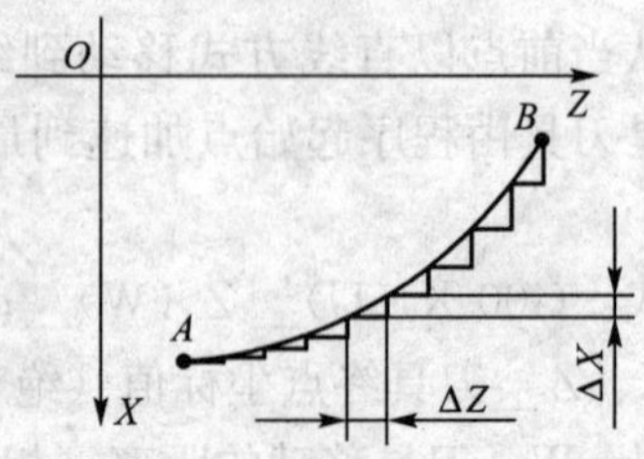

图 1—23 圆弧的拟合

这种根据给定的直线、圆弧或曲线函数，由数控装置用最小的阶梯折线逼近理想的直线或曲线的方法称为插补。

主要的插补方法有两种：直线插补和曲线插补。曲线插补中有圆弧插补、抛物线插补、正弧曲线插补、螺旋线插补等。

在插补编程指令中，G01 表示直线插补，G02 和 G03 表示圆弧插补。

(2) G01 指令。

G01 指令表示刀具从前点以直线插补的方式和指定的进给速度 F 移动到终点坐标的直线运动。

指令格式：G01 X（U）__ Z（W）__ F__；

其中：X、Z __刀具终点坐标值（绝对值坐标编程）；

U、W __刀具移动的距离（相对值坐标编程）；

F __进给速度。

注意

★ G01 可以指令一个坐标轴做直线运动，用于加工内、外圆柱面或端面，也可以同时指令两个坐标轴联动，用于加工内、外圆锥面。

★ 编程时，直线插补进给速度由 F 决定，首次出现 G01 的程序段中必须有进给速度，刀具才能做切削运动；F 为模态值，在 F 指定后，对后面的程序段总是有效的，除非后面的程序段中有新的 F 值指令，才会取代前面的 F 值。

★ 使用 G01 指令编程时，坐标值可用绝对值，也可以用相对值，甚至可以混合使用，视情况可灵活选用。

★ F 有两种表示方法：每分钟进给量（mm/min）、每转进给量（mm/r）。

例：如图 1—24 所示为外轮廓只由圆柱及圆锥面组成的简单轴类零件，要求运用直线插补指令进行精加工程序的编制。

分析：如图 1—24 所示，如果只考虑对此零件进行精加工程序的编制，那么只需要一把外圆精车刀 T0202。刀具从换刀点 s 快速移动（虚线）到加工起点 a，进行圆柱面的直线插补（实线）到 b 点，然后从 b 开始圆锥面的直线插补到 c 点，再进行圆柱面的直线插补到 d 点，加工完毕后刀具快速返回（虚线）到换刀点 s 点。采用直径编程。

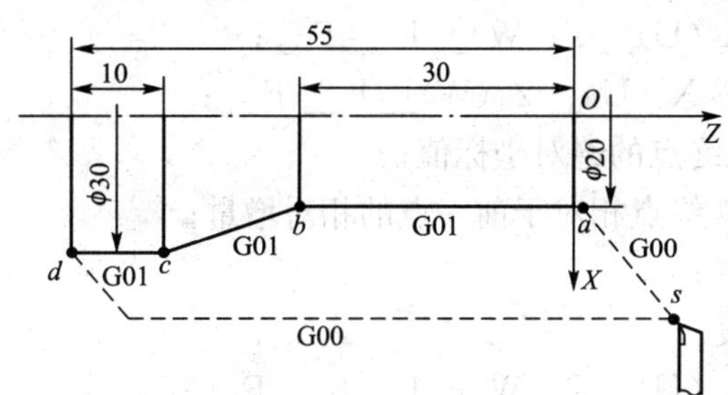

图 1—24　刀具的走刀路径示意图

程序参考：

```
……
M03 S1000;           （主轴以 1 000r/min 转速正转）
T0202;               （精车刀）
G00 X20 Z3;          （刀具从s点快速移动到a点）
G01 Z-30 F100;       （从a点直线插补到b点）
X30 Z-45;            （从b点直线插补到c点）
Z-55;                （从c点直线插补到d点）
G00 X100 Z100;       （从d点快速返回到s点）
……
```

3. G02、G03——顺/逆时针圆弧插补指令

刀具以给定的进给速度，从所在点出发，沿圆弧运动切削出圆弧轮廓，到目标点。

G02、G03 圆弧插补指令的方向与机床坐标系的坐标方向有关。圆弧插补的顺、逆按图 1—25 所示的方向判断：根据笛卡儿右手定则，对于 ZX 数控车床平面，从 Y 轴的正方向往负方向看，由 X 坐标向 Z 坐标方向旋转为顺时针圆弧插补，由 Z 坐标向 X 坐标方向旋转为逆时针圆弧插补。

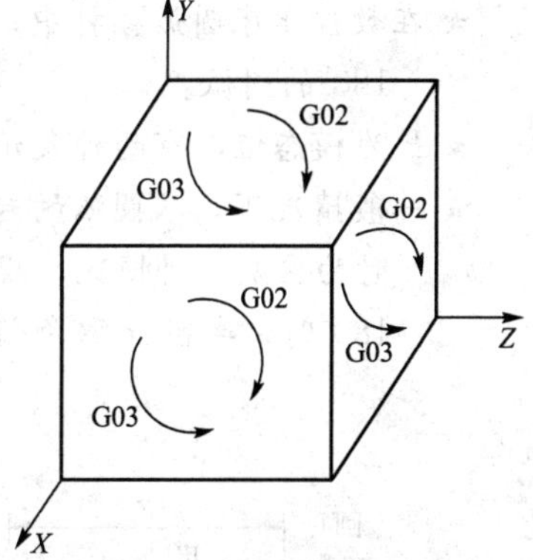

图 1—25　圆弧指令的应用

如图 1—26、图 1—27 所示为数控车床上圆弧的顺逆方向。

（1）圆弧顺、逆的判断。

用前刀架时：G03 顺时针圆弧插补、G02 逆时针圆弧插补，如图 1—26 所示。

用后刀架时：G02 顺时针圆弧插补、G03 逆时针圆弧插补，如图 1—27 所示。

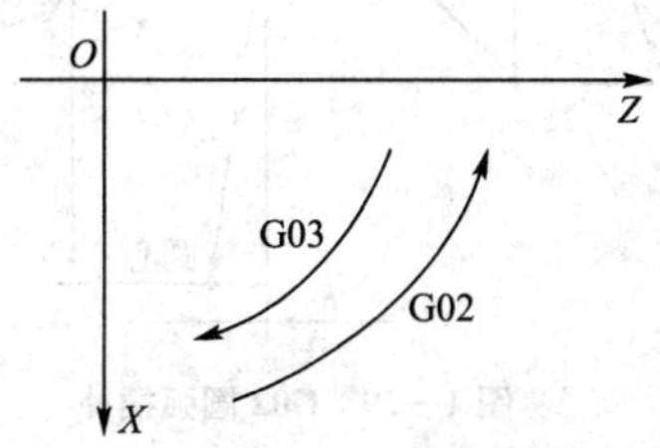

图 1—26　前刀架机床上的圆弧插补

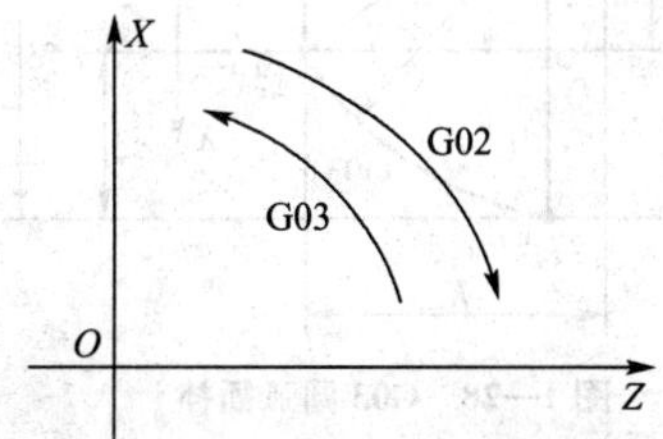

图 1—27　后刀架机床上的圆弧插补

（2）G03、G02 指令格式（前刀架）。

指令格式 1：G03 X（U）_ Z（W）_ R _ F _；

或 G02 X（U）_ Z（W）_ R _ F _；

其中：X、Z _圆弧终点的绝对坐标值；

U、W _圆弧终点相对于前一点的相对增量；

R _圆弧半径；

F _进给速度。

指令格式 2：G03 X（U）_ Z（W）_ I _ K _ F _；

或 G02 X（U）_ Z（W）_ I _ K _ F _；

其中：X、Z _圆弧终点坐标值；

U、W _圆弧终点相对于前一点的相对增量；

I _圆弧起始点到圆弧圆心的矢量在 X 轴上的分量（mm）；

K _圆弧起点至圆心在 Z 轴方向的距离（mm）；

F _ 4 位数字的进给功能代码。

注意

★ 圆心坐标（I，K）为圆心起点到圆弧中心点所做矢量分别在 X、Z 轴坐标方向上的分矢量（矢量方向指向圆心）。I，K 为相对值，并带有“±”号，当矢量的方向与坐标轴的方向不一致时取“－”号，如图 1—28 所示；当矢量的方向与坐标轴的方向一致时取“＋”号，如图 1—29 所示。

★ R 为圆弧半径，不与 I、K 同时使用。若圆弧插补程序段中同时有 I、K、R 指令时，则 R 有效，I、K 无效。

★ 在数控车床圆弧插补中，从起点到终点只能指定小于 180°的圆弧，而不能指定大于 180°的圆弧。

★ F 为模态值，有两种表示方法：每分钟进给量（mm/min）、每转进给量（mm/r）。

★ 一般情况下，从圆弧的起点到终点有两个圆弧的可能性，在数控铣、加工中心编程时为区别两种情况，规定圆心角小于或等于 180°时，半径 R 取正值，圆心角大于 180°时，半径 R 取负值。当用半径 R 指定圆心位置时，是不能描述整圆的。

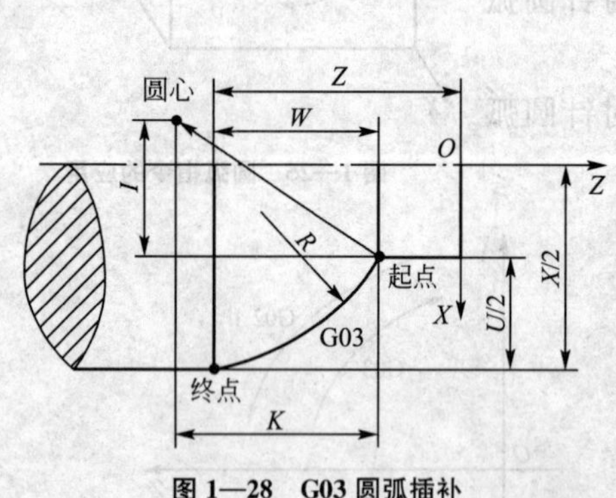

图 1—28　G03 圆弧插补

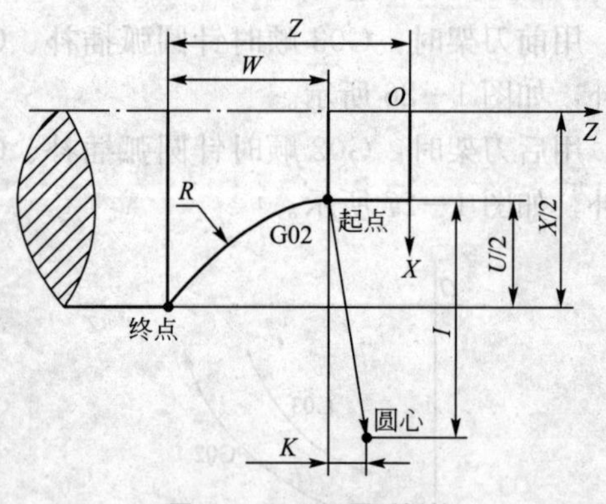

图 1—29　G02 圆弧插补

例： 如图 1—30 所示为外轮廓由圆柱及圆弧面组成的简单轴类零件，要求运用直线和圆弧插补指令进行精加工程序的编制。

分析：如图 1—30 所示的零件，如果只考虑对此零件进行精加工程序的编制，那么只需要一把外圆精车刀 T0202。刀具从换刀点 s 快速移动（虚线）到加工起点 a，从 a 点直线插补到 b 点，顺时针圆弧插补（实线）到 c 点，c 点直线插补到 d 点，然后从 d 点逆时针圆弧插补到 e 点，加工到 e 点后刀具又直线插补到 f 点，最后从 f 点快速返回（虚线）到换刀点 s。采用直径编程方式。

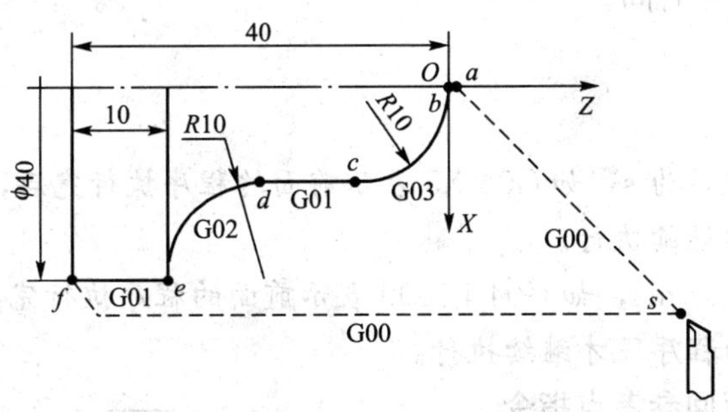

图 1—30　刀具的走刀路径示意图

程序参考：

```
… …
M03 S1000;            （主轴以 1 000r/min 转速正转）
T0202;                （调用外圆精车刀）
G00 X0 Z3;            （刀具从s点快速移动到a点）
G01 Z0 F100;          （从a点直线插补到b点）
G03 X20 Z－10 R10;    （从b点圆弧插补到c点）
G01 Z－20;            （从c点直线插补到d点）
G02 X40 Z－30 R10;    （从d点圆弧插补到e点）
G01 Z－40;            （从e点圆弧插补到f点）
G00 X100 Z100;        （从f点快速返回s点）
… …
```

4. G50——工件坐标系设定指令

工件坐标系也称为编程坐标系。根据 G50 指令，建立一个坐标系，使刀具上的某一点，如刀尖，在坐标系中的坐标为（X、Z），此坐标系称为工件坐标系。坐标系一旦建立，后面指令中绝对值指令的位置都是用此坐标系中该点位置的坐标值表示的。当直径指定时，X 值是直径值，半径指定时是半径值。

指令格式：G50 X__ Z__；

其中：X、Z __基准刀具试切时，对刀点到工件坐标系原点的有向距离（绝对值坐标编程）。

注意

★ G50 指令建立工件坐标系后，数控系统会记忆基准刀对刀点坐标值为（X，Z）的坐标系，其后的加工程序就在此坐标系中运行。

★ 该指令建立坐标系时，刀具并没有产生运动，但系统会自动存储用来建立工件坐标系的基准刀具的补偿值。

★ G50 为非模态指令，执行一次建立一个工件坐标系。

5. G04——暂停指令

该指令可使刀具做短时间的停顿，即可以延长刀具在程序终点坐标停留的时间，主要应用于车削沟槽或钻孔，有利于提高槽底或孔底的表面加工质量及铁屑充分排出。

指令格式：G04 X（P）_；

其中：X（P）_暂停时间。

注意

★ X 后面的数的单位为 s，如 G04 X5 表示前面的程序执行完后，要经过 5s 的暂停，下面的程序段才继续执行。

★ P 后面的数单位为 ms，如 G04 P5000 表示前面的程序执行完后，要经过 5 000ms 的暂停，下面的程序段才继续执行。

6. G28——自动返回参考点指令

G28 也称为自动返回机械原点指令，其走刀路径如图 1—31 所示。

格式：G28 X（U）_ Z（W）_；

其中：X、Z_指定返回到参考点沿途经过的中间点，为绝对值指令；

U、W_指定返回到参考点中途经过的中间点，为增量值指令。

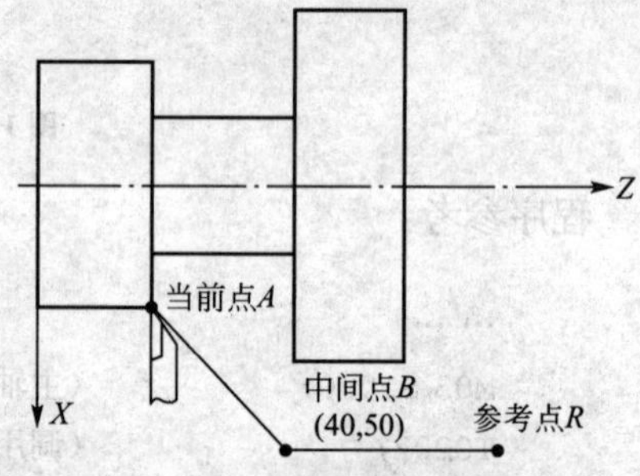

图 1—31　返回参考点的走刀路径

注意

★ 快速从当前位置定位到指令轴的中间点位置（A 点-B 点）。

★ 快速从中间点定位到参考点（B 点-R 点）。

★ 若非机床锁住状态，返回参考点完毕时，回零灯亮。

★ 有的经济型数控车床没有设置机械原点（参考点），所以 G28 指令无效。

★ 设有机械原点的车床，接通电源后，首先应该用手动方式回参考点后，程序中的 G28 指令才有效。

7. G98、G99——每分钟进给、每转进给指令

G98 指令每分钟进给状态，指令刀具每分钟行走的距离，用 F 后面的数值直接指令。G98 是模态指令，一旦指令了，在 G99 指令之前，一直有效。

G99 指令每转进给状态，主轴每转刀具的进给量用 F 后面的数值直接指令。G99 是模态指令，一旦指令了，在 G98 指令之前，一直有效。

8. G96、G97——恒线速控制与取消指令

所谓恒线速控制是指主轴转速 S_后面的线速度是恒定的，随着刀具的位置变化，根据线速度计算出主轴转速，并把与其对应的电压值输出给主轴控制部分，使得刀具瞬间的位置与工件表面保持恒定的关系。

(1) 恒线速控制指令。

指令格式：G96 S_；

其中：S__指定线速度。

(2) 恒线速取消指令。

指令格式：G97 S__；

其中：S__指定主轴转速。

四、项目分析

1. 零件工艺性分析

(1) 半成品的选用。

根据所要加工的零件，选择已进行了粗加工的半成品，长度为 55mm，材料为 45# 钢，留有 0.5mm 的精加工余量。

(2) 技术要求分析。

如图 1—1 所示，该零件属于轴类零件，加工的内容包括半球面、圆柱、圆锥、圆弧面的精加工，倒角及切断的加工。表面粗糙度值要求不大于 $Ra3.2\mu m$，径向尺寸 $\phi12$、$\phi16$、$\phi24$ 的精度要求较高，有公差要求，无热处理和硬度要求。

(3) 确定装夹等方案。

由于是半成品，用三爪自定心卡盘夹紧定位，保证工件伸出的长度为 50mm，保证该零件的各圆柱、圆锥、圆弧等轴线同轴。

(4) 选择刀具。

根据加工要求，选用两把刀具，T0100 为硬度合金 90°外圆精车刀，T0200 为刀宽为 3mm 的切断刀。同时将两把刀安装在刀架上，对刀，并把它们的刀补值输入相应的刀具寄存器中。

此工件的刀具卡（已对好刀）如表 1—3 所示，工具量具卡如表 1—4 所示。

表 1—3　　刀 具 卡

实训项目	基本插补指令的应用	零件名称	零件 1	零件图号	1—1
序号	刀具号	刀具名称及规格	数量	加工内容	备注
1	T0101	90°外圆精车刀	1	外轮廓	YT15
2	T0202	刀宽 3mm 的切断刀	1	切断	高速钢（右刀尖对刀）
编制		审核		批准	

表 1—4　　工 具 量 具 卡

实训项目	基本插补指令的应用	零件名称	零件 1	零件图号	1—1
序号	名称	规格		数量	备注
1	游标卡尺	0～125mm（0.02mm）		1	
2	千分尺	0～25mm、25～50mm（0.01mm）		各 1	
3	辅具	莫氏钻套、钻夹头、回转顶尖			选用
4	其他	铜棒、铜皮、毛刷等常用工具			选用
编制		审核		批准	

(5) 制定加工方案。

只是对工件进行精加工操作，加工步骤比较简单，此工件的加工工序和操作步骤如

表1—5所示。

表1—5 工　序　卡

实训项目	基本插补指令的应用		零件名称	零件1	零件图号	1—1
数控系统	GSK980TA		材料	45#	工序号	010
使用夹具	三爪卡盘装夹		装夹方法	三爪定心	程序号	O0010
序号	工步内容	G指令	T刀具	S主轴转速 (r/min)	F进给速度 (mm/min)	切削深度 (mm)
1	精车整个外轮廓	G01、G02、G03	T0101	1 200	50	0.25
2	倒角、切断	G01	T0202	200	20	
3	检测、校核					
编制		审核		批准、时间		

2. 编程说明

(1) 数值计算。

为编程时方便计算各基点的坐标，设定程序原点为工件的右球面与轴线的交点，加工起点（或换刀点）为 X 向距轴心线50mm，Z 向距工件右顶点100mm的位置点。

计算各基点的编程坐标值，采用径向直径编程方式，此零件只是精加工，根据加工方案在零件图上标出加工刀位点代号 A、B、C、D、E、F、G、H，如图1—32所示，按照绝对或相对坐标计算各刀位点在此坐标系中的绝对坐标值，带公差的 $\phi12$、$\phi16$、$\phi24$ 三个径向尺寸取中值，各编程坐标值如表1—6所示。

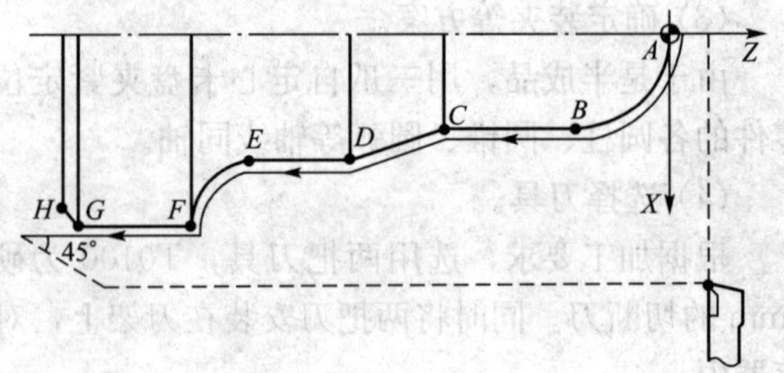

图1—32　刀具走刀路径示意图

表1—6 各编程坐标值

基点	A	B	C	D	E	F	G	H
坐标	X，Z	X，Z	X，W	X，W	X，W	X，W	X，Z	X，Z
数值	0，0	11.99，−6	11.99，−10	15.98，−6	15.98，−6	23.98，−4	23.98，−39	22，−40

(2) 参考程序。

编制此工件的加工程序单，如表1—7所示。

表1—7 程序单（供参考）

实训项目	基本插补指令的应用	零件名称	零件1	零件图号	1—1
使用夹具	三爪卡盘装夹	装夹方法	三爪定心	程序号	O0010
程序号	程　序		说　明		
N10	G50 X100 Z100;		建立工件坐标系，确定换刀点		
N20	S1200 M03;		主轴以1 200r/min转速正转		
N30	T0101;		调用1号刀		
N40	G00 X0 Z3;		快速定位，接近工件		
N50	G01 Z0 F50;		直线插补到 A 点		

（续前表）

程序号	程　　序	说　明
N60	G03 X11.99 Z－6 R6；	顺时针圆弧插补到 B 点
N70	G01 W－10；	直线插补到 C 点
N80	X15.98 W－6；	直线插补到 D 点
N90	W－6；	直线插补到 E 点
N100	G02 X23.98 W－4 R4；	逆时针圆弧插补到 F 点
N110	G01 Z－45；	直线插补到 Z－45 处
N120	G00 X100 Z100；	刀具快速返回换刀点
N130	M05	主轴停
N140	T0202；	调用 2 号刀
N150	S200 M03；	主轴以 200r/min 转速正转
N160	G00 X25 Z－39；	快速定位
N170	G01 X22 F20；	切倒角槽
N180	G00 X24；	退刀
N190	G01 X22 W－1 F20；	倒角
N200	X－1；	切断工件
N210	G00 X100；	X 方向退刀
N220	Z100；	Z 方向退刀
N230	M05；	主轴停
N240	T0100；	取消刀补
N250	M30；	程序结束

五、项目实施

1. 操作要点及注意事项

（1）严格按照数控车床的操作规程和安全规程进行操作。

（2）开机后，进行数控车床空载运行，检查车床各部分运行状况。

（3）对刀时，切槽刀以右刀尖做为编程的刀位点。

（4）正确使用游标卡尺、外径千分尺测量相关的尺寸。

（5）为保证零件尺寸的准确性，加工可分半精加工和精加工两个步骤进行，或通过修改刀补的方法执行。

（6）发生事故时，要沉着冷静、积极配合工作人员处理。

2. 操作步骤及质量检测

（1）准确快速地输入加工程序。

（2）通过数控系统图形仿真加工轨迹，进行程序的校验及修整。

（3）使用装夹具正确地安装刀具，进行对刀操作，建立工件坐标系。

（4）使用自动运行方式对工件进行自动加工操作。

（5）加工过程中，按图纸要求检测工件，对工件进行误差与质量分析。

(6) 加工完成后，按规定要求润滑保养数控车床。

此工件的检验卡如表1—8所示。

表1—8 检 验 卡

单位		姓名		考号	
实训项目	基本轮廓零件加工之一	零件名称	零件1	零件图号	1—1

序号	检验内容及要求	配分	评分标准	检测结果	得分
1	手工编程	10	语法错误每处扣2分 数据错误每处扣1分		
2	程序输入	5	手工输入，不会者取消操作		
3	仿真加工轨迹	5	图形模拟走刀路径		
4	试切对刀、建立工件坐标系	10	不会者取消操作		
5	直径ϕ12	15	每超差0.01mm扣2分		
6	直径ϕ16	15	每超差0.01mm扣2分		
7	直径ϕ24	15	每超差0.01mm扣2分		
8	整体外形	5	圆弧曲线连接圆滑，形状准确		
9	表面粗糙度	15	不得大于$Ra3.2\mu m$		
10	倒角、去毛刺等	5	按照GB 1804—M要求		
11	安全操作、文明生产		违章视情节轻重扣分， 重大事故取消操作	扣分不 超过10分	

额定工时		实际加工时间		总得分	
检测员		记录员		考评员	

六、项目总结

◇ 此项目的目的主要是熟悉G00、G01、G02、G03等基本指令的运用，掌握各指令加工的特点、适用范围、使用方法、使用技巧以及使用过程中应注意的问题等。

◇ 熟悉各指令加工时的走刀路径；掌握各指令的编程格式、各参数的含义、各参数的确定等。

◇ 用G02、G03指令加工圆弧面时，注意数控车床是前刀架还是后刀架，这样才能正确地选择顺时针、逆时针圆弧插补指令，同时，要根据零件所提供的尺寸，选择合理的编程方法。

◇ 通过本实训项目的学习与练习，了解对刀与工件坐标系之间的关系，掌握如何正确地控制好零件的尺寸。

◇ 掌握使用各种量具对加工零件的相关尺寸进行测量。

七、项目拓展练习

1. 如图1—33所示的零件，工件材料：45#钢，坯料：ϕ35mm的棒料，要求对零件进行技术分析、确定装夹方法、选择刀具、制定加工方案、运用直线插补指令等进行粗、精加工的编程，并加工检验。

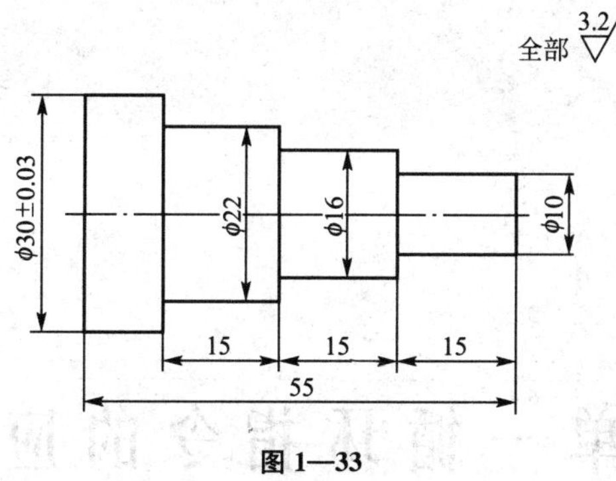

图 1—33

2. 如图 1—34 所示的零件，工件材料：45# 钢，已经进行了粗加工，工件还没有切断，留有 0.5mm 的精加工余量，要求对零件进行技术分析、确定装夹方法、选择刀具、制定加工方案、运用直线插补和圆弧插补等指令进行精加工的编程，并加工检验。

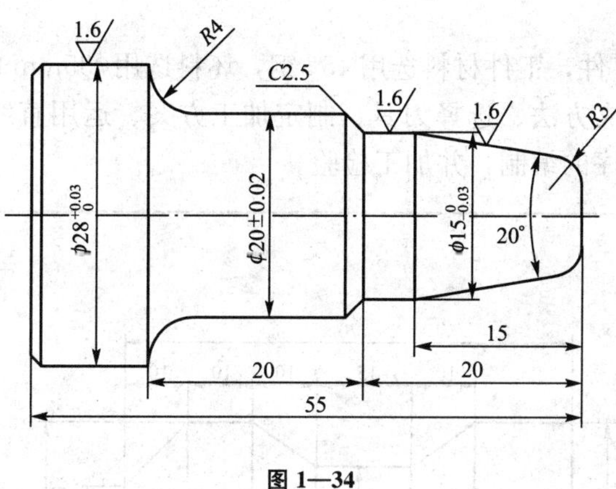

图 1—34

3. 如图 1—35 所示的零件，工件材料：45# 钢，已经进行了粗加工，工件还没有切断留有 0.5mm 的精加工余量，要求对零件进行技术分析、确定装夹方法、选择刀具、制定加工方案、运用直线插补和圆弧插补等指令进行精加工的编程，并加工检验。

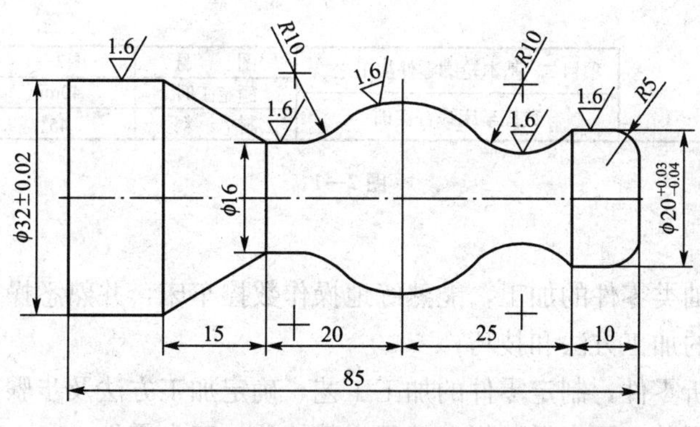

图 1—35

单一循环指令的应用

一、项目内容

如图 2—1 所示的零件，工件材料选用 45[#] 钢，坯料选用φ35mm 的棒料，要求对该零件进行技术分析、确定装夹方法、选择刀具、制定加工方案、运用直线插补指令及单一固定循环指令等进行加工程序的编制，并加工检验。

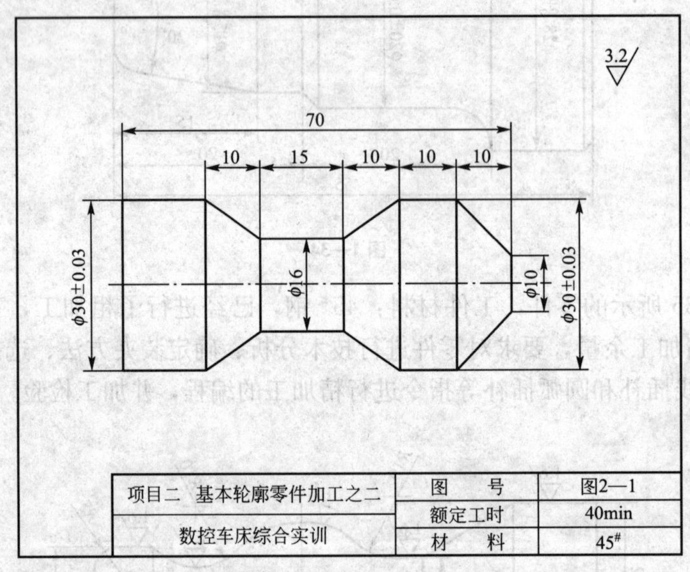

图 2—1

1. 技能目标

◆ 通过对简单轴类零件的加工，能熟练地操作数控车床，并熟悉操作面板的各功能键；

◆ 掌握圆锥面的加工方法和技巧；

◆ 能熟练地分析零件，制定零件的加工工艺，确定加工方法及步骤；

◆ 能正确地运用单一固定循环指令编程，熟练地加工出零件。

2. 知识目标

◆ 掌握数控车床的基础知识、编程内容及基本功能；

◆ 掌握G90、G94等单一循环指令的功能、编程格式及特点；
◆ 掌握简单轴类零件的数控车削加工工艺；
◆ 运用相关指令对零件进行加工程序的编制。

二、相关知识

1. GSK980TA数控车床的基本功能

(1) 准备功能（G指令）。

准备功能也称为G指令（或称为G代码），它主要用于规定刀具和工件的相对运动轨迹（即插补功能）、机床坐标系、坐标平面、刀具补偿等多种加工操作，是用来指令数控机床工作方式或控制系统工作方式的一种命令。

G指令由地址符G和其后的两位数字组成（00～99），从G00到G99共100种指令。G指令主要用于规定刀具和工件的相对运动轨迹，用以指令机床不同的动作。

◇ 指定刀具路径：如G00、G01、G02、G03等指令。
◇ 设定状态：如G96、G97、G98、G99等指令。

主要的G指令，如表2—1所示。G指令有单次G指令和模态G指令之分，单次G指令只限于被指令的程序段中有效，而模态G指令在同组G指令出现之前，其指令一直有效。

表2—1 G 指 令

G指令	组别	功　能	G指令	组别	功　能
G00	01	快速定位	G72	00	端面粗加工循环
G01		直线插补	G73		封闭切削循环
G02		逆圆弧插补	G74		端面深孔加工循环
G03		顺圆弧插补	G75		切槽循环
G04	00	暂停、准停	G76		螺纹复合切削循环
G28		返回参考点	G90	01	内外圆车削循环
G32	01	螺纹切削	G92		螺纹切削循环
G50	00	坐标系设定	G94		端面切削循环
G65		宏程序命令	G96、G97	02	恒线速开、关
G70		精加工循环	G98	03	每分进给（mm/min）
G71		内外圆粗加工循环	G99		每转进给（mm/r）

◇ 组别的含义：00组的G指令是一次性的G指令，即非模态的，它只在被指令的那个程序段中有效；01、02、03组为模态G指令，即在一个程序段中指令后，在后面的程序段中一直有效，只有在以后的程序段中有同组其他G指令指令后它才被取代。
◇ 表中G01和G98指令为系统初态时确认，表示当机床开机后，系统处于该G指令的状态。
◇ 在同一个程序段中可以指令几个不同组的G指令，在一个程序段中只能指令同组中的一个G指令，如果指令了同组中的两个G指令，则后一个G指令有效。
◇ G02和G03顺逆时针方向与机床的刀架是前置还是后置有关，表中是刀架前置。

(2) 主轴功能（S指令）。

确定主轴转速大小指令功能，它是由地址S及其后面的数字表示，目前有S（两位数）、

S（四位数）两种表示法，即S××和S××××。一般的经济型数控车床用一位或两位约定的代码控制主轴某一挡位的高速和低速，对具有无级调整功能的数控车床，则可由后续数字直接指令其主轴的转速（r/min）。

另外对具有恒线速度切削功能的数控车床，其加工程序中的S指令既可指令恒定转速（r/min），也可指令车削时的恒定线速度（m/min），即在车削时，其主轴转速随着车削直径的变化而自动变化，始终保持线速度为给定的恒定值。

1）S（两位数）。

国内的数控车床一般用一位或两位数字约定的代码表示，本文介绍的GSK980TA数控系统，对应机床提供的6级主轴机械换挡（每个挡位有高速挡和低速挡），用S01指定低速，S02指定高速，这里的高速和低速只是相对于机床的某个机械挡位而言的。

如：想要指定车床每分钟560正转，则先将车床变速挡位打在1120/560挡位上（手动），编程时只需在程序段中指令M03 S01即可实现转速要求（其余转速可类推）。

2）S（四位数）。

用地址S和其后面的四位数值指令轴的转数（r/min），如S1200表示主轴恒定转速为1 200r/min。具有恒线速控制功能的数控系统，则S后面的线速度是恒定的，随着车削直径的变化，根据给定线速度计算出主轴转速，使得刀具瞬间的位置与工件表面保持恒定关系。用G96（恒线速控制指令）、G97（指定主轴转速）指令配合S指令来指定主轴的速度。如G96 S15，表示切削速度为15m/min；G97 S1200表示主轴转速为1 200r/min。

（3）辅助功能（M指令）。

辅助功能也称M指令，用以指令数控机床中的辅助装置的开关动作或状态，辅助功能用地址M及其后续数字（一般为两位数）组成。数控机床实际使用的符合ISO标准的这种地址符，其标准程度与G指令一样不高，指定代码少，不指定和永不指定代码多，M指令常因数控系统生产厂家及机床结构的差异和规格的不同而有所差别。因此，编程人员必须熟悉M指令。表2—2所示为GSK980TA系统常用M指令。

表2—2　　M 指 令

指　令	功　能	指　令	功　能
M00	程序运行停止	M07	2号冷却液开
M01	程序段选择	M08	1号冷却液开
M02	程序结束	M09	冷却液关
M03	主轴正转（顺时针方向）	M30	程序结束，光标返回
M04	主轴反转（逆时针方向）	M98	调用子程序
M05	主轴停	M99	子程序结束回主程序

1）M00——程序停止指令。

M00指令主要用于在完成程序段的其他指令后，使进给运动停止。在加工过程中停机检查、测量尺寸或者手动变速等，均可使用M00指令，程序停止后，做好所需工作，再按下启动按钮，即可继续执行后续程序。

2）M01——程序段跳过指令。

3）M02——程序结束。

该指令在程序结尾，程序运行结束，机床的运动全部停止，但光标仍停在M02的下面。

在程序中如果有某个程序段是可选择的，则在程序段号前使用“/”符号。当不需要执行此程序段时，就按下操作面板上的“M01”程序段跳过键，程序加工执行到此程序段时，就会跳过不执行而执行下一个程序段。如果不按下“M01”键，则该程序段照样执行。

4）M03、M04、M05——主轴控制指令。

M03、M04 指令分别控制主轴的正转和反转，并与 S 指令组合，可指令高速、低速的正反转。M05 指令主轴停止，在该程序段中在其他指令执行完毕后才执行。

5）M08、M09——冷却液控制指令。

M08 为打开冷却液，控制冷却泵的启动，M09 用于关闭冷却液。

6）M30——程序结束指令。

该指令用于程序的最后一段，表示工件已加工完毕。机床运动停止，使数控系统处于复位状态，并返回至程序段开头。

7）M98——调用子程序。

注意：编辑子程序时，一定要用相对坐标进行编程。

8）M99——子程序结束返回指令。

M99 指令放在子程序的结尾处。

（4）进给功能（F 指令）。

在切削零件时，指定的控制刀具运动和切削的速度称为进给速度，决定进给速度的功能称为进给功能。

F 指令后面的数值表示刀具的运动速度，其大小直接影响零件表面粗糙度和车削效率，因此 F 指令后面的数值大小的确定应在保证零件表面质量的前提下，选择较大的值。

对于数控车床，其进给的方式可以分为：每分钟进给（单位为 mm/min）和每转进给（单位为 mm/r）两种。

1）每分钟进给（进给速度）。

每分钟进给即在单位时间里，刀具沿进给方向移动的距离。与车床转速快慢无关，其进给速度不随主轴转速的变化而变化，和普通车床的走刀量概念有区别。对于初学者来说，F 功能数值的确定往往不合理，主要是缺少切削方面的知识。F 值的确定可使用下面公式：

$$F = \text{车床转速} \times \text{刀具进给量}$$

即：$\mathrm{mm/min} = n \times \mathrm{mm/r}$

2）每转进给（刀具进给量）。

每转进给即车床主轴每转一圈，刀具向进给方向移动的距离。主轴每转刀具的进给量用 F 后续的数值直接指令，用 G99 指令配合，如：G99 F0.3 表示主轴每转一圈，刀具向进给方向移动 0.3mm，与普通车床的走刀量概念完全相同。其运行的速度是随主轴的变化而变化的。

3）在螺纹加工时表示螺纹导程，如：F2.5 表示螺纹导程为 2.5mm。

（5）刀具功能（T 指令）。

刀具功能用于指令加工中所用刀具号及自动补偿编组号的地址字，其自动补偿内容主要指刀具的位置偏差及刀具半径补偿。如：

T0203 表示将 2 号刀转到切削位置，并执行第 3 组刀具补偿值；

T0303 表示将 3 号刀转到切削位置，并执行第 3 组刀具补偿值；

T0100 表示将 1 号刀转到切削位置，不执行刀补，补偿量为零。

一般情况下，刀具号与刀补号对应设置，所以在四方刀架上带刀补号的刀号一般为 T0101、T0202、T0303、T0404。

2. 刀具补偿功能

刀具补偿功能是用来补偿刀具实际安装位置与理论编程位置之差的一种功能。它是数控车床的一种主要功能，分为刀具偏移补偿（即刀具位置补偿）和刀尖圆弧半径补偿两种。

(1) 换刀功能。

在程序加工中，根据工件的加工要求可调用所需的刀具。这些刀具事先按照工件加工要求而选择并安装在刀架的刀号上，只需在程序中指令某一刀号，程序指令就会将该刀号的刀具转动定位在当前加工位置，并执行下段程序加工。

注意

在调用刀具时，首先要使刀架回到换刀点或远离工件，避免在换刀时使刀具碰撞工件而损坏了刀具和工件。在编程时，也不要将刀具指令和移动指令编在同一程序段中，因两种指令会同时动作，有可能使刀具碰到工件而造成事故。

(2) 刀具位置补偿。

当采用不同尺寸的刀具加工同一轮廓尺寸的零件时，或同一尺寸的刀具因换刀重调、磨损时，必须对刀具进行位置补偿。

编程时，指定刀具的同时，也指定刀具的位置补偿，如 T0101 就是指调用 1 号刀，执行储存在 01 号寄存器中的刀具补偿。

(3) 刀具半径补偿。

此部分的内容见项目七。

3. 数控车床加工程序的结构

(1) 数控车床加工程序的构成。

加工程序就是一系列指令有序的集合。通过这些指令，使刀具按直线、圆弧或其他曲线运动以完成切削加工，同时控制主轴的正反转、停止、切削液的开关，自动换刀装置和中滑拖、大滑板的动作等。加工程序由程序号、程序内容及程序结束三个部分组成。

1) 程序号。

程序号即程序的编号，是为了区别存储器中的程序，也用作加工程序的开始标识，每个程序都要有程序编号。程序号通常由字符“%”、“P”或“O”及后跟数字（最多四位数）来表示。

2) 程序内容。

程序内容是整个程序的核心，由一个个程序段组成。每个程序段由一个或若干个信息字组成，每个信息字又由地址符和数字字符组成。在程序中能做指令的最小单位是信息字，仅地址符或数据符是不能作为指令的。

信息字由地址符和数字及符号组成，每个信息字由一个地址字母和数字组成。信息字就是编程系统的功能指令，由不同的功能指令与坐标值指令相组合，就构成不同运动轨迹的程序段，由若干程序段的有序组合就构成加工程序。

每一个程序段前都有一个程序段号，每一个程序段结尾有一个程序段结束符。如“N10 G50 X100 Z100;”是建立坐标系的程序段，“;”表示程序段结束。“N20 M03 S01;”是主轴正转启动和选择 S01 速度的程序段。

程序段由程序段号（字）、地址、数字、符号等组成，各字后有地址，字的排列顺序要求不严格，数据的位数可多可少，不需要的字以及上一程序段相同的续效字可以不写。该格式的优点是程序简短、直观以及容易检查和修改。

程序段的格式如下：

N_　　G_　　X_Y_Z_…　F_S_　　M_　　…　　；

顺序号　准备功能　　坐标值　　　工艺性指令　　辅助功能　附加指令　结束符号

其中：

◇ 顺序号——数控程序的每一段之前可以加一顺序号，用地址 N 和其后最多四位数字组成。程序顺序号之间的间隔可选择 10 或 20，程序之间留有间隔数是为了在修改程序时可以添加新的程序顺序号。程序顺序号的有无对数控机床的加工运行没有影响，有时可以全部省略，以节省内存。

◇ 准备功能——是使数控机床作好某种操作准备的指令，用地址码 G 和两位数字表示，从 G00～G99 共 100 种。

◇ 坐标值（尺寸字）——尺寸字由地址码、符号（＋，－）及绝对（或增量）数值构成。

◇ 工艺性指令——进给功能表示刀具中心运动的进给速度，由地址码 F 和后面数字构成。主轴转速功能由地址码 S 和其后面的数字组成。

◇ 辅助功能指令——辅助功能也叫 M 指令或 M 代码，它是控制机床系统的开关功能的一种命令，由地址码 M 和后面的两位数字组成。

◇ 附加指令——包括固定循环及子程序的重复次数指令、刀具补偿号指令、刀具编号指令及暂停时间指令等。

3）程序结束。

可以用辅助功能代码 M02、M03（程序结束）等表示程序结束、关冷却液、停主轴，只有等待新的指令后才能继续运行加工。

举例：

```
O0008                        ——→程序号
N10  G50 X100 Z100;          程序段 1 ┐
N20  S02 M03 T0202;          程序段 2 │
N30  G00 X50 Z3;             程序段 3 ├中间为程序内容
N40  G01 Z-30 F120;          程序段 4 │
……                           ……       ┘
N230  M30;                   ——→程序结束
```

(2) 数控车床程序的分类。

数控加工程序可分为主程序和子程序，子程序的结构同主程序的结构一样。在通常情况下，数控车床是按主程序的指令进行工作，但是，当主程序中遇到调用子程序的指令时，控制转到子程序执行。当子程序遇到返回主程序的指令时，控制返回到主程序继续执行。

在编制零件的加工程序时，如果相同模式的加工在程序中多次出现，可将这个模式编成一个子程序，使用时调用子程序命令，这样就简化了程序，减少了占用的计算机内存空间。

4. 对刀点与换刀点的确定

(1) 对刀点。

在自动加工零件时，需要确定刀具的刀尖在工件坐标系中的坐标位置，使刀尖的运动轨迹与加工零件的编程轨迹相同。用多把刀加工同一工件时，要求无论调用哪把刀具，其刀尖的开始切入点应处于同一点的坐标位置，那么必须在程序加工前调整每把刀具的刀尖对准工件某一点位置，并将每把刀具的刀尖偏移值存储到对应刀号存储器中，当程序调用每把刀具时，刀架在转位后进行刀具偏移，使刀具的刀尖位置重合在同一换刀点，即程序原点。这个确定刀具的刀尖在工件坐标系中某个坐标位置的过程称为对刀。

对刀点就是通过对刀操作确定刀具与工件相对位置的基准点。对刀点可以设置在被加工零件上，刀可以设置在夹具上与零件定位基准有一定尺寸联系的某一位置，一般情况下，对刀点往往就选择在零件的加工原点。

注意

★ 所选的对刀点应使程序编制简单；

★ 对刀点应选择在容易找正、便于确定零件加工原点的位置；

★ 对刀点应选在加工检验方便、可靠的位置；

★ 对刀点的选择应有利于提高加工精度。

(2) 刀位点。

刀位点是指在加工程序编制中，用以表示刀具特征的点，也是对刀和加工的基准点。编程时用该点的运动来描述刀具的运动，运动所形成的轨迹称为编程轨迹。数控车床使用的刀具的刀位点的选择比较复杂。常用各类车刀的刀位点如图 2—2 所示。

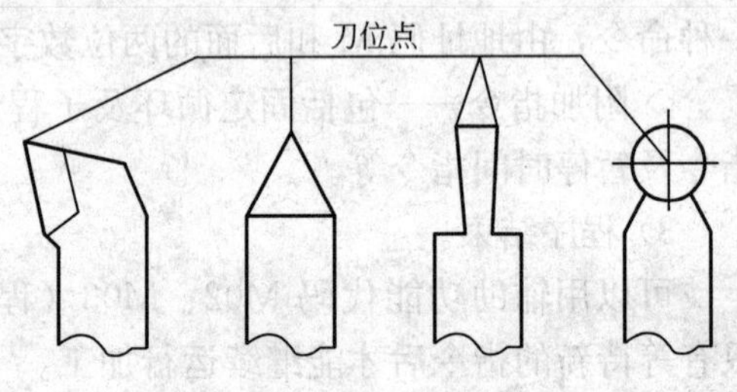

图 2—2　各类车刀的刀位点

常用的机夹可转位刀片的刀尖处都有过渡圆弧，所以编程时要考虑刀尖圆弧半径对工件加工尺寸的影响；确定切槽刀的刀位点时要考虑是否便于对刀和测量。

(3) 换刀点。

换刀点是指刀架转位换刀时的位置。换刀点可以是任意一点，主要是为了防止换刀时碰伤零件及其他部件，换刀点常常设置在被加工零件或夹具的轮廓之外，并留有一定的安全量。

三、编程指令

在数控车床上加工工件的毛坯常用棒料或铸、锻件，因此加工余量大，一般需要多次重复循环加工，才能去除全部余量。为了简化编程，数控系统提供不同形式的固定循环功能，以缩短程序的长度，减少程序所占内存。

固定切削循环通常是用一个含 G 指令的程序段完成多个程序段指令的加工操作，使程序得以简化。固定循环一般分为单一形状固定循环和复合形状固定循环。

单一固定循环可以将一系列连续加工动作，如“切入—切削—退刀—返回”，用一个循环指令完成，从而简化程序。

1. G90——外圆、内圆车削循环

G90 指令主要用于轴类零件的外圆、锥面的加工。

指令格式：G90 X (U)_ Z (W)_ R _ F _；

其中：X、Z_切削终点的绝对坐标值；

U、W_切削终点相对于循环起点的增量坐标；

R_圆锥起点相对于圆锥终点在 X 轴上的位置差（半径表示，有正负）；

F__进给速度。

(1) 当 R 值为零或缺省时，动作分解如图 2—3 所示。

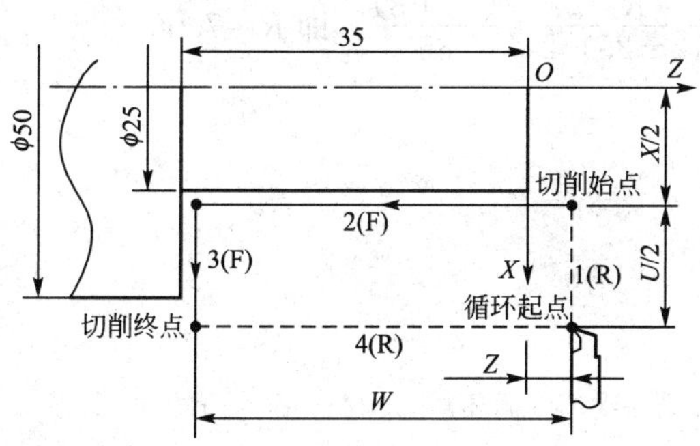

图 2—3 走刀动作分解：
1 (R)：刀具从循环起点 X 轴快进至与终点坐标同一 X 坐标的位置上（走 G00）；
2 (F)：刀具 Z 轴以进给速度车削至终点位置（走 G01）；
3 (F)：X 轴以进给速度退至与起点同一 X 坐标的位置（走 G01）；
4 (R)：Z 轴快速退回起点（走 G00）。
注：R—快速移动　F—进给切削

图 2—3

例： 如图 2—3 所示零件，运用单一固定循环指令加工 ϕ25mm 尺寸的圆柱面（ϕ50mm 的圆柱面已加工好），采用直径、编程方式。

分析： 此零件只要求加工 ϕ25mm 的圆柱面，那么可运用 G90 指令进行几次循环切削加工即可，循环起点可选在（52，3）处。

程序参考：

```
……
M03 S600;(主轴以 600r/min 的转速正转)
T0101;(外圆车刀)
G00 X52 Z3;(快速移动到循环起点)
G90 X45 Z-35 F100;(加工φ25mm,圆柱面第一次车削循环)
X40;(加工φ25mm,圆柱面第二次车削循环)
X35;(加工φ25mm,圆柱面第三次车削循环)
X30;(加工φ25mm,圆柱面第四次车削循环)
X25;(加工φ25mm,圆柱面第五次车削循环)
……
```

(2) 当 R 值不为零时，动作分解如图 2—4 所示。

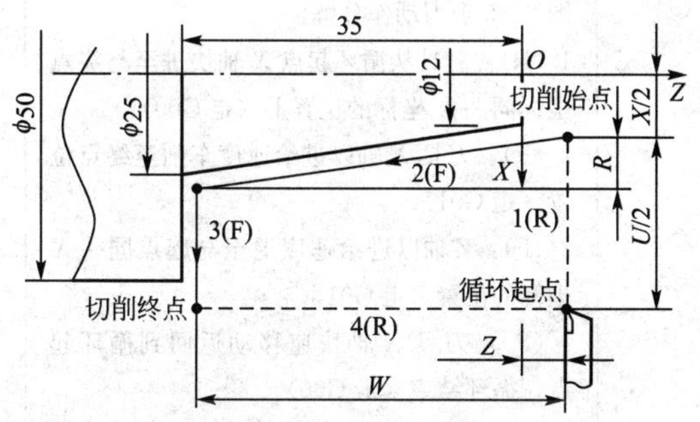

图 2—4 走刀动作分解：
1 (R)：刀具从循环起点 X 轴快进至与终点坐标同一 X 坐标的位置上（走 G00）；
2 (F)：刀具 X、Z 轴同时以进给速度车削至终点位置（走 G01）；
3 (F)：X 轴以进给速度退至与起点同一 X 坐标的位置（走 G01）；
4 (R)：Z 轴快速退回起点（走 G00）。
注：R—快速移动　F—进给切削

图 2—4

例：如图 2—4 所示零件，运用单一固定循环指令加工ϕ12mm 与ϕ25mm 尺寸的圆锥面（ϕ50mm 的圆柱面已加工好），采用直径编程方式。

分析：如果循环起点为（52，3），那么$\frac{R}{(12-25)/2}=\frac{(35+3)}{35}$，即$R=7.06$。

程序参考：

```
… …
M03 S600;(主轴以 600r/min 的转速正转)
T0101;(外圆车刀)
G00 X52 Z3;(快速移动到循环起点)
G90 X45 Z- 35 F100;(加工φ25mm,圆柱面第一次车削循环)
X40;(加工φ25mm,圆柱面第二次车削循环)
X35;(加工φ25mm,圆柱面第三次车削循环)
X30;(加工φ25mm,圆柱面第四次车削循环)
X25;(加工φ25mm,圆柱面第五次车削循环)
G90 X25 Z - 35 R - 2 F100;(加工φ12～φ25mm,圆锥面第一次车削循环)
R - 4;(加工φ12～φ25mm,圆锥面第二次车削循环)
R - 6;(加工φ12～φ25mm,圆锥面第三次车削循环)
R - 7.06;(加工φ12～φ25mm,圆锥面第四次车削循环)
… …
```

2. G94——端面车削循环

G94 指令用于一些短的、面大的零件的垂直或锥形端面的加工，进行从毛坯余量较大或棒料车削零件时的粗加工，以去除大部分毛坯余量。其程序格式也有加工圆柱面、圆锥面之分。

指令格式：G94 X（U）_ Z（W）_ R _ F_；

其中：X、Z_表示循环终点的绝对坐标值；

U、W_切削终点相对于循环起点的增量坐标；

R_圆锥起点相对于圆锥终点在 Z 轴上的位置差（有正负）；

F_表示进给速度。

（1）当 R 值为零或缺省时，走刀动作分解如图 2—5 所示。

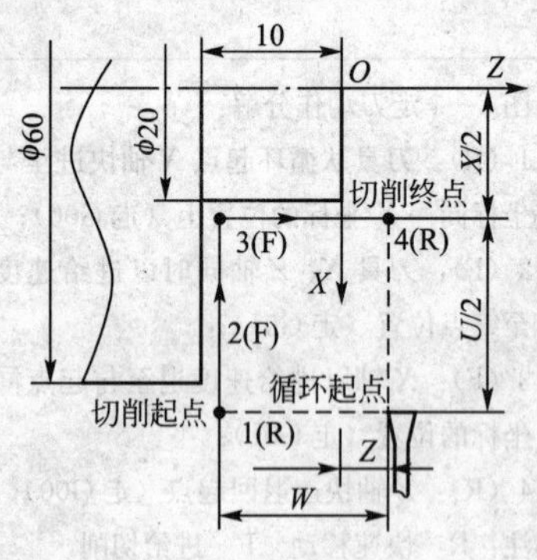

图 2—5 走刀动作分解：

1（R）：刀具从循环起点 X 轴快进至与终点坐标同一 X 坐标的位置上（走 G00）；

2（F）：刀具 X 轴以进给速度车削至终点位置（走 G01）；

3（F）：Z 轴以进给速度退至与起点同一 X 坐标的位置（走 G01）；

4（R）：刀具 X 轴快速移动返回到循环起点，循环结束（走 G00）。

注：R—快速移动　F—进给切削

图 2—5

例：如图 2—5 所示零件，运用单一固定循环指令加工ϕ20mm，长 10mm 的短圆柱面，采用直径编程方式。

分析：此零件只要求加工径向尺寸为ϕ20mm 的长为 10mm 的短圆柱面，那么可用切断刀运用 G94 指令进行几次循环切削加工即可，循环起点可选在（62，1）处。

程序参考：

```
……
M03 S200;(主轴以 200r/min 的转速正转)
T0202;(4mm 宽的切断刀)
G00 X62 Z3;(快速移动到循环起点)
G94 X20 Z-3.5 F20;(第一个车削循环)
Z-7;(第二个车削循环)
Z-10;(第三个车削循环)
……
```

(2) 当 R 值不为零或缺省时，走刀动作分解，如图 2—6 所示。

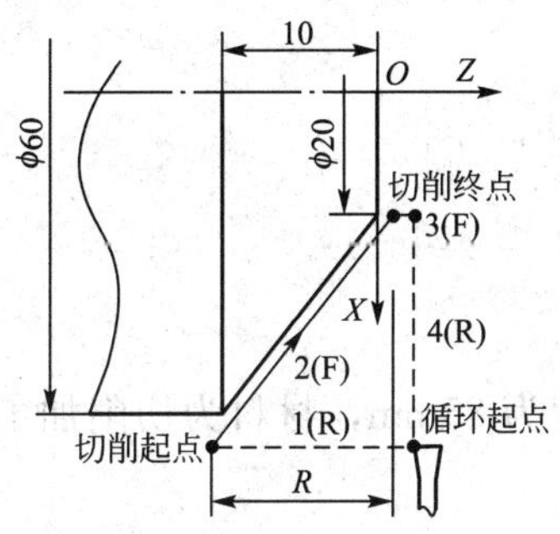

图 2—6 走刀动作分解：

1（R）：刀具由循环起点 Z 轴快速移动至切削起点的位置上（走 G00）；

2（F）：刀具 X 轴与 Z 轴同时从切削始点以进给速度车削至终点位置（走 G01）；

3（F）：Z 轴从切削终点以进给速度退至与循环起点同一 Z 坐标的位置（走 G01）；

4（R）：刀具 X 轴快速退回至循环起点（走 G00）。

注：R—快速移动　F—进给切削

图 2—6

例：如图 2—6 所示零件，运用单一固定循环指令加工ϕ20mm，长 10mm 的短圆柱面，采用绝对编程。

分析：如果循环起点为（63，3），那么$\frac{R}{-10}=\frac{(63-20)/2}{(60-20)/2}$，即 $R=-11$。

程序参考：

```
……
M03 S200;(主轴以 200r/min 的转速正转)
T0202;(4mm 宽的切断刀)
G00 X63 Z3;(快速移动到循环起点)
G94 X20 Z0 R-3 F20;(第一个车削循环)
R-6;(第二个车削循环)
R-9;(第三个车削循环)
R-11;(第四个车削循环)
……
```

注意

- ★ 单一固定循环指令 G90、G94 编程格式中的坐标 *X*（*U*）、*Z*（*W*）、*R*、*F* 都是模态值，在没有指定新的值时，前面切削循环指令的数据均一直有效，当指令新的数据时才取代原有的数据。
- ★ 指令中的 *R* 为锥面斜度。G90 指令中的 *R* 即为圆锥起点相对于圆锥终点在 *X* 轴上的位置差（半径表示，有正负），G94 指令中的 *R* 即为圆锥起点相对于圆锥终点在 *Z* 轴上的位置差（有正负）。
- ★ 加工圆柱表面时，G90 和 G94 指令的循环起点的 *X* 值应大于圆柱毛坯的 *X* 尺寸，*Z* 值应离 G50 工件原点（端面）3～4mm。
- ★ 加工圆锥表面时，G90 和 G94 指令的循环起点的 *X* 值应大于圆锥大端毛坯的 *X* 尺寸，*Z* 值应离 G50 工件原点（端面）3～4mm。
- ★ G94 指令加工编程时，应考虑到每次循环的切削量（即刀具 *Z* 方向的移到量）应小于刀具的宽度。

3. G92——螺反车削循环指令

此指令的内容见项目五。

四、项目分析

1. 零件工艺性分析

（1）毛坯的选用。

根据所要加工的零件，选择直径为ϕ35mm，长度为 85mm，材料为切削加工性能较好的 45# 钢棒料。

（2）技术要求分析。

如图 2—1 所示，该零件属于轴类零件，加工内容主要是圆柱、圆锥的加工，倒角及切断，零件图尺寸标注完整，符合数控加工尺寸标注要求，轮廓描述清楚完整，无热处理和硬度要求，表面粗糙度值不大于 *Ra*3.2μm，径向尺寸ϕ30 精度要求较高，ϕ10、ϕ16 无尺寸公差要求。

（3）确定装夹等方案。

此工件只需要一次装夹即可完成加工，用三爪自定心卡盘夹紧定位，保证工件伸出的长度为 78mm。

（4）选择刀具。

根据加工要求，选用两把刀具，T0100 为硬质合金 90°外圆车刀，T0200 为高速钢、刀宽为 4mm 的切断刀。同时将两把刀安装在刀架上，对刀，把它们的刀补值输入相应的刀具寄存器中，切断刀以右刀尖做为对刀点。

此工件的刀具卡（已对好刀）如表 2—3 所示，工具量具卡如表 2—4 所示。

表 2—3　　刀　具　卡

实训项目	单一循环指令的应用	零件名称	零件 2	零件图号	2—1
序号	刀具号	刀具名称及规格	数量	加工内容	备注
1	T0101	90°外圆精车刀	1	外轮廓、圆锥面	YT15

（续前表）

序号	刀具号	刀具名称及规格	数量	加工内容	备注
2	T0202	刀宽 4mm 的切断刀	1	圆柱面、圆锥面、切断	高速钢
编制		审核		批准	

表 2—4 工具量具卡

实训项目	单一循环指令的应用	零件名称	零件 2	零件图号	2—1
序号	名称	规　　格		数量	备注
1	游标卡尺	0～125mm（0.02mm）		1	
2	千分尺	0～25mm、25～50mm（0.01mm）		各 1	
3	百分表	0～10mm（0.01mm）		1	四爪卡盘装夹时使用
4	磁性表座			1 套	四爪卡盘装夹时使用
5	辅具	莫氏钻套、钻夹头、回转顶尖		各 1	选用
6	其他	铜棒、铜皮、毛刷等常用工具			选用
编制		审核		批准	

（5）制定加工方案。

该零件结构简单，都是由直线组成，其加工表面都是圆柱和圆锥表面，除径向尺寸 ϕ30mm 精度要求较高外，其他尺寸都无公差要求。为了保证尺寸 ϕ30mm 的公差要求，运用单一循环指令 G90 进行粗加工，然后直接运用直线插补精加工；工件的前锥面运用单一循环指令 G90 加工，中部的圆柱面及前后段的圆锥面运用 G94 指令进行加工，如图 2—7 所示。

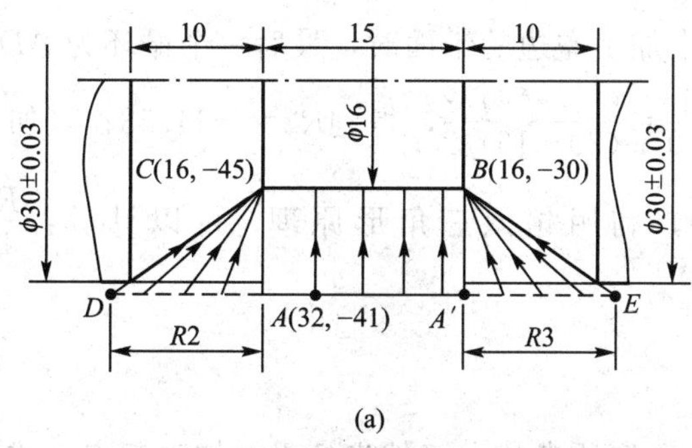

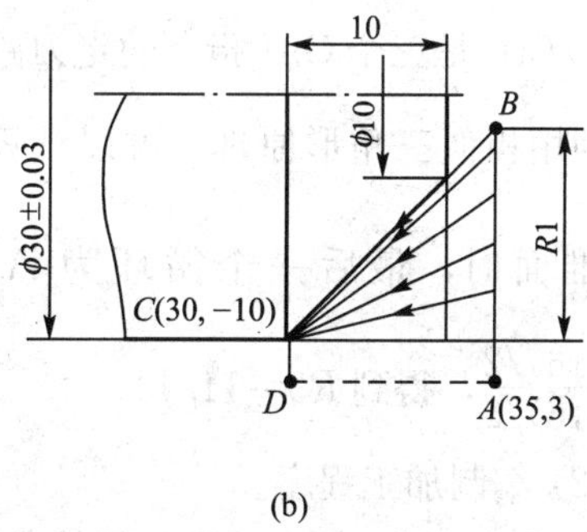

图 2—7　刀具走刀路径示意图

此工件的加工工序和操作步骤如表 2—5 所示。

表 2—5 工　序　卡

实训项目	单一循环指令的应用	零件名称	零件 2	零件图号	2—1
数控系统	GSK980TA	材料	45#	工序号	020
使用夹具	三爪卡盘装夹	装夹方法	三爪定心	程序号	O0020

（续前表）

工序号	工步内容	G指令	T刀具	S主轴转速 (r/min)	F进给速度 (mm/min)	切削深度 (mm)
1	粗车整个外轮廓、留0.5mm的精加工余量	G90	T0101（基准刀）	600	100	2
2	精加工外轮廓、保证尺寸30mm	G01	T0101	1 000	50	0.5
3	加工前端的锥面	G90	T0101	600	80	2
4	加工中部的圆柱、保证尺寸ϕ16mm	G94	T0202	200	20	
5	加工中部的前段圆锥面	G94	T0202	200	20	
6	加工中部的后段圆锥面	G94	T0202	200	20	
7	切断	G01	T0202	200	20	
8	检测、校核					
编制		审核		批准、时间		

2. 编程说明

(1) 数值计算。

带公差的ϕ30mm径向尺寸取中值，本项目主要是计算每个固定循环指令中的R值。如图2—7(b) 所示，是G90指令的走刀路径，A点为循环起点，切R的斜面，最后一个循环是$ABCDA$，那么利用相似三角形原理，可以计算：$\frac{R1}{(10-30)}=\frac{13}{10}$，得到$R1=-13$。而图2—7(a) 是三个G94指令的走刀路径，当加工左边的锥面时，最后一个循环为$ADCA$，同样利用相似三角形原理，可以计算：$\frac{R2}{-10}=\frac{(32-16)/2}{(30-16)/2}$，得到$R2=-11.43$；当加工右边的锥面时，最后一个循环为$A'EBA'$，利用相似三角形原理，可以计算：$\frac{R3}{10}=\frac{(32-16)/2}{(30-16)/2}$，得到$R3=11.43$。

(2) 编制加工程序。

编程时，以工件右端面与轴线的交点为程序原点建立工件坐标系，加工起点（或换刀点）设为X向距程序原点50mm，Z向距程序原点100mm的位置，计算各基点的编程坐标值，径向尺寸采用直径编程方式，编制此工件的加工程序单，如表2—6所示。

表2—6　　程序单（供参考）

实训项目	单一循环指令的应用	零件名称	零件2	零件图号	2—1
使用夹具	三爪卡盘装夹	装夹方法	三爪定心	程序号	O0020
程序号	程　序		说　明		
N10	G50 X100 Z100；		建立工件坐标系，确定换刀点		

（续前表）

程序号	程 序	说 明
N20	S600 M03;	主轴以 600r/min 转速正转
N30	T0101;	调用外圆精车刀
N40	G00 X40 Z3;	快速定位，接近工件
N50	G90 X30.5 Z－75 F100;	粗加工外轮廓
N60	G00 X100 Z100 M05;	退刀
N70	M00;	测量外轮廓的尺寸
N80	S1000 M03;	主轴以 1 000r/min 转速正转
N90	G00 X30 Z3;	快速定位
N100	G01 Z－75 F50;	精加工外轮廓，保证尺寸ϕ30mm
N110	G00 X100 Z100 M05;	刀具快速返回换刀点，主轴停
N120	S600 M03;	以低速起动主轴，正转
N130	G00 X35 Z3;	快速定位
N140	G90 X30 Z－10 R－3 F80;	加工前端的锥面，第一次循环切削
N150	R－6;	加工前端的锥面，第二次循环切削
N160	R－9;	加工前端的锥面，第三次循环切削
N170	R－12;	加工前端的锥面，第四次循环切削
N180	R－13;	加工前端的锥面，第五次循环切削
N190	G00 X100 Z100 M05;	回到换刀点，主轴停
N200	T0202;	换切断刀
N210	S200 M03;	主轴以 200r/min 的转速起动
N220	G00 X32 Z－41;	快速定位
N230	G01 X16 F20;	直线插补退刀槽
N240	G00 X32;	
N250	G94 X16 Z－38 F20;	加工径向尺寸为ϕ16mm 的圆柱，第一次循环切削
N260	Z－35;	加工径向尺寸为ϕ16mm 的圆柱，第二次循环切削
N270	Z－32;	加工径向尺寸为ϕ16mm 的圆柱，第三次循环切削
N280	Z－30;	加工径向尺寸为ϕ16mm 的圆柱，第四次循环切削
N290	G94 X16 Z－41 R－3 F20;	加工中部前面的锥面，第一次循环切削
N300	R－6;	加工中部前面的锥面，第二次循环切削
N310	R－9;	加工中部前面的锥面，第三次循环切削
N320	R－11.43;	加工中部前面的锥面，第四次循环切削
N330	G00 Z－30;	刀具移动
N340	G94 X16 Z－30 R3 F20;	加工中部后面的锥面，第一次循环切削
N350	R6;	加工中部后面的锥面，第二次循环切削

（续前表）

程序号	程　　序	说　　明
N360	R9；	加工中部后面的锥面，第三次循环切削
N370	R11.43；	加工中部后面的锥面，第四次循环切削
N380	G00 Z-70；	刀具移动
N390	G01 X-1 F20；	切断工件
N400	G00 X100；	快速退刀
N410	Z100 M05；	
N420	T0100；	取消刀补
N430	M30；	程序结束

五、项目实施

1. 操作要点及注意事项

（1）严格按照数控车床的操作规程和安全规程进行操作。

（2）开机后，进行数控车床空载运行，检查车床各部分运行状况。

（3）对刀时，所有的切槽刀都以右刀尖做为编程的刀位点。

（4）正确使用游标卡尺、外径千分尺测量相关的尺寸。

（5）为保证零件尺寸的准确性，加工可分半精加工和精加工两步骤进行，或通过修改刀补的方法执行。

（6）发生事故时，要沉着冷静、积极配合工作人员处理。

2. 操作步骤及质量检测

（1）准确快速地输入加工程序。

（2）通过数控系统图形仿真加工轨迹，进行程序的校验及修整。

（3）使用装夹具正确地安装刀具，进行对刀操作，建立工件坐标系。

（4）灵活使用程序试运行、分段运行及自动运行等运行方式对工件进行自动加工操作。

（5）加工过程中，按图纸要求检测工件，随时对工件进行误差与质量分析。

（6）加工完成后，按规定要求润滑保养数控车床。

此工件的检验卡如表 2—7 所示。

表 2—7　　检　验　卡

单位		姓名		考号	
实训项目	单一循环指令的应用	零件名称	零件 2	零件图号	2—1

序号	检验内容及要求	配分	评分标准	检测结果	得分
1	手工编程	15	语法错误每处扣 2 分 数据错误每处扣 1 分		
2	程序输入	10	手工输入，不会者取消操作		
3	仿真加工轨迹	5	图形模拟走刀路径		

（续前表）

序号	检验内容及要求	配分	评分标准	检测结果	得分
4	试切对刀、建立工件坐标系	15	不会者取消操作		
5	直径φ30	20	每超差 0.01mm 扣 2 分		
8	整体外形	15	圆弧曲线连接圆滑，形状准确		
9	表面粗糙度	15	不得大于 $Ra3.2\mu m$		
10	倒角、去毛刺等	5	按照 GB 1804—M 要求		
11	安全操作、文明生产		违章视情节轻重扣分，重大事故取消操作	扣分不超过 10 分	

额定工时		实际加工时间		总得分	
检测员		记录员		考评员	

六、项目总结

◇ 此项目的目的主要是熟悉单一固定循环指令 G90、G94 的使用，掌握各指令加工的特点、适合的范围、使用方法、使用技巧以及使用过程中应注意的问题等。

◇ 熟悉各指令加工时的走刀路径。

◇ 掌握各指令的编程格式、各参数的含义、各参数的确定方法等。

◇ 在数控车床加工的零件中，圆柱、圆锥的粗加工较多地使用此指令，这样能提高加工的效率。

◇ 用 G90、G94 指令加工圆锥面时，掌握指令中 R 的计算方法及其取值的正负。

◇ 通过本实训项目的学习与练习，熟练掌握运用单一固定循环指令来对零件进行编程与加工。

◇ 掌握使用各种量具对加工零件的相关尺寸进行测量。

七、项目拓展练习

1. 如图 2—8 所示的零件，工件材料选用：45# 钢，坯料选用：φ35mm 的棒料，要求对该零件进行技术分析、确定装夹方法、选择刀具、制定加工方案、运用直线插补指令及单一固定循环指令等进行加工程序的编制，并加工检验。

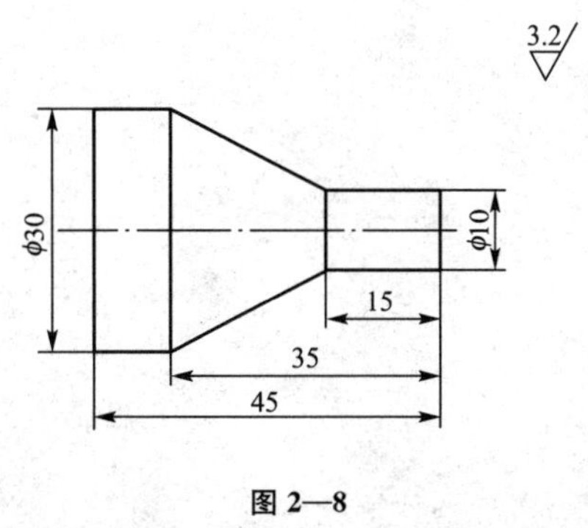

图 2—8

2. 如图 2—9 所示零件，工件材料选用：45# 钢，坯料选用：φ35mm 的棒料。要求对该零件进行技术分析、确定装夹方法、选择刀具、制定加工方案、运用直线插补指令及单一固定循环指令等进行加工程序的编制，并加工检验。

3. 如图 2—10 所示零件，工件材料选用：45# 钢，坯料选用：φ35mm 的棒料。要求对该零件进行技术分析、确定装夹方法、选择刀具、制定加工方案、运用直线插补指令及单一固定循环指令等进行加工程序的编制，并加工检验。

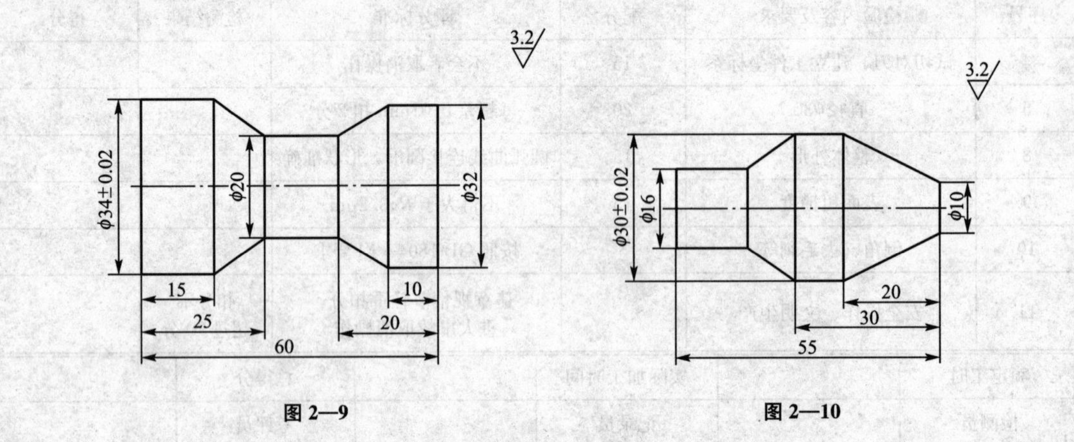

图 2—9　　图 2—10

复合循环指令的应用之一

一、项目内容

如图 3—1 所示的零件，工件材料选用 45# 钢，坯料选用φ30mm 的棒料，要求对该零件进行技术分析、确定装夹方法、选择刀具、制定加工方案、运用复合固定循环指令 G70、G71、G72 等进行加工程序的编制，并加工检验。

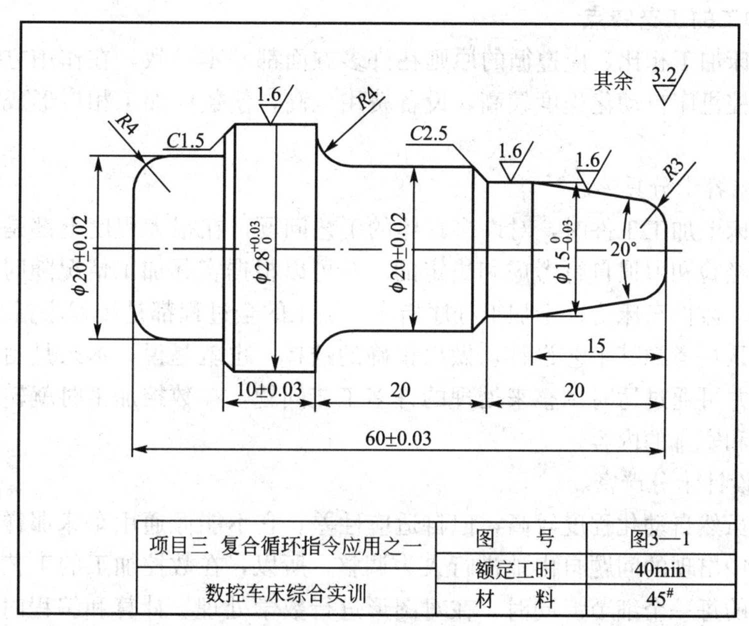

图 3—1

1. 技能目标

- ◆ 掌握 G70、G71、G72 等复合循环指令的技能技巧；
- ◆ 掌握圆柱面、圆锥面及圆弧面等各种外轮廓表面的加工方法和技巧；
- ◆ 能熟练地综合分析零件，制定零件的加工工艺，确定加工方法及步骤；
- ◆ 能熟练地操作数控车床加工零件。

2. 知识目标

◆ 掌握简单轴类零件的数控车削加工工艺；

◆ 掌握 G70、G71、G72 等复合循环指令的功能、编程格式及特点；

◆ 能运用相关指令对零件进行加工程序的编制。

二、相关知识

1. 数控车削加工工艺内容的选择

（1）适合于数控车削加工的内容。

1）普通车床无法加工的内容；

2）普通车床难以加工，质量也难以保证的内容；

3）普通车床加工效率低、劳动强度大的内容；

4）精度要求高、表面粗糙度要求高、带特殊螺纹及表面轮廓形状特别复杂的回转体零件。

（2）不适合数控车削加工的内容。

1）占机调整时间较长；

2）加工部位分散，需要多次安装、设置原点；

3）按某些特定的制造依据加工的型面轮廓。

2. 数控加工的工艺特点

与普通机床加工相比，应遵循的原则在许多方面都基本一致，在作用方法上也基本相同。但由于数控机床自动化程度较高，设备费用也高，使数控加工相应形成了自身的工艺特点。

（1）工艺内容十分具体。

在普通机床上加工工件时，对许多具体的工艺问题，在很大程度上都是由操作工人根据自己的实践经验和习惯自行考虑和决定的，并可以根据实际加工情况随时进行调整。而在数控加工时，数控车床受控于加工程序指令，加工的全过程都是按程序指令自动进行的，编程人员必须认真考虑其工艺设计，做出正确的选择。也就是说，本来是由操作工人在加工中灵活掌握并可通过适时调整来处理的许多工艺问题，在数控加工时就转变为编程人员必须事先设计和安排的内容。

（2）工艺设计十分严密。

数控车床虽然自动化程度较高，但自适应性差。它不能像通用车床那样在加工时可以根据加工过程中出现的问题自由地进行人为调整，所以，在数控加工的工艺设计中必须注意加工过程中的每一个细节。同时，在对图形进行数学处理、计算和编程时，都要力求准确无误。

（3）工序相对集中。

数控车床加工要求工序尽可能集中，就是指在一台机床上尽可能多地加工工件的多个表面或全部表面，在批量较大时，常采用多轴、多面、多工位机床和复合刀具等方法来实现工序集中，通常粗、精加工可在一次装夹下完成，有效地提高生产效率。

3. 数控加工零件图的工艺性分析

零件的数控加工工艺性问题涉及面很广，下面结合编程的可能性和方便性提出一些必须分析和审查的主要内容。

(1) 尺寸标注应符合数控加工的特点。

在数控编程中，所有点、线、面的尺寸和位置都是以编程原点为基准的。因此，零件图样上最好直接给出坐标尺寸，或尽量以同一基准标注尺寸。

(2) 几何要素的条件应完整、准确。

在程序编制中，编程人员必须充分掌握构成零件轮廓的几何要素参数及各几何要素间的关系。因为不管是手工编程还是自动编程，如果在零件图样上出现尺寸模糊不清、尺寸封闭或加工轮廓不合理等问题，都会增加编程工作的难度，甚至于编程都无法进行。

(3) 精度及技术要求分析。

零件图样上的精度及技术要求应齐全合理，数控车削精度应能达到要求，有位置精度要求的表面应在一次安装下完成，表面粗糙度要求较高的表面应用恒线速切削。

轴的加工精度主要包括结构要素的尺寸精度、形状精度和位置精度。

1) 尺寸精度。

尺寸精度主要指结构要素的直径和长度的精度。直径精度由使用要求和配合性质确定；对于主要支承轴颈，常为IT9～IT6；特别重要的轴颈，也可为IT5。轴的长度精度要求一般不严格，常按未注公差尺寸加工；要求较高时，允许偏差为0.05～0.2mm。

在尺寸公差要求的分析过程中，还可以同时进行一些编程尺寸的简单换算，如中值尺寸及尺寸链的解算等。在数控编程时，常常对要求尺寸的零件取其最大和最小极限尺寸的平均值（即“中值”）作为编程的尺寸依据。

2) 形状精度。

形状精度主要指轴颈的圆度、圆柱度等，轴的形状误差直接影响与之相配合零件的接触质量和回转精度，一般限制在公差范围内；要求较高时可取直径公差的1/2～1/4，或另外规定允许偏差。

3) 位置精度。

位置精度包括装配传动件的配合轴颈对于支承轴颈的同轴度、圆跳动及端面对轴心线的垂直度等。普通精度的轴、配合轴颈对支承轴颈的径向圆跳动一般为0.01～0.03mm，高精度的轴为0.005～0.01mm。

(4) 统一几何类型及尺寸。

零件的外形、内腔最好采用统一的几何类型及尺寸，这样可以减少换刀的次数，还可以应用控制程序或专用程序以缩短程序的长度，节省编程时间。

4. 数控车削加工工艺路线的制定

(1) 加工工序的安排。

数控车削加工的零件结构形状是多种多样的，但主要是由平面、内外圆柱面、内外圆锥面、曲面、成形面或螺纹等组成。每一种表面都有多种加工方法，在实际加工中，应根据零件的加工精度、表面粗糙度、零件的材料、尺寸等因素来确定数控车削加工方法及加工工序。制定加工方案的方法有很多，但通常还是采用与普通车床加工工艺大致相同的方法，一般应遵循如下几个原则。

1) 先粗后精。

这是数控加工与普通加工都采用的方案，目的是提高生产效率、保证零件的精加工质量。其过程是先安排较大背吃刀量及进给量的粗加工工序，以便在较短的时间内，将精加工前大量的加工余量去掉。

在制定该方案的过程中，因考虑到精车过程是连续进行的，故其粗车后应尽量满足精加工余量均匀性的要求。

2）先近后远。

在一般情况下，特别是在粗加工时，通常安排离起刀点近的部位先加工，远的部位后加工，以便缩短刀具移动距离，减少空行程时间。对于车削加工，先近后远还有利于保持坯件或半成品的刚性，改善其切削条件。

3）先主后次。

先主后次即先安排主要表面（如装配基准面、工作表面等）的加工，后安排次要表面（即非工作表面的加工，如紧固用的光孔和螺孔等）的加工。

4）先面后孔。

当有平面和孔需要加工时，一般先加工平面后加工孔，这样可以提高孔的加工精度。

5）先内后外。

对既有内表面又有外表面的零件，在制定加工方案时，通常应先加工内形表面，后加工外形表面。这是因为控制内表面的尺寸和形位精度较困难，刀具刚性相应较差，刀尖或刀刃的使用寿命易受到切削热的影响，以及在加工中清除切屑较困难等。

6）内外交叉。

对既有内表面，又有外表面需加工的零件，安排工序顺序时，应先进行内表面的粗加工，再进行外表面的粗加工，后进行内表面的精加工，最后进行外表面的精加工。

★ 在制定加工方案过程中应注意的问题：

除了必须严格保证零件的加工质量外，一是注意编程时应使程序简洁、减少出错率及提高编程工作效率，以最少的程序段实现对零件的加工；二是注意使加工程序具有最短的进给路线，不仅可以节省整个加工过程的执行时间，还能减少一些不必要的刀具消耗及车床进给机构滑动部件的磨损等。

（2）加工阶段的划分。

零件的加工过程通常按工序性质的不同，分为粗加工、半精加工、精加工和光整加工四个阶段。

1）粗加工阶段。

其主要目的是快速切除毛坯上大量多余的金属，使毛坯在形状和尺寸上接近零件，如何提高生产率是该阶段主要考虑的问题。

2）半精加工阶段。

其主要目的是使主要表面达到一定的精度，留有一定的精加工余量，为主要表面的精加工做好准备，并可完成一些次要表面的加工，如钻孔、扩孔、攻螺纹、铣键槽等。

3）精加工阶段。

其主要目的是保证各主要表面达到规定的尺寸精度和表面粗糙度要求，全面保证加工质量。

4）光整加工阶段。

其主要目的是对一些尺寸精度和表面粗糙度要求很高的零件表面，进行专门的光整加工。

★ 加工阶段的划分有如下几个优点：

◇ 有利于保证工件的加工精度。工件需要先完成各表面的粗加工，再通过半精加工和精加工，以逐步减少切削用量、切削力和切削热，逐步修正工件的变形，提高加工精度和减小表面粗糙度，最终达到零件图纸的要求。各加工阶段之间的时间间隔相当于自然时效处理，有利于消除工件的内应力，使工件有变形的时间，以便在后一道工序中加以修正。

◇ 有利于合理地使用数控车床设备。粗加工可用刚度大、功率大、精度低的数控车床，精加工时使用精密的数控车床，由于此时切削力小，有利于长期地保持车床的精度。

◇ 粗加工安排在前，可及早发现毛坯的缺陷（如铸件的气孔、砂眼等），以免继续加工造成工时的浪费。

◇ 为了在机械加工工序中插入必要的热处理工序，同时使热处理充分发挥效果，这就要求把机械加工工艺过程划分为几个阶段，而每个阶段各有其特点及应达到的目的。

◇ 精加工工序安排在最后，可有效地使精加工后的表面不受或少受损伤。

(3) 加工工序的划分。

零件的加工工序通常包括切削加工工序、热处理工序和辅助工序，合理地安排好各工序的顺序，并解决好各工序间的衔接问题，可以提高零件的加工质量、生产效率，降低加工成本。

1）按所用刀具划分工序。

为了减少换刀次数，缩短空程时间，减少不必要的定位误差，常采用刀具集中工序的方法，即把同一把刀具完成的那一部分工艺过程看作一道工序。这种方法适用于工件待加工表面较多，机床连续工作时间过长，加工程序的编制和检查难度较大等情况。

2）按粗精加工划分工序。

先粗加工，后半精加工，最后精加工。粗加工后工件的变形需要一段时间恢复，最好不要在粗加工之后紧接着安排精加工。

3）按装夹次数划分。

以一次安装完成的那一部分工艺过程为一道工序。这种方法适用于加工内容不多的工件，加工完成后就能达到待检状态。

★ 数控加工工序设计的主要任务：

数控加工工艺路线确定后，各道工序的加工内容即已基本确定，数控加工工序设计的主要任务是为每一道工序选择机床、夹具、刀具和量具，确定定位夹紧方案、走刀路线与工步顺序、加工余量、工序尺寸及其公差、切削用量和工时定额等，为编制加工程序做好充分准备。

(4) 走刀路线和加工工步顺序的安排。

走刀路线是刀具在整个加工工序中相对于工件的运动轨迹。工步顺序是指同一道工序中各个表面加工的先后次序，它对零件的加工质量、加工效率和数控加工中的走刀路线有直接的影响，应根据零件的结构特点和工序的加工要求等合理安排。

工步的划分与安排一般可随走刀路线进行，在确定走刀路线时主要考虑的问题如下：

1）尽可能缩短走刀路线，以减少空行程时间，提高加工效率。

2）为保证工件轮廓表面加工后的粗糙度要求，最终轮廓应安排最后一次走刀连续加工。

3）安排好刀具的切入和切出。

(5) 确定进给路线。

进给路线是刀具在整个加工工序中的运动轨迹，即刀具从对刀点开始进给运动，直到结束加工程序后退刀返回该点所经过的路径，包括了切削加工的路径及刀具切入、切出等非切削空行程。

1）确定最短的空行程路线。

选好起刀点，合理安排回零路线，可以节省整个加工过程的执行时间。

2）确定最短的切削进给路线。

在保证加工质量的前提下，使加工程序具有最短的切削进给路线，可有效地提高生产效率，减少一些不必要的刀具消耗及机床进给机构滑动部件的磨损等。

在安排粗加工或半精加工的切削进给路线时，应同时兼顾被加工零件的刚性及加工的工艺性等要求，不要顾此失彼。

如图 3—2 所示，为粗车零件时几种不同切削进给路线的安排示意图。图 3—2（a）所示为车刀沿着工件轮廓进行进给的路线，刀具切削总行程最长，一般只用于单件小批量生产；图 3—2（b）所示为刀具走三角形的进给路线；图 3—2（c）所示为刀具走矩形的进给路线，刀具进给长度总和最短，切削所需时间最短，刀具的损耗也最小，因此在同等条件下应选择此方案。

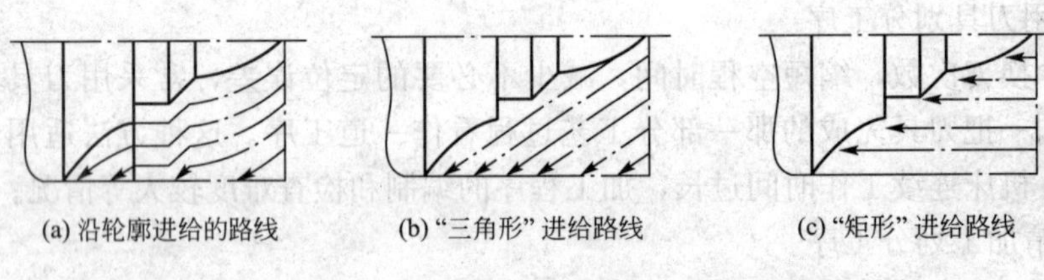

图 3—2　走刀路线示例

3）刀具的切入、切出。

在数控车床上进行加工时，尤其是精车时，要安排好刀具的切入、切出路线，尽量使刀具沿轮廓的切线方向切入、切出，避免在轮廓处停刀或垂直切入、切出工件，否则会因切削力突然变化而造成弹性变形，致使光滑连接轮廓上产生表面划伤、形状突变或留下刀痕。

4）零件轮廓精加工一次走刀完成。

零件轮廓的精加工应一刀连续加工完成，尽量不要在连续的轮廓中安排切入、切出、换刀或停顿，以免因切削力突然变化而造成弹性变形，致使光滑连接轮廓上产生表面划伤、形状突变或滞留刀痕等缺陷。

5. 零件的定位

基准分为设计基准和工艺基准两大类，其中，工艺基准又分为定位基准、测量基准和装配基准等。

加工零件时，合理选择定位基准对保证零件的尺寸精度和相互位置精度起决定性作用。定位基准有两种，一种是以毛坯表面作为基准面的粗基准，另一种是以已加工表面作为基准面的精基准。

（1）定位基准的选择。

力求设计基准、工艺基准与编程原点统一，以减少基准不重合误差和数控编程中的计算工作量。

（2）粗基准的选择。

除应保证所有加工表面都有足够的加工余量外，还应保证零件上加工表面和不加工表面之间具有一定的位置精度。粗基准选择原则如下：

1）选择不加工的表面作为粗基准。

2）对所有表面都要加工的零件，应以加工余量最小的表面为粗基准。

3）应以比较牢固可靠的表面作为基准，否则会使工件夹具破坏或松动。

4）应选择比较平整光滑的表面作为粗基准。

5）粗基准不能重复使用。

(3) 精基准的选择。

为了减少定位误差，仍应减少精基准的重复使用。选择精度较高、装夹稳定可靠的表面作为精基准，并尽可能选用形状简单和尺寸较大的表面作为精基准，使夹具设计简单，操作方便。其选择原则如下：

1）基准重合原则。应尽可能采用设计基准或装配基准作为定位基准，并尽量与测量基准重合。

2）基准统一原则。除第一道工序外，其余工序尽可能采用同一个精基准，这样可以减少定位误差，提高加工精度，使装夹更方便。

3）自为基准原则。对于某些加工余量小而均匀的精加工工序，选择加工表面本身作为定位基准。

4）互为基准原则。当对工件上两个相互位置精度要求很高的表面进行加工时，需要用两个表面互相作为基准，反复进行加工，以保证位置精度要求。

6. 夹具的选择

(1) 数控车床常用的装夹方法。

数控车床主要用三爪卡盘装夹，其定位主要采用心轴、顶块、缺牙爪等方式，工件的装夹方式可根据加工对象的不同灵活选用。

1）轴类夹具。用于轴类工件的夹具主要有自动夹紧拨动卡盘、拨齿顶尖、三爪拨动卡盘等。

2）盘类夹具。用于盘类工件的夹具主要有可调卡爪式卡盘、快速可调卡盘等。

(2) 夹具与装夹方式的选择。

在数控车床上，工件的定位安装与普通车床是一样的，应使工件相对于车床主轴轴线有一个确定的位置，并且在工件受到各种外力的作用下，仍能保持其固定位置。选择定位方式时，应具有较高的定位精度；考虑夹紧方案时，要注意夹紧力的作用点和作用方向。

在数控车床上，根据零件的结构形状不同，通常选择外圆、端面或内孔、端面装夹，并力求设计基准、工艺基准和编程原点的统一。

在数控车床上装夹工件时，其选择原则如下：

1）在数控车床上装夹零件时，要尽量选用已有的通用夹具装夹，减少装夹次数，应尽量让零件在一次装夹下完成大部分甚至全部表面的加工。

2）夹具要开敞，加工部位应开阔，夹具上各零部件应不妨碍机床对零件各表面的加工，其定位、夹紧机构应不影响加工中的走刀。

3）零件的装卸要快速、方便、可靠，以缩短机床的停顿时间，避免采用占机、人工调整时间长的装夹方案，以充分发挥数控机床的效能。

4）为提高数控加工效率，批量较大的零件加工可采用气动或液压夹具、多工位夹具。

5）为满足数控加工精度，要求夹具精度高，且定位精度高。

6）夹紧力的作用点应落在工件刚性较好的部位。

三、编程指令

与单一形状固定循环指令一样，复合形状固定循环指令可以用于必须重复多次加工才能加工到规定尺寸的加工工序，主要用于粗车铸、锻毛坯；车阶梯较大的轴及多次走刀切螺纹的情况下。利用复合形状固定循环指令功能，只要编写出最终走刀路线，给出每次切除余量或循环次数，数控车床即可以自动决定粗加工时的刀具路径，完成重复切削加工，直到加工完毕。

复合形状固定循环的特点是，每次循环进给的路线形式（由精车路线提供）均固定不变，只改变其循环起点的位置。

G70～G76 指令是复合固定循环指令，其中 G70 是 G71、G72、G73 等粗加工指令后的精加工指令。

1. G70——精加工循环

指令格式：G70 P __ Q __；

其中：P __描述精加工轨迹程序的第一个程序段序号；

Q __描述精加工轨迹程序最后一个程序段序号。

精车复合循环加工的特点与固定形状的粗车循环相仿，但因适用于经粗车后的精车，故不需设定 *X* 轴和 *Z* 轴方向的总退刀量及循环次数等参数，而仅需指定精车路线中各程序段的第一条和最后一条程序段的顺序号。

2. G71——内、外圆粗车循环

指令格式：G71 U __ R __；

G71 P __ Q __ U __ W __ F __；

其中：G71 U __ R __；

U __表示粗加工循环时，*X* 轴方向的每次进刀量（半径表示）；

R __表示粗加工循环时，*X* 轴方向的每次退刀量（半径表示）。

G71 P __ Q __ U __ W __ F __；

P __描述精加工轨迹程序第一个程序段序号；

Q __描述精加工轨迹程序最后一个程序段序号；

U __ *X* 轴方向的精加工信息量（使用 G71 指令加工完后，工件的实际量），直径表示，有方向性和正负值；

W __ *Z* 轴方向的精加工信息量（使用 G71 指令加工完后，工件的实际量），直径表示，有方向性和正负值；

F __切削速度（进给速度）。

运动轨迹说明：如图 3—4 所示，刀具从循环起点 *A* 点快速移动到第一次切削进刀的 *A′* 点，沿 *Z* 轴切削进给到 *C* 点。然后刀具 *X* 轴和 *Z* 轴先同时按切削进给速度退刀（退刀方向与各轴进刀方向相反），*X* 轴方向的退刀距离为 *R* 时，再从 *Z* 轴以快速移动速度退回到与 *A′* 点 *Z* 轴绝对坐标相同的位置。如果 *X* 轴再次进刀（刀具移动距离为 *U*＋*R*）后，移动的终点仍在 *A′* 点到 *B* 点的连线中间，*Z* 轴切削进给到粗车轮廓，*X* 轴、*Z* 轴再同时按切削进给速度退刀 *R*；直到刀具切削到在 *Z* 方向与工件最终尺寸差 *W* 值（*Z* 方向留的精加工余量），在 *X* 方向与工件最终尺寸差 *U* 值（*X* 方向留的精加工余量）后再进行下一个 *X* 方向的尺寸加工。如此循环切削，最后刀具移动到 B 点（B 点在 X 方向与工件最终尺寸相差 U，即 X 方向留的精加工余量），Z 轴切削进给到粗车轮廓，X 轴和 Z 轴同时按切削进给速度退刀，X 轴方向退刀距离为 R。粗车循环结束后，刀具最后按工件轮廓的形状由 B 点开始切削到 C 点，退刀回到循环起点 A 点，全部完成 G71 循环指令的加工。

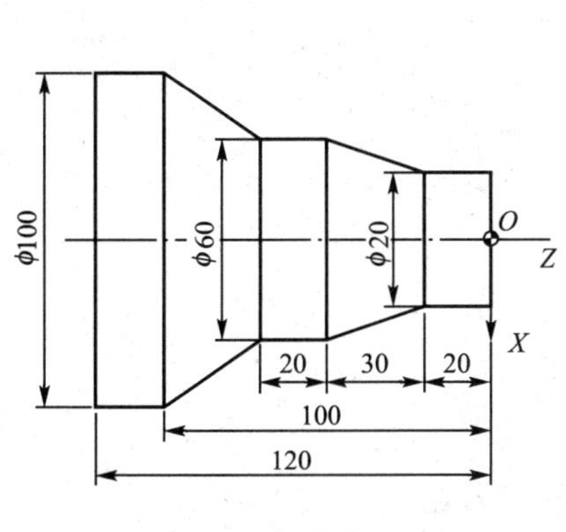

图 3—3 零件

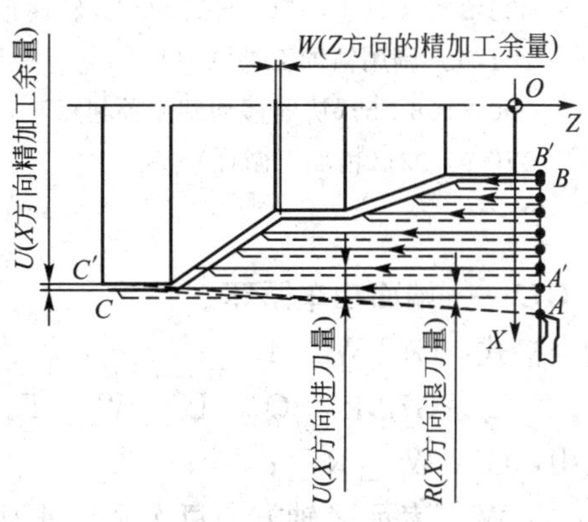

图 3—4 G71 粗车切削循环运动轨迹示意图

图中 B'点对应工件轮廓精加工的开始程序段 P，图中 C'点对应工件轮廓精加工的结束程序段 Q。G70 指令的刀具运动轨迹即是从 B'点沿工件轮廓的外形切削到 C'点，最后刀具回到循环起点 A 点。

注意

★ 只能够加工 X、Z 轴单调增加或单调减小的零件。

★ 精加工第一段只能出现 X 方向的数值，不能出现 Z 的数值。

★ 精车程序中只能使用 G00、G01、G02、G03 等指令。

★ 循环动作由 P、Q 指定的 G71 指令进行。

例：如图 3—3 所示的零件，棒料为 ϕ105mm，运用复合循环指令进行编程。

分析：此零件的径向尺寸是沿 Z 轴单调减少的，选用 G71 复合循环指令对此零件进行编程，循环起点选为（108，5），留精加工余量，用 G70 指令进行精加工。采用直径编程方式。

程序参考：

```
……
M03 S600;(主轴以 600r/min 转速正转)
T0202;(调用粗加工外圆刀)
G00 X108 Z5;(快速移动到循环起点)
G71 U3 R1;(X 方向的单边进刀量为 3mm,退刀量为 1mm)
G71 P1 Q2 U0.5 W0.25 F100;(X 方向留 0.5mm,Z 方向留 0.25mm 的精加工余量)
N1 G00 X100;(描述零件精加工轨迹的第一个程序段)
G01 Z-120 F50;
X60 Z-50;
Z-70;
```

```
X100 Z-100;
N2 Z-120;(描述零件精加工轨迹的最后一个程序段)
G00 X100 Z100 M05;(退刀到换刀点,主轴停)
M00;(程序暂停)
M03 S1000;(主轴以 1 000r/min 转速正转)
T0101;(调用精加工外圆刀)
G00 X108 Z5;(快速移动到循环起点)
G70 P1 Q2;(精加工循环)
……
```

3. G72——端面粗车循环

指令格式：G72 W＿R＿；

G72 P＿Q＿U＿W＿F＿；

其中：G72 W＿R＿；

W＿表示 Z 轴方向每次循环进刀量；（W<刀宽）

R＿表示 Z 轴方向每次循环退刀量。

G72 P＿Q＿U＿W＿F＿；

P＿描述精加工轨迹程序的第一个程序段序号；

Q＿描述精加工轨迹程序最后一个程序段序号；

U＿X 轴方向的精加工余量（使用 G72 指令加工完后，工件的实际量），直径表示，有方向性和正负值；

W＿Z 轴方向的精加工余量（使用 G72 指令加工完后，工件的实际量），直径表示，有方向性和正负值；

F＿切削速度（进给速度）。

运动轨迹说明：如图 3—6 所示，刀具从循环起点 A 点开始 Z 方向的进刀，移动到 A′，进刀量为 W（W 一定要小于刀宽），然后进行 X 方向的切削，切削到工件轮廓处（X 方向留有 U 精加工余量），然后刀具开始 X 轴和 Z 轴同时退刀，退到离 Z 方向的距离为 R 时 X 方向退刀，直至退到与循环起点同一 X 坐标的位置，然后 Z 轴方向又开始进刀 W，进行第二次的切削。如此循环切削，最后刀具移动到 B 点，X 方向进行切削到 C 点（C 点 X 坐标与工件最终尺寸相差 U，即 X 方向留的精加工余量）。开始 X 轴和 Z 轴同时按切削进给速度退刀到离 Z 轴方向距离为 R 时 X 方向退刀到循环起点同一 X 坐标的位置；粗车循环结束后，刀具最后由 B 点开始切削到 C 点，按工件轮廓形状进行切削到 D 点，退刀回到循环起点 A 点，全部完成 G72 循环指令的运动轨迹。

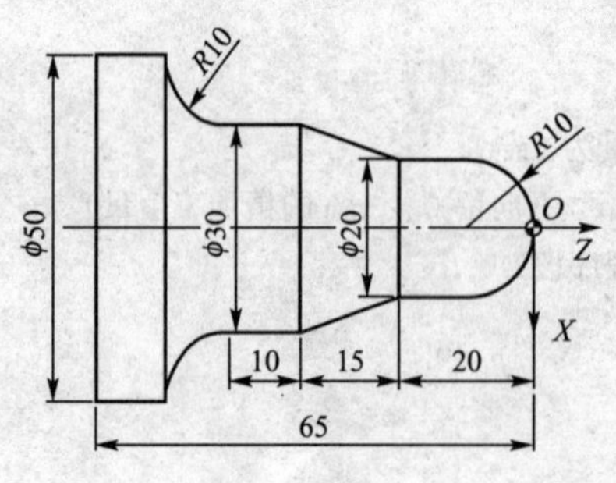

图 3—5 零件

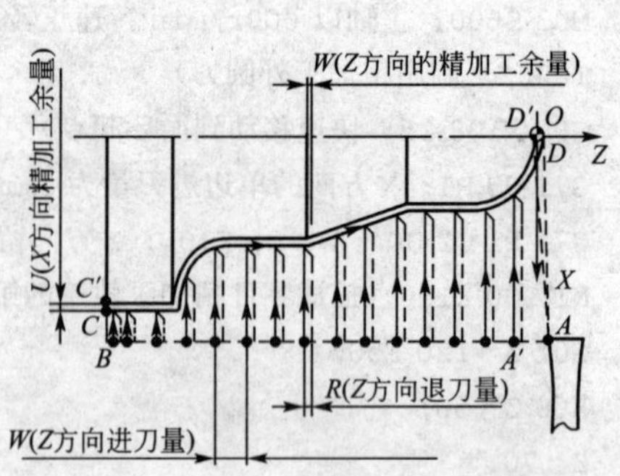

图 3—6 G72 粗车切削循环运动轨迹示意图

图中 B 点对应工件轮廓精加工的开始程序段 P，图中 D' 点对应工件轮廓精加工的结束程序段 Q。G70 指令的刀具运动轨迹即是从 B 点切削到 C'，沿工件轮廓的外形切削到 D' 点，最后刀具回到循环起点 A 点。

注意

★ 只能够加工 X、Z 轴单调增加或单调减小的零件。

★ 精车轨迹程序第一段只能有 Z 方向的数值，不能出现 X 的数值。

★ 精车程序中只能使用 G00、G01、G02、G03 等指令。

★ 循环动作由 P、Q 指定的 G72 指令进行。

例： 如图 3—5 所示的零件，棒料为ϕ55mm，运用复合循环指令进行编程。

分析： 此零件的径向尺寸是沿 Z 轴单调减少的，选用 G72 复合循环指令对此零件进行编程，循环起点选为（58，1），选用刀宽为 5mm 的切断刀，以左刀尖对刀，留精加工余量，用 G70 指令进行精加工。采用直径编程方式。

程序参考：

```
……
M03 S200;(主轴以 200r/min 转速正转)
T0202;(调用刀宽为 5mm 的切断刀)
G00 X58 Z1;(快速移动循环起点)
G72 W4.5 R0.5;(刀具Z 方向进刀量为 4.5mm,Z 方向退刀量为 0.5mm)
G72 P1 Q2 U0.5 W0.25 F30;(X 方向留 0.5mm,Z 方向留 0.25mm 的精加工余量)
N1 G00 Z-65;(描述零件精加工轨迹的第一个程序段)
G01 X50 F20;
Z-55;
G03 X30 Z-45 R10;
G01 W10;
X20 W15;
W10;
N2 G02 X0 Z0 R10;(描述零件精加工轨迹的最后一个程序段)
G00 X100 Z100 M05;(退刀到换刀点)
M00;(程序暂停,测量尺寸)
M03 S300;(主轴以 300r/min 转速正转)
G00 X58 Z1;(快速移动循环起点)
G70 P1 Q2;(进行精加工循环)
……
```

四、项目分析

1. 零件工艺性分析

（1）毛坯的选用。根据图 3—1 所示的零件，此零件的加工棒料选择切削加工性能较好的 45# 钢，棒料直径为ϕ30mm。

(2) 技术要求分析。

如图 3—1 所示，该零件属于轴类零件，加工内容包括圆弧面、圆锥面、圆柱面的粗、精加工及切断加工，零件图尺寸标注完整，符合数控加工尺寸标注要求，轮廓描述清楚完整，无热处理和硬度要求，表面粗糙度值不大于 $Ra3.2\mu m$，径向尺寸 ϕ15mm、ϕ20mm、ϕ28mm 精度要求较高，有公差要求，轴向尺寸 10、60 有公差要求。

(3) 确定装夹等方案。

此工件只需要一次装夹即可完成加工，用三爪自定心卡盘夹紧工件的左端，以工件的轴心线为定位基准，保证工件伸出的长度为 75mm。

(4) 选择刀具。

根据加工要求，选用三把刀具，T0100 为硬质合金 90°外圆精车刀，T0200 为硬质合金 90°外圆粗车刀，T0300 为高速钢、刀宽为 3mm 的切断刀。同时将三把刀安装在刀架上，对刀，把它们的刀补值输入相应的刀具寄存器中。

此工件的刀具卡（已对好刀）如表 3—1 所示，工具量具卡如表 3—2 所示。

表 3—1　　刀　具　卡

实训项目	复合循环指令的应用之一		零件名称	零件 3	零件图号	3—1
序号	刀具号	刀具名称及规格	数量	加工内容	备注	
1	T0101	90°外圆精车刀	1	精车 ϕ28mm 前段整个外轮廓	YT15	
2	T0202	90°外圆粗车刀	1	粗车 ϕ28mm 前段整个外轮廓	YT15	
3	T0202	刀宽 3mm 的切断刀	1	粗、精车 ϕ28mm 后段整个外轮廓及切断	高速钢（以右刀尖对刀）	
编制		审核		批准		

表 3—2　　工 具 量 具 卡

实训项目	复合循环指令的应用之一	零件名称	零件 3	零件图号	3—1
序号	名称	规　格		数量	备注
1	游标卡尺	0～125mm (0.02mm)		1	
2	千分尺	0～25mm、25～50mm (0.01mm)		各 1	
3	百分表	0～10mm (0.01mm)		1	四爪卡盘装夹时使用
4	磁性表座			1 套	四爪卡盘装夹时使用
5	辅具	莫氏钻套、钻夹头、回转顶尖		各 1	选用
6	其他	铜棒、铜皮、毛刷等常用工具			选用
编制		审核		批准	

(5) 制定加工方案。

整个零件从头到尾径向尺寸时大时小，不能用一个循环指令统一加工，只能以 ϕ28mm 尺寸作为分界线。此尺寸前段外轮廓的加工（包括 ϕ28mm 尺寸加工在内）用 G71 循环指令进行粗加工，用 G70 指令进行精加工，保证径向尺寸 ϕ15mm、ϕ20mm、ϕ28mm 的公差。此尺寸后段外轮廓的加工用 G72 循环指令进行粗加工，用 G70 指令进行精加工，保证径向尺寸 ϕ20mm 及轴向尺寸 10、60 的公差要求，如图 3—7 所示。

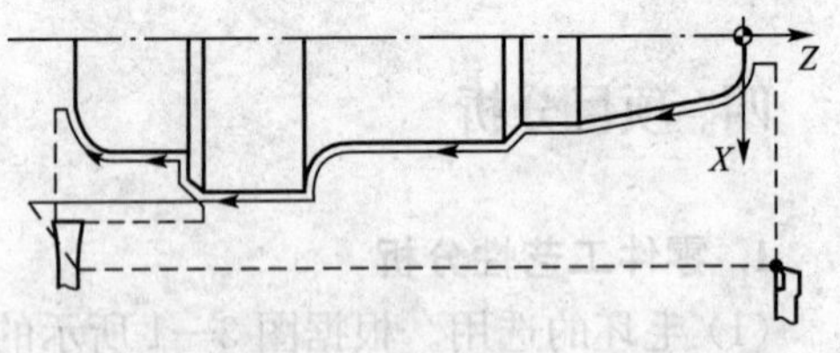

图 3—7

此工件的加工工序和操作步骤如表 3—3 所示。

表 3—3　　　　　　　　　　　　　　工　序　卡

实训项目	复合循环指令应用之一	零件名称	零件 3	零件图号	3—1
数控系统	GSK980TA	材料	45#	工序号	030
使用夹具	三爪卡盘装夹	装夹方法	三爪定心	程序号	O0030

序号	工步内容	G 指令	T 刀具	S 主轴转速 (r/min)	F 进给速度 (mm/min)	切削深度 (mm)
1	粗车 ϕ28mm 前段整个外轮廓	G71	T0202	600	100	0.2
2	精车 ϕ28mm 前段整个外轮廓	G70	T0101	1 000	50	
3	粗车 ϕ28mm 后段整个外轮廓	G72	T0303	200	40	
4	精车 ϕ28mm 后段整个外轮廓	G70	T0303	200	20	
5	切断	G01	T0303	200	20	
6	检测、校核					
编制		审核		批准、时间		

2. 编程说明

对刀前把工件的右端面先进行端面加工，以工件右端面与轴线的交点为程序原点建立工件坐标系，那么加工起点（或换刀点）设为 X 向距程序原点 50mm，Z 向距程序原点 100mm 的位置。

计算各基点的编程坐标值，径向尺寸采用直径编程方式，带公差的 ϕ15mm、ϕ20mm、ϕ28mm 三个径向尺寸取中值。

编制此工件的加工程序单，如表 3—4 所示。

表 3—4　　　　　　　　　　　　　　程序单（供参考）

实训项目	复合循环指令应用之一	零件名称	零件 3	零件图号	3—1
使用夹具	三爪卡盘装夹	装夹方法	三爪定心	程序号	O0030

程序号	程　序	说　明
N10	G50 X100 Z100；	建立工件坐标系，确定换刀点
N20	S600 M03；	主轴以 600r/min 的转速正转
N30	T0202；	调用外圆粗车刀
N40	G00 X32 Z3；	快速定位，接近工件
N50	G71 U3 R1；	进行粗车循环加工
N60	G71 P70 Q150 U0.5 F100；	径向留 0.5mm 的精加工余量
N70	G00 X4.7；	描述零件精加工轨迹的第一个程序段
N80	G01 Z0 F50；	
N90	G03 X10.6 Z-2.5 R3；	
N100	G01 X14.985 Z-15；	
N110	Z-20；	
N120	X20 W-2.5；	
N130	W-16	
N140	G02 X28.015 Z-40 R4；	
N150	G01 Z-65；	描述零件精加工轨迹的最后一个程序段

（续前表）

程序号	程　　序	说　　明
N160	G00 X100 Z100 M05；	循环结束，退刀到换刀点，主轴停
N170	M00；	程序暂停
N180	M03 S1000；	主轴以 1 000r/min 的转速正转
N190	T0101；	换外圆精加工车刀
N200	G00 X32 Z3；	快速定位
N210	G70 P70 Q150；	精加工
N220	G00 X100 Z100 M05；	退刀到换刀点，主轴停
N230	M00；	程序暂停
N240	M03 S200；	主轴以 200r/min 的转速正转
N250	T0303；	换刀宽为 3mm 的切断刀
N260	G00 X30 Z－60；	快速移动到循环起点
N270	G01 X12 F20；	
N280	G00 X30；	
N290	G72 W2.5 R0.5；	进行粗车循环加工
N300	G72 P310 Q360 U0.5 W－0.3 F40；	径向留 0.5mm、轴向留 0.3mm 的精加工余量
N310	G00 Z－49；	描述零件精加工轨迹的第一个程序段
N320	G01 X28.015 F20；	
N330	X25 W－1.5；	
N340	X20；	
N350	Z－57；	
N360	G03 X12 W－4 R4；	描述零件精加工轨迹的最后一个程序段
N370	G00 X100 Z100 M05；	循环结束，退刀到换刀点，主轴停
N380	M00；	程序暂停
N390	M03；	
N400	G00 X30 Z－60；	
N410	G70 P310 Q360；	进行精加工
N420	G00 X100 Z100 M05；	
N430	M00；	
N440	M03；	
N450	G00 X30 Z－60；	
N460	G01 X0 F20；	切断工件
N470	G00 X100；	
N480	Z100 M05；	
N490	T0100；	取消刀补
N500	M30；	程序结束

五、项目实施

1. 操作要点及注意事项

（1）严格按照数控车床的操作规程和安全规程进行操作。

（2）开机后，进行数控车床空载运行，检查车床各部分运行状况。

（3）对刀时，切槽刀以右刀尖做为编程的刀位点。

（4）正确使用游标卡尺、外径千分尺测量相关的尺寸。

（5）为保证零件尺寸的准确性，加工可分半精加工和精加工两步进行，或通过修改刀补的方法执行。

（6）发生事故时，要沉着冷静、积极配合工作人员处理。

2. 操作步骤及质量检测

（1）准确快速地输入加工程序。

（2）通过数控系统图形仿真加工轨迹，进行程序的校验及修整。

（3）使用装夹具正确地安装刀具，进行对刀操作，建立工件坐标系。

（4）灵活使用程序试运行、分段运行及自动运行等运行方式对工件进行自动加工操作。

（5）加工过程中，按图纸要求检测工件，随时对工件进行误差与质量分析。

（6）加工完成后，按规定要求润滑保养数控车床。

此工件检验卡如表 3—5 所示。

表 3—5 检 验 卡

单位		姓名		考号	
实训项目	复合循环指令应用之一	零件名称	零件 3	零件图号	3—1
序号	检验内容及要求	配分	评分标准	检测结果	得分
1	手工编程	10	语法错误每处扣 2 分 数据错误每处扣 1 分		
2	程序输入	5	手工输入，不会者取消操作		
3	仿真加工轨迹	5	图形模拟走刀路径		
4	试切对刀，建立工件坐标系	10	不会者取消操作		
5	直径ϕ15	10	每超差 0.01mm 扣 2 分		
6	直径ϕ20	10	每超差 0.01mm 扣 2 分		
7	直径ϕ28	10	每超差 0.01mm 扣 2 分		
8	直径ϕ20	10	每超差 0.01mm 扣 2 分		
9	轴向尺寸 10	5	每超差 0.01mm 扣 2 分		
10	轴向尺寸 60	5	每超差 0.01mm 扣 2 分		
11	整体外形	5	圆弧曲线连接圆滑，形状准确		
12	表面粗糙度	10	每处降一级扣 2 分		
13	倒角、去毛刺等	5	按照 GB 1804—M 要求		
14	安全操作、文明生产		违章视情节轻重扣分，重大事故取消操作	扣分不超过 10 分	
额定工时		实际加工时间		总得分	
检测员		记录员		考评员	

六、项目总结

◇ 此项目的目的主要是熟悉并掌握 G70、G71、G72 等复合固定循环指令的运用，掌握各指令加工的特点、适合的范围、使用方法、使用技巧以及使用过程中应注意的问题等。

◇ 熟悉各指令加工时的走刀路径。

◇ 掌握各指令的编程格式、各参数的含义、各参数的确定方法等。

◇ 通过本实训项目的学习与练习，深刻了解对刀与工件坐标系之间的关系，掌握在加工的过程中如何控制好尺寸，根据实际情况选择合适的方法（如修改程序、修改刀补或两者同时进行）来控制尺寸，懂得在加工过程中通过修改刀补的方法来执行半精加工和精加工的操作。

◇ 掌握使用各种量具对加工零件的相关尺寸进行测量。

七、项目拓展练习

1. 如图 3—8 所示的零件，工件材料选用 45# 钢，坯料选用ϕ30mm 的棒料。要求对该零件进行技术分析，确定装夹方法，选择刀具，制定加工方案，运用复合固定循环指令 G70、G71、G72 等进行加工程序的编制，并加工检验。

2. 如图 3—9 所示的零件，工件材料选用 45# 钢，坯料选用ϕ30mm 的棒料。要求对该零件进行技术分析，确定装夹方法，选择刀具，制定加工方案，运用复合固定循环指令 G70、G71、G72 等进行加工程序的编制，并加工检验。

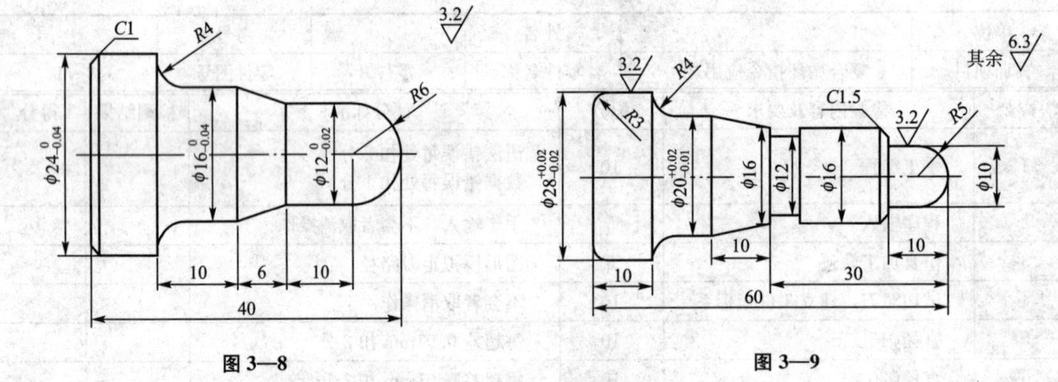

图 3—8　　　　图 3—9

3. 如图 3—10 所示的零件，工件材料选用 45# 钢，坯料选用ϕ30mm 的棒料。要求对该零件进行技术分析，确定装夹方法，选择刀具，制定加工方案，运用复合固定循环指令 G70、G71、G72 等进行加工程序的编制，并加工检验。

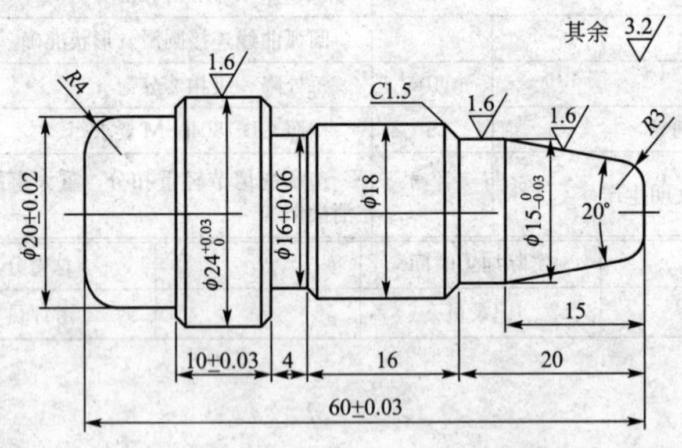

图 3—10

复合循环指令的应用之二

一、项目内容

如图 4—1 所示的零件，工件材料选用45#钢，坯料选用ϕ35mm 的棒料，要求对该零件进行技术分析，确定装夹方法，选择刀具，制定加工方案，运用复合固定循环指令 G70、G73、G75 等进行加工程序的编制，并加工检验。

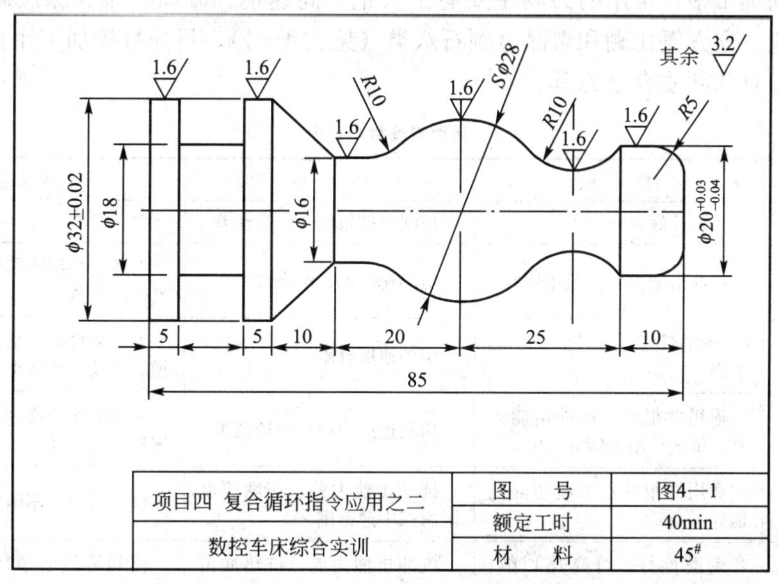

图 4—1

1. 技能目标

◆ 通过对简单轴类零件的加工，能熟练地操作数控车床，并熟悉操作面板的各功能键；
◆ 掌握锥面的加工方法和技巧；
◆ 能熟练地分析零件，制定零件的加工工艺，确定加工方法及步骤；
◆ 独立地编程及加工零件。

2. 知识目标

◆ 掌握数控车床的基础知识、编程内容及基本功能；

◆ 掌握 G70、G73、G74、G75 等复合循环指令的功能、编程格式及特点；

◆ 掌握简单轴类零件的数控车削加工工艺；

◆ 运用相关指令进行加工程序的编制。

二、相关知识

1. 数控车削加工刀具及其选择

在数控车床加工中，产品质量和劳动生产率在相当大的程度上，都受到刀具的制约，虽然其车刀的切削原理与普通车床基本相同，但由于数控车床加工的特性，因此在刀具的选择上，特别是切削部分需进行特别的处理，才能满足数控车床的加工要求，充分发挥数控车床的效益。

(1) 车削刀具材料。

金属切削刀具材料的开发和机床的发展是相辅相成的。随着机床主轴转速、主轴精度的提高、功率的增大及机床刚性的增加，刀具材料从碳素工具钢发展到今天的硬质合金和超硬材料，如陶瓷、立方氮化硼、聚晶金刚石等，同时由于新的工程材料（耐磨、耐热、超轻、高强度、纤维等）不断出现，也对切削刀具材料的发展起到了促进作用。

金属切削加工中，常用的刀具主要有工具钢、高速钢、硬质合金、涂层硬质合金、金属陶瓷、陶瓷、立方氮化硼和聚晶金刚石八类（见表 4—1），目前数控加工用得最普通的刀具是高速钢刀具和硬质合金刀具。

表 4—1　　常用刀具材料列表

刀具材料		优　点	缺　点	典型应用
工具钢		工艺性好	切削速度很低、耐磨性差	手工刀具
高速钢		抗冲击能力强、通用性好	切削速度低、耐磨性差	低速、小功率和断续切削，形状复杂的刀具
硬质合金		通用性最好、抗冲击能力强	切削速度有限	大多数材料的粗、精加工，包括钢、铸铁、特殊材料和塑料等
涂层硬质合金		通用性很好、抗冲击能力强、中速切削性能好	切削速度限制在中速范围	除速度比硬质合金高外，其他与硬质合金一样
金属陶瓷		通用性很好、中速切削性能好	抗冲击能力差、切削速度限制在中速范围	钢、铸铁、不锈钢和铝合金等
陶瓷	陶瓷（热/冷压成形）	耐磨性好、可高速切削、通用性好	抗冲击能力差、抗热冲击性能也差	钢和铸铁的精加工、钢的滚压加工
	陶瓷（氮化硅）	抗冲击性好、耐磨性好	非常有限的应用	铸铁的粗、精加工
	陶瓷（晶须强化）	抗冲击性好、抗热冲击性能好	有限的通用性	可高速粗、精加工硬钢、淬火铸铁和高镍合金
立方氮化硼（CBN）		高热硬性、高强度、高抗热冲击能力	不能切削硬度低于 45HRC 的材料，成本高	切削硬度在 45～70HRC 间的材料
聚晶金刚石（PCD）		高耐磨性、高速性能好	抗冲击能力差、切削铁质金属化学稳定性差	高速粗、精切有色金属和非金属材料

1）工具钢。

碳素工具钢是含碳量为 0.65%～1.35% 的优质高碳钢，热处理后硬度可达 60～64HRC，但其热硬性较差，在 200～300℃时硬度就显著下降，所以只能以很低的速度切削（<10m/min）。此外它的淬透性差，热处理变形较大。它的主要优点是价格便宜，被加工性能好，刃口容易磨锋利，主要用于制造低速手用工具，如手用丝锥、板牙、手铰刀等。

合金工具钢是在碳素工具钢中加入一些合金元素如钨、锰、铝、钒等而得到的钢。与碳素工具钢相比，具有较高的热硬性，一般可达 300～350℃，因此其切削速度相对有所提高，此外其韧性也有较大改善，热处理变形小，淬透性也较高。

2）高速钢。

高速钢（High Speed Steel，HSS）是一种加入了较多的钨、铬、钒、钼等合金元素的高合金工具钢，有良好的综合性能。其热硬性约为 600℃，强度是现有刀具材料中最高的，韧性也最好，制造工艺较好，容易磨成锋利的切削刃，锻造、热处理变形小，且价格也较便宜，因此得到广泛的应用。

3）硬质合金。

硬质合金（Cemented Carbide）是由难熔金属碳化物（如 TiC、WC、NbC 等）和金属黏结剂（如 Co、Ni 等）经粉末冶金方法制成。其硬度很高，一般为 74～81HRC，能耐 800～1 000℃的高温，可以用来加工工具钢刀具不易切削的硬材料。它的切削速度比高速钢高 4～10 倍，但其韧性差，怕振动和热冲击。硬质合金刃口不易磨锋利，加工性较差，不适合制造刃形复杂的刀具。如表 4—2 所示为硬质合金力具切削用量参考表。

表 4—2　　硬质合金刀具切削用量参考表

工件材料	热处理状态	a_p=0.3～2mm f=0.08～0.3mm/r v_c/m·mm^{-1}	a_p=2～6mm f=0.3～0.6mm/r v_c/m·mm^{-1}	a_p=6～10mm f=0.6～1mm/r v_c/m·mm^{-1}
低碳钢	热轧	140～180	100～120	70～90
易切钢	热轧	140～180	100～120	70～90
中碳钢	热轧	130～160	90～110	60～80
中碳钢	调质	100～130	70～90	50～70
合金结构钢	热轧	100～130	70～90	50～70
合金结构钢	调质	80～110	50～70	40～60
工具钢	退火	90～120	60～80	50～70
灰铸铁	<190HBS	90～120	60～80	50～70
灰铸铁	=190～225HBS	80～110	50～70	40～60
高锰钢			10～20	
铜及铜合金		300～250	120～180	90～120
铝及铝合金		300～600	200～400	150～200
铸铝合金		100～180	80～150	60～100

4）涂层硬质合金。

硬质合金刀具材料本身具有韧性好、抗冲击、通用性好等优点，但其耐热和耐磨性差，适应不了高速切削的要求。因此，采用刀具涂层技术，在硬质合金刀片上加上一层或多层高性能材料，就可以使硬质合金刀具不仅能够发挥本身的优势，而且可以进行高速切削。

5）陶瓷。

陶瓷刀具材料主要由硬度和熔点都很高的 Al_2O_3、Si_3N_4 等氧化物、氮化物组成，另外还有少量的金属碳化物、氧化物等添加剂，通过粉末冶金工艺方法压制烧结而成。其优点是有很高的硬度和耐磨性，耐磨性是硬质合金的5倍，允许的切削速度比硬质合金高3～6倍，寿命比硬质合金高，具有很好的热硬性，摩擦系数低，切削力比硬质合金小，用该类刀具加工时能提高被加工件的表面光洁度。此类刀具一般用于钢、铸铁、高硬度材料及高精度零件的高速精细加工。

因陶瓷的脆性大，所以陶瓷刀具强度和韧性差，热导率低，承受冲击载荷的能力差，抗热冲击性能也差，当温度突变时，容易产生裂纹，导致刀片破损，用陶瓷刀具进行切削时，不宜使用切削液。

近年来，国内外在改善陶瓷刀具性能的研究上有了很大进展，在提高原料纯度、改进制造工艺和加入添加剂等方面做了很多工作，使陶瓷刀具的性能得到改善。如晶须强化陶瓷刀具，其韧性有很大提高，而且保持了陶瓷材料的高硬度、热硬性及耐磨性等优点，使其高速加工性能更好。

6）立方氮化硼。

立方氮化硼简称CBN，是人工合成的超硬刀具材料。其硬度仅次于金刚石，热稳定性好，有较高的导热性和较小的摩擦系数，但其强度、韧性及抗弯强度较差。立方氮化硼刀具适用于加工高硬度淬火钢、冷硬铸铁和高温合金材料，不宜加工塑性大的钢件，也不适合加工铝合金和铜合金。

7）聚晶金刚石。

金刚石刀具具有极高的硬度和耐磨性，切削刃锋利，能实现超精密微量加工和镜面加工，有很高的导热性。缺点是耐热性差、强度低、脆性大、对振动很敏感、对铁基材料的亲和力大。一般不宜加工黑色金属，主要用于有色金属及其合金和非金属材料的高速精细加工。

（2）数控车床对刀具及其材料的要求。

在切削过程中，刀具切削部分将承受切削力、切削热的作用，同时与工件及切屑间产生剧烈的摩擦，因而发生磨损。在切削余量不均匀或切削断续表面时，刀具还将受到很大的冲击和振动。因此刀具切削部分的材料必须具备下列基本性能：

1）强度、硬度高。

为适应刀具在粗加工或对高硬度材料的零件加工时，能大切深和快走刀，要求刀具必须具有很高的强度及硬度，对于刀杆细长的刀具，如深孔车刀，还应有较好的抗振性能。

2）耐磨、韧性好。

刀具材料应具有较强的耐磨性，才能实现不断的切削，一般耐磨性与材料硬度密切相关，材料硬度越高，耐磨性越好。刀具还必须具有足够的韧性，以便在承受振动和冲击时不致断裂和崩刃。

3）切削速度和进给速度高。

为提高生产效率并适应一些特殊加工的需要，刀具应能满足高切削速度的要求。

4）可靠性好。

要保证数控加工中不会因发生刀具意外损坏及潜在缺陷而影响加工的顺利进行，要求刀具及与之组合的附件必须具有很好的可靠性和较强的适应性。

5）耐用度高。

刀具在切削过程中的不断磨损，会造成加工尺寸的变化，伴随刀具的磨损以及刀刃或刀尖变钝，将使切削阻力增大，既会造成被加工零件的表面精度大大下降，还会加剧刀具磨损，形成恶性循环。因此，数控车床中的刀具，不论在粗加工、精加工或特殊加工中，都应具有比普通车床加工所用刀具更高的耐用度，以尽量减少更换或修磨刀具及对刀的次数，从而保证零件的加工质量，提高生产效率。

6）精度高。

为适应数控加工的高精度和自动换刀等要求，刀具及其刀夹都必须具有较高的精度。

7）断屑及排屑性能好。

如果车刀的断屑性能不好，车出的螺旋形切屑就会缠绕在刀头、工件或刀架上，既可能损坏车刀或刀尖，还可能割伤已加工好的表面，甚至会发生伤人和设备事故。为此，数控车削加工所用的硬质合金刀片上，常常采用三维断屑槽，以增大断屑范围，改善断屑性能。

车刀的排屑性能不好，会使切屑在前刀面或断屑槽内堆积，加大切削刃或刀尖与零件间的摩擦，加快其磨损，降低零件的表面质量，还可能产生积屑瘤，影响车刀的切削性能。因此，应对车刀采取减小前刀面或断屑槽的摩擦系数等措施。对于内孔车刀，需要时还可考虑增加从刀体或刀杆的里面引入冷却液，并能从刀头附近喷出的冲排结构。

8）系列化、标准化。

系列化、标准化有利于编程和刀具的管理。

（3）数控车削刀具的类型及选择。

数控车床主要用于旋转体零件的车、镗、钻、铰、攻丝等加工，一般能自动完成内外圆柱面、圆锥面、球面、端面等工序的切削加工。粗车时切削量较大，要求粗车刀强度高、耐用度好；精车时直接决定着产品的质量，要求刀具的精度高。

1）常用车刀形状及选用。

常用的数控车刀的形状、种类和用途如图 4—2 所示。数控车削常用刀具按其形状来分，一般分为三大类，即尖形车刀、圆弧形车刀和成形车刀，如表 4—3 所示。

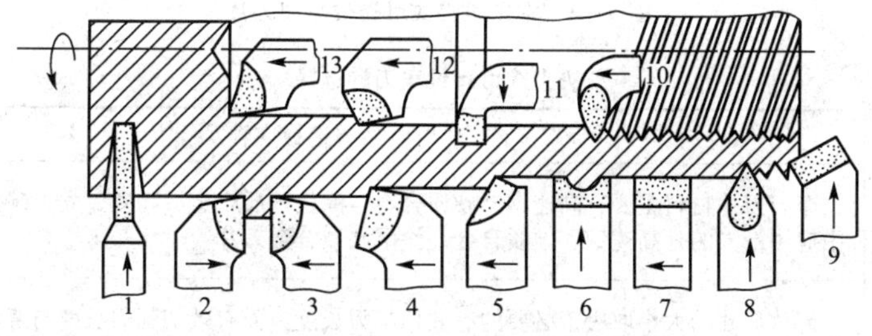

图 4—2　常用车刀的种类、形状和用途

1—切断刀；2—90°左偏刀；3—90°右偏刀；4—弯头车刀；5—直头车刀；6—成形车刀；7—宽刃精车刀；8—外螺纹车刀；9—端面车刀；10—内螺纹车刀；11—内槽车刀；12—通孔车刀；13—盲孔车刀

表 4—3　**数控车刀类型及特点**

数控车刀类型	数控车刀的特点
尖形车刀	以直线形切削刃为特征的车刀一般称为尖形车刀。这类车刀的刀尖由直线形的主、副切削刃构成，如 90°内、外圆车刀，切槽车刀及刀尖倒棱很小的各种外圆和内孔车刀。用这类车刀加工零件时，其零件的轮廓形状主要由一个独立的刀尖或一条直线形主切削刃位移后得到

（续前表）

数控车刀类型	数控车刀的特点
圆弧形车刀	构成主切削刃的刀刃形状为一圆度误差或线轮廓度误差很小的圆弧，该圆弧刃上每一点都是圆弧形车刀的刀尖，因此，刀位点不在圆弧上，而在该圆弧的圆心上，编程时要进行刀具半径补偿。圆弧形车刀可以用于车削内、外圆表面，特别适宜于车削精度要求较高的凹曲面或半径较大的凸圆弧面
成形车刀	成形车刀俗称为样板车刀，其加工零件的轮廓形状完全由车刀刀刃的形状和尺寸决定。数控车削加工中，常见的成形车刀有小半径圆弧车刀、非矩形车槽刀、螺纹车刀等。在数控加工中，应尽量少用或不用成形车刀，当确有必要选用时，则应在工艺准备的文件或加工程序单上进行说明

2）机夹式可转位车刀及其选用。

机夹式可转位车刀主要由刀体、刀片和刀片紧固系统三部分组成，其主要类型如图 4—3 所示。机夹式可转位车刀的选用应从刀片的材料、尺寸和形状等方面考虑，如表 4—4 所示。

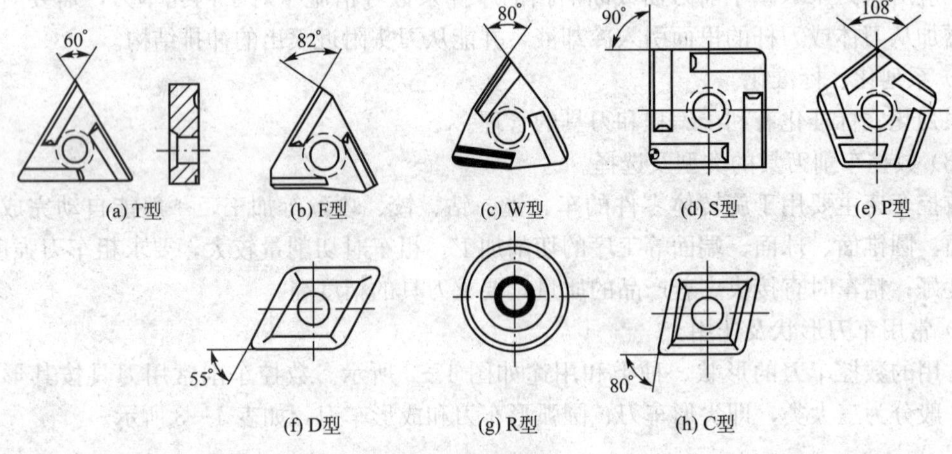

图 4—3　常见机夹式可转位车刀刀片

表 4—4　**机夹式可转位车刀的选择**

车刀的选择	主要选择内容
刀片材料的选择	车刀刀片材料主要有高速钢、硬质合金、涂层硬质合金、陶瓷、立方碳化硼和金刚石等。其中应用最多的是高速钢、硬质合金、涂层硬质合金刀片
刀片尺寸的选择	刀片尺寸的大小取决于必要的有效切削刃长度，而有效切削刃长度与背吃刀量和车刀的主偏角有关，选取时可查阅有关刀具手册
刀片形状的选择	主要依据被加工工件的表面形状、切削方法、刀具寿命和刀片的转位次数等因素来进行刀片形状选择。图 4—3 所示为常见的几种可转位车刀刀片形状及角度

2. 数控车刀的结构

刀具由刀体、刀柄或刀孔和切削部分组成，刀体是刀具上夹持刀条或刀片的部分，刀柄是刀具上的夹持部分，刀孔是刀具上用以安装或紧固在主轴、刀杆或心轴上的内孔，切削部分是刀具上起切削作用的部分。

（1）刀具切削部分的组成。

以外圆车刀为例，切削部分俗称刀头，由三个刀面组成主、副两切削刃及一个刀尖点，如图 4—4 所示，切削部分的组成要素如下：

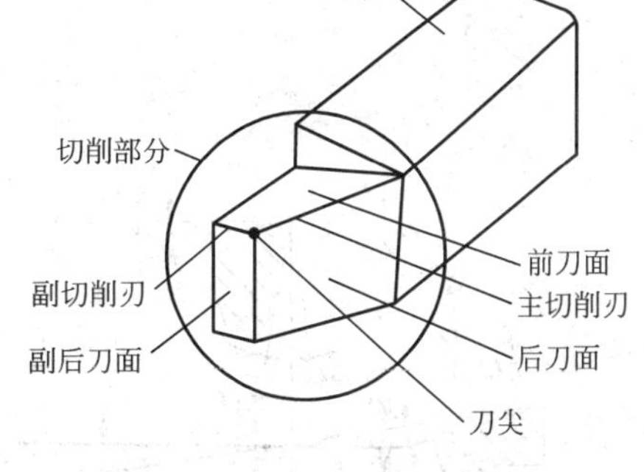

图 4—4 车刀切削部分的组成

1）前刀面：刀具上切屑流过的表面。

2）后刀面：刀具上与过渡表面相对的表面，也称为主后刀面。

3）副后刀面：刀具上与已加工表面相对的表面。

4）主切削刃：前刀面与后刀面的交线，担负主要切削工作。

5）副切削刃：前刀面与副刀面相交得到的刃边，配合主切削刃完成金属切除工作，负责最终形成工件已加工表面。

6）刀尖：主、副切削刃连接处的一小部分切削刃。根据刀具使用的场合不同，刀尖有修圆刀尖和倒角刀尖两种类型。

（2）正交平面参考系。

刀具几何参数的确定需要以一定的参考坐标系和参考平面为基准。为了确定刀具前面、后面及切削刃在空间的位置，首先应建立参考系。

1）基面。

基面就是通过切削刃上一个选定点而垂直于主运动方向的平面。通常它平行或垂直于刀具在制造、刃磨及测量时适合于安装或定位的一个平面或轴线。对于数控车刀，这个点就是刀尖，而基面就是过刀尖而与刀柄安装平面平行的平面。

2）切削平面。

切削平面就是通过切削刃选定点与切削刃相切并垂直于基面的平面。

3）正交平面。

正交平面就是指通过切削刃选定点并同时垂直于基面和切削平面的平面，也可看成是通过切削刃选定点并垂直于切削刃在基面上投影的平面。

（3）刀具切削部分的几何角度。

刀具切削部分的几何角度是用刀具前面、后面和切削刃相对各基准坐标平面的夹角来表示它们在空间的位置，这些夹角就是刀具切削部分的几何角度，如图 4—5 所示。

刀具的角度有一些是空间角，根据立体几何知识，空间角可以用其在坐标系内某一个平面内的投影来度量。

（4）典型数控车刀的刀具角度标注。

1）90°外圆车刀的刀具角度，如图 4—6 所示。

2）45°端面车刀的刀具角度，如图 4—7 所示。

3）切断刀的刀具角度，如图 4—8 所示。

4）镗孔刀的刀具角度，如图 4—9 所示。

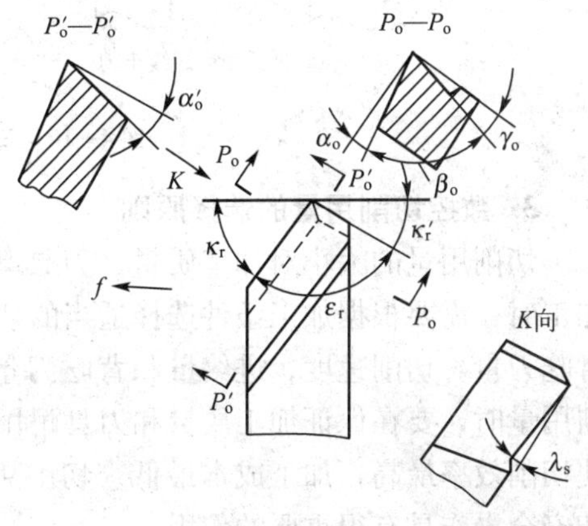

图 4—5 外圆车刀的基本角度和可计算角度

5）三角形螺纹车刀的刀具角度，如图 4—10 所示。

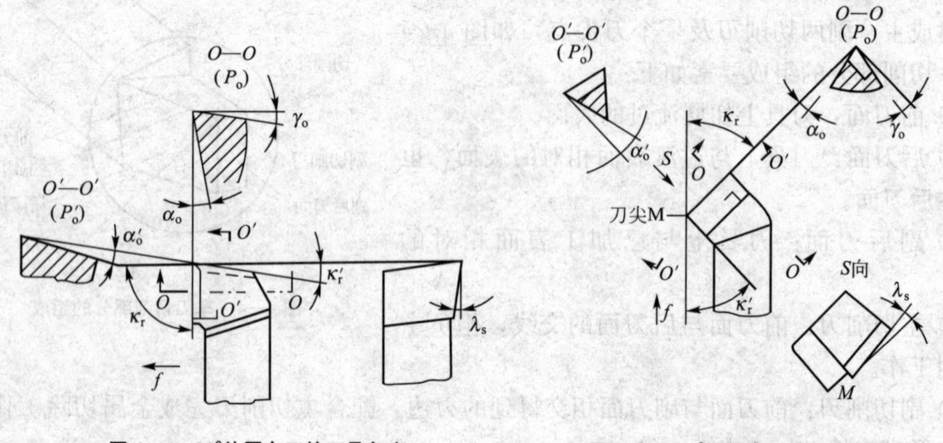

图 4—6　90°外圆车刀的刀具角度　　图 4—7　45°端面车刀的刀具角度

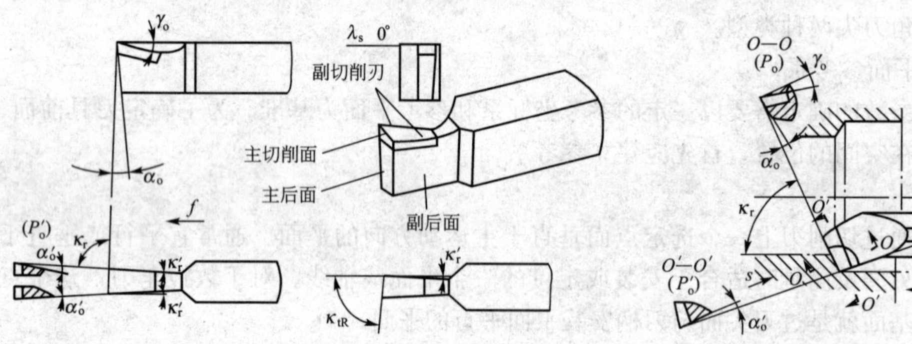

图 4—8　切断刀的刀具角度　　图 4—9　镗孔刀的刀具角度

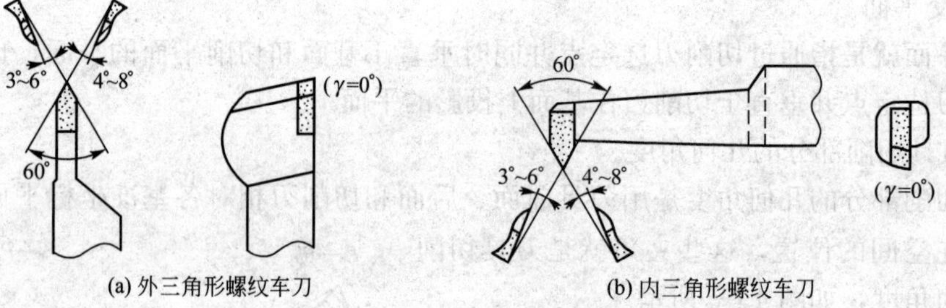

图 4—10　三角形螺纹车刀的刀具角度

3. 数控切削用量的选择原则

切削用量的大小对加工质量、刀具磨损、切削功率和加工成本等均有显著影响。切削加工时，需要根据加工条件选择适当的切削速度（或主轴转速）、进给量（或进给速度）和背吃刀量。切削速度、进给量和背吃刀量，统称为切削用量三大要素。数控加工中选择切削用量时，要在保证加工质量和刀具耐用度的前提下，充分发挥机床性能和刀具切削性能，使切削效率最高，加工成本最低。切削用量选择是否合理，对于实现优质、高产、低成本和安全操作具有很重要的作用。

★ 合理选择切削用量的原则是：

（1）粗车时，一般以提高生产效率为主，但也应考虑经济性和加工成本，首先选择大的背吃刀量，其次选择较大的进给量，增大进给量有利于切屑；最后根据已选定的吃刀量和进给量，并在工艺系统刚性、刀具寿命和机床功率许可的条件下选择一个合理的切削速度，以减少刀具消耗，降低加工成本。

（2）半精车或精车时，加工精度和表面粗糙度要求较高，加工余量不大且均匀，应在保证加工质量的前提下，兼顾切削效率、经济性和加工成本，通常选择较小的背吃刀量和进给量，并选用切削性能高的刀具材料和合理的几何参数，以尽可能提高切削速度，保证零件加工精度和表面粗糙度。

（3）在安排粗、精加工用量时，应注意机床说明书给定的允许切削用量范围。对于主轴采用交流变频调速的数控车床，由于主轴在低转速时扭矩降低，尤其应注意此时的切削用量选择。

粗加工以提高生产效率为主，但也要考虑经济性和加工成本；而半精加工和精加工时，以保证加工质量为目的，兼顾加工效率、经济性和加工成本。具体数值应根据机床说明，参考切削用量手册，并结合实践经验而定。如表 4—5 所示为数控车床切削用量简表。

表 4—5　　数控车床切削用量简表

工件材料	加工方式	背吃刀量（mm）	切削速度（m/min）	进给量（mm/r）	刀具材料
碳素钢 σ_b＞600MPa	粗加工	57	60～80	0.2～0.4	YT 类
	粗加工	2～3	80～120	0.2～0.4	
	精加工	0.2～0.3	120～150	0.1～0.2	
	车螺纹		70～100	导程	
	钻中心孔		500～800		W18Cr4V
	钻孔		～30	0.1～0.2	
	切断（宽度＜5mm）		70～110	0.1～0.2	YT 类
合金钢 σ_b=1 427MPa	粗加工	2～3	50～80	0.2～0.4	YT 类
	精加工	0.1～0.15	60～100	0.1～0.2	
	切断（宽度＜5mm）		40～70	0.1～0.2	
铸铁 200HBS 以下	粗加工	2～3	50～70	0.2～0.4	YG 类
	精加工	0.1～0.15	70～100	0.1～0.2	
	切断（宽度＜5mm）		50～70	0.1～0.2	
铝	粗加工	2～3	600～1 000	0.2～0.4	YG 类
	精加工	0.2～0.3	800～1 200	0.1～0.2	
	切断（宽度＜5mm）		600～1 000	0.1～0.2	
黄铜	粗加工	2～4	400～500	0.2～0.4	YG 类
	精加工	0.1～0.15	450～600	0.1～0.2	
	切断（宽度＜5mm）		400～500	0.1～0.2	

4. 数控车削加工的切削用量选择

（1）背吃刀量的确定。

背吃刀量根据机床、工件和刀具的刚度来决定，在刚度允许的条件下，应尽可能选择较大的背吃刀量，这样可以减少走刀次数，提高生产效率。对于表面粗糙度和精度要求较高的零件，要留有足够的精加工余量，数控加工的精加工余量可比通用机床的加工余量小一些，一般为0.1～0.5mm。

(2) 主轴转速的确定。

1) 非车削螺纹时的主轴转速。

数控车床主轴转速 n (r/min) 的确定方法，除螺纹加工外，与普通车削加工一样，应根据零件上被加工部位的直径、零件和刀具的材料及加工性质等条件所允许的切削速度 v_c (m/min) 来确定。在实际生产中，主轴转速可用下式计算：

$$n=\frac{1\,000v_c}{\pi d}$$

式中：v_c——切削速度，由刀具的耐用度决定；

d——零件待加工表面的直径 (mm)。

主轴转速 n 要根据计算值在机床说明书中选取标准值，并填入程序单中。在确定主轴转速时，还应考虑以下几点：

① 应尽量避开积瘤产生的区域；

② 断续切削时，为减小冲击和热应力，要适当降低切削速度；

③ 在易发生振动的情况下，切削速度应避开自激振动的临界速度；

④ 加工大件、细长件和薄壁工件时，应选用较低的切削速度；

⑤ 加工带外皮的工件时，应适当降低切削速度。

2) 车螺纹时的主轴转速。

在车螺纹时，车床主轴转速受螺纹的导程（螺距）大小、驱动电动机升降频率、螺纹插补运算等因素的影响，转速不能过高。

因此，大多数经济型车床数控系统推荐车螺纹时主轴转速如下：

$$n\leqslant\frac{1\,200}{p}-k$$

式中：p——被加工工件螺纹导程（螺距），mm；

k——保险系数，一般为80。

① 螺纹加工程序段中指令的螺距值，相当于以进给量表示的进给速度，如果将机床的主轴转速选择过高，其换算后的进给速度则必定大大超过正常值。

② 刀具在其位移过程的始终，都将受到伺服驱动系统升降频率和数控装置插补运算速度的约束。如果升降频率特性满足不了加工需要等，则可能因主进给运动产生出“超前”和“滞后”而导致部分螺纹的螺距不符合要求。

③ 车削螺纹必须通过主轴的同步运行功能来实现，即车削螺纹需要有主轴脉冲发生器（编码器）。当主轴转速选择过高时，通过编码器发出的定位脉冲（即主轴每转一周时所发出的一个基准脉冲信号）将可能因“过冲”而导致工件产生“乱牙”螺纹。

(3) 切削速度的选择。

切削速度的选择，主要考虑刀具和工件的材料以及切削加工的经济性，必须保证刀具的经济使用寿命。同时切削负荷不能超过机床的额定功率。在选择切削速度时，还应考虑以下几点：

1) 要获得较小的表面粗糙度时，切削速度应尽量避开积屑瘤的生成速度范围，一般可取较高的切削速度。

2）加工带硬皮工件或断续切削时，为减小冲击和热应力，应选择较低的切削速度。

3）加工大件、细长件和薄壁工件时，应选择较低的切削速度。

（4）进给量或进给速度的确定。

进给量 f 为工件每转一周，车刀沿进给方向移动的距离（mm/r），它与背吃刀量有着较密切的关系。进给量是数控机床切削用量中的重要参数，主要根据零件的加工精度、表面粗糙度要求、刀具及工件的材料性质选取。最大进给量受机床、刀具、工件系统的刚度和进给驱动及控制系统的限制。

当加工精度、表面粗糙度要求高时，进给速度（进给量）应选小量，一般选取 0.1～0.3mm/r；粗加工时，为缩短切削时间，一般进给量就取大些，一般取为 0.3～0.8mm/r；切断时，宜选取 0.1～0.2mm/r；工件材料较软时，可选用较大的进给量；反之，应选较小的进给量。

进给速度 V_f 是指在单位时间里，刀具沿进给方向移动的距离（mm/min），它与进给量的关系为

$$V_f = f \times n$$

式中：f——刀具的进给量，mm/r；

n——主轴的转速，r/min。

进给速度的大小直接影响表面粗糙度的值和车削效率，因此进给速度的确定应在保证表面质量的前提下，选择较高的进给速度；切断、车削深孔或用高速钢刀具车削时，宜选择较低的进给速度；刀具空运行、特别是远距离回零时，可设定尽量高的进给速度；进给速度应与主轴转速和切削深度相适宜；一般应根据零件的表面粗糙度、刀具、工件材料等因素，查阅切削用量手册选取。

注意

选择切削用量时，除考虑被加工材料、加工要求、刀具材料、生产效率、工艺系统刚性、刀具寿命等因素以外，还应考虑加工过程中的断屑、卷屑要求，因为可转位刀片上不同形式的断屑槽有其各自适用的切削用量。如果选用的切削用量与刀片不相适合，断屑就达不到预期的效果。

5. 切削液

在金属切削加工过程中，为提高切削效率，提高工件的精度和降低工件表面粗糙度，延长刀具使用寿命，达到最佳的经济效果，就必须减少刀具与工件、刀具与切屑之间的摩擦，及时地带走切削区内因材料变形而产生的热量。

为了达到上所述目的，一方面通过开发高硬度耐高温的刀具材料和改进刀具的几何形状，如随着碳素钢、高速钢硬质合金及陶瓷等刀具材料的相继问世以及使用转位刀具等，使金属切削的加工效率得到迅速提高；另一方面采用性能优良的切削液往往可以明显提高切削效率，降低工件表面粗糙度，延长刀具使用寿命，取得良好的经济效益。

（1）切削液的分类。

目前，切削液的品种繁多，作用各异，但归纳起来分为两大类，即油基切削液和水基切削液。

1）油基切削液。

油基切削液即切削油，它主要用于低速重切削加工和难加工材料的切削加工，目前使

用的切削油主要有矿物油、动植物油、普通复合切削液和极压切削油。

① 矿物油——主要有全损耗系统用油、轻柴油和煤油等，它们具有良好的润滑性和一定的防锈性，但生物降解性差。

② 动植物油——主要有鲸鱼油、蓖麻油、棉籽油、菜子油和豆油，它们具有优良的润滑性和生物降解性，但易氧化变质。

③ 普通复合切削液——它是在矿物油中加入油性剂调配而成的，比单用矿物油性能好。

④ 极压切削油——它是在矿物油中加入含硫、磷、氯、硼等极压添加剂、油溶性防锈剂和油性剂等调配而成的复合油。

2）水基切削液。

水基切削液分为三大类，即乳化液、合成切削液和半合成切削液。

① 乳化液——它由乳化油与水配置而成，而乳化油主要是由矿物油、乳化剂、防锈剂、油性剂、极压剂和防腐剂等组成。乳化液不透明，呈乳白色，由于其工作稳定性差，使用周期短，很难观察工作时的切削状况，故使用量逐年减少。

② 合成切削液——它的浓缩液不含矿物油，由水溶性防锈剂、油性剂、极压剂、表面活性和消泡剂等组成。稀释液呈透明状或半透明状，主要优点是使用寿命长、在高速切削中具有优良冷却和清洗性能、具有良好的透明可见性，特别适合在数控机床、加工中心等现代加工设备上使用；缺点是切削液容易洗刷掉机床滑动部件上的润滑油，造成滑动不灵活，润滑性能相对差些。

③ 半合成切削液——也称微乳化切削液，它主要由少量矿物油、油性剂、极压剂、防锈剂、表面活性剂和防腐剂等组成。稀释液呈半透明状或透明状，它具有乳化液和合成切削液的优点，又弥补了两者的不足，是切削液发展的趋势。

（2）切削液的作用与性能。

1）冷却作用。

冷却作用是依靠切削液的对流换热和汽化把切削热从刀具、工件和切屑上带走，降低切削区的温度，减少工件变形，保持刀具硬度和尺寸。

2）润滑作用。

在切削加工中，刀具与切屑、刀具与工件表面之间产生摩擦，切削液就是减轻这种摩擦的润滑剂。

3）清洗作用。

在金属切削过程中，切屑、铁粉、磨屑、油污等物质易黏附在工件表面和刀具、砂轮上，影响切削效果，同时使工件和机床变脏，不易清洗，所以切削液必须有良好的清洗作用，切削液的清洗作用还表现在对切屑、磨屑、铁粉、油污等有良好的分离和沉降作用。

4）防锈作用。

在工件加工后或工序间存放期间，如果切削液没有一定的防锈能力，工件会受到空气中的水分及腐蚀介质的侵蚀而产生化学腐蚀和电化学腐蚀，造成工件生锈，因此，要求切削液必须具有较好的防锈性能，这是切削液最基本的性能之一。

（3）对切削液的要求。

1）切削液应无刺激性气味，不含对人体有害的添加剂，确保使用者的安全；

2）切削液应满足设备润滑、防护的要求；

3）切削液应保证工件工序间的防锈作用，不锈蚀工件；

4）切削液应具有良好的润滑性能和清洗性能；

5）切削液应具有较长的使用寿命；

6）切削液应尽量适应多种加工方法和多种工件材料；

7）切削液应低污染，并有废液处理方法；

8）切削液价格应适宜，配制方便。

(4) 根据刀具材料选择切削液。

1）工具钢刀具。

其耐热温度在200～300℃之间，只能适用于一般材料的切削，在高温下会失去硬度。由于这种刀具耐热性能差，要求冷却液的冷却效果好，一般采用乳化液为宜。

2）高速钢刀具。

高速刀具钢的材料是以铬、镍、钨、钼、钒、铝等为基础的高级合金钢，它们的耐热性明显比工具钢高，允许的最高温度可达600℃。与其他耐高温的金属和陶瓷材料相比，高速钢有一系列优点，特别是它有较高的韧性，适合加工几何形状复杂的工件和连续地切削加工。使用高速钢刀具进行低速和中速切削，以使用油基切削液或乳化液为宜；在高速切削时，由于发热量大，以采用水基切削液为宜。若使用油基切削液会产生较多油雾，污染环境，而且容易造成工件烧伤、加工质量下降、刀具磨损增大。

3）硬质合金刀具。

它的硬度大大超过高速钢，最高允许工作温度可达1 000℃，具有优良的耐磨性能，在加工钢铁材料时，可减少切屑间的黏结现象。一般以选用含有抗磨添加剂的油基切削液为宜。在使用冷却液进行切削时，要注意均匀地冷却刀具，在开始切削之前，最好预先用切削液冷却刀具，对于高速切削，要用大流量切削液喷切削区，以免造成刀具受热不均匀而产生崩刃，亦可减少由于温度过高产生蒸发而形成的油烟污染。

4）陶瓷刀具。

采用氧化铝、金属和碳化物在高温下烧结而成，这种材料的高温耐磨性比硬质合金还要好，一般采用干切削，但考虑到均匀的冷却和避免温度过高，也常使用水基切削液。

5）金刚石刀具。

金刚石刀具具有极高的硬度，一般用于强力切削。为避免温度过高，也像陶瓷刀具一样，通常采用水基切削液。

6. 数控加工的工艺文件编制

编制数控加工专用技术文件是数控加工工艺设计内容之一。这些技术文件既是数控加工、产品验收的依据，也是操作者遵守、执行的规程。技术文件是对数控加工的具体说明，目的是让操作者更明确加工程序的内容、装夹方式、各个加工部位所选用的刀具及其他技术问题。数控加工技术文件主要有：数控编程任务书、数控加工工序卡、数控加工走刀路线图、数控刀具卡、数控加工程序单等。不同的机床或不同的加工目的可能会需要不同形式的数控加工专用技术文件。在工作中，可根据具体情况设计文件格式。

(1) 数控编程任务书。

数控编程任务书是工艺人员对数控加工工序的技术要求和说明，以及进行数控加工前应保证的加工余量。它是编程人员和工艺人员协调工作和编制数控程序的重要依据之一。

(2) 数控加工工序卡。

数控加工工序卡与普通加工工序卡有许多相似之处，所不同的是：工序简图中应注明编程原点与对刀点，要进行简要编程说明及切削参数的选择。

(3) 数控刀具卡。

数控加工时，对刀具的要求十分严格，刀具卡片主要反映刀具编号、刀具名称及规格、刀片型号和材料等。

(4) 数控加工程序单。

数控加工程序单是编程员根据工艺分析情况，经过数值计算，按照机床特定的指令代码编制的，是记录数控加工工艺过程、工艺参数、位移数据的清单以及手动数据输入、实现数控加工的主要依据。

7. 数控编程中的数值计算

根据被加工零件图样，按照已经确定的加工工艺路线和允许的编程误差，计算数控系统所需要输入的数据，称为数学处理。

对图形的数学处理一般包括两个方面：一方面要根据零件图给出的形状、尺寸和公差等直接通过数学方法（如三角、几何与解析几何法等）计算出编程时所需要的有关各点的坐标值，圆弧插补需要的圆弧圆心、圆弧端点的坐标；另一方面，按照零件图给出的条件还不能计算出编程时所需要的所有坐标值，也不能按零件图给出的条件直接根据工件轮廓几何要素的定义来进行自动编程时，那么就必须根据所采用的具体工艺方法、工艺装备等，对零件原图形及有关尺寸进行必要的数学处理或改动，才可以进行各点的坐标计算和编程工作。

(1) 程序原点、刀位点的确定。

1) 程序原点的确定。

程序原点是指编制加工程序时所使用的编程原点。同一个零件，同样的加工，如果程序原点选择不同，编程坐标值就不一样。在实际加工中，为了换算尽可能简便、尺寸较为直观，应尽可能把程序原点选得合理些。

一般情况下，车削零件的编程原点应选取在零件的回转中心，即车床主轴的轴心线上，原点的位置只在 Z 轴上做选择，或在工件的左端面或在工件的右端面；如果是左右对称的零件，Z 向编程原点应选在对称平面轴心线上，这样同一个程序可用于调头前后的两道加工工序；对于轮廓中有椭圆之类非圆曲线的零件，Z 向原点取在椭圆的对称中心较好。

2) 刀位点的确定。

刀位点是指刀具所处位置的坐标点，即定位基准点。不同类型的刀具其刀位点是不同的。在进行数控加工编程时，往往是将整个刀具浓缩视为一个点，那就是“刀位点”，它是在刀具上用于表现刀具位置的参照点。

在使用对刀点确定加工原点时，就需要进行“对刀”。所谓对刀就是使“刀位点”与“对刀点”重合的操作。每把刀具的半径与长度尺寸都是不同的，刀具装在机床上后，应在控制系统中设置刀具的基本位置。

对于具有刀具半径补偿功能的数控机床，只要在编写程序时，在程序的适当位置写入建立刀具补偿的有关指令，就可以保证在加工过程中，使刀位点按一定的规则自动偏离编程轨迹，达到正确加工的目的。对于没有刀具半径补偿功能的数控机床，编程时，需按刀具的刀位点轨迹计算基点和节点坐标值，做为编程时的坐标数据，按零件轮廓的等距线编程。

(2) 换算尺寸。

在很多情况下，因零件图样上的尺寸基准与编程所需要的尺寸基准不一致，故应首先将图样上的基准尺寸换算为编程坐标系中的尺寸，再进行下一步数学处理工作。

1）直接换算。

通过零件图上标注的尺寸，经过简单的加、减法运算获得编程终点坐标值的方法称为直接换算法。进行直接换算时，可对图样上给定的基本尺寸或极限尺寸取平均值，如果遇到有第三位或更多位小数值时，基准孔按照“四舍五入”的方法处理，基准轴则将第三位进上一位。如：

当孔尺寸为$\phi20^{+0.01}_{-0.03}$时，其中值尺寸取ϕ19.99mm；

当轴尺寸为$\phi25^{0}_{-0.05}$时，其中值尺寸取ϕ24.98mm；

当孔尺寸为$\phi25^{+0.05}_{0}$时，其中值尺寸取ϕ25.03mm。

2）间接换算。

需要通过平面几何、三角函数等计算方法进行必要解算后，才能得到编程尺寸的一种方法。

3）尺寸链解算。

在产品设计装配图和零件图中，有时会出现由相互连接的尺寸形成的封闭的尺寸，这个封闭的全部尺寸称为尺寸链。在数控加工中，除了需要准确地得到编程尺寸外，还需要掌握控制某些重要尺寸的允许变动量，这就需要通过尺寸链解算才能得到。

（3）基点与节点。

1）基点。

一个零件的轮廓曲线可能由许多不同的几何要素所组成，如直线、圆弧、二次曲线等。各几何要素之间的连接点称为基点。基点坐标是编程中需要的重要数据，可以直接做为其运动轨迹的起点或终点。

2）节点。

当被加工零件轮廓形状与车床的插补功能不一致，如在只有直线和圆弧插补功能的数控车床上加工椭圆、双曲线、抛物线、阿基米得螺旋线或用一系列坐标点表示的列表曲线时，就要用直线或圆弧去逼近被加工曲线。这时，逼近线段与被加工曲线的交点就称为节点。

在编程时，要计算出节点的坐标，并按节点划分程序段。节点数目的多少，由被加工曲线的特性方程、逼近线段的形状和允许的插补误差来决定。

三、编程指令

复合形状固定循环是为简化编程而提供的循环，如只要给出精加工形状的轨迹，便可以自动决定中途进行粗车的刀具轨迹。

1. G73——封闭切削循环

指令格式：G73 U _ W _ R _；

G73 P _ Q _ U _ W _ F _；

其中：G73 U _ W _ R _；

U _ X 轴方向的粗加工余量（半径指定），这个指定是模态的，一直到下次指定前均有效；

W _ Z 轴方向的粗加工余量，该指定是模态的，一直到下次指定之前均有效；

R _分割次数（等于粗车次数），该指定是模态的，一直到下次指定前均有效。

G73 P _ Q _ U _ W _ F _；

P _描述精加工轨迹程序的第一个程序段序号；

Q __描述精加工轨迹程序最后一个程序段序号；

U __ X 轴方向的精加工余量（使用 G73 指令加工完后，工件的实际量），直径表示，有方向性和正负值；

W __ Z 轴方向的精加工余量（使用 G73 指令加工完后，工件的实际量），有方向性和正负值；

F __切削速度（进给速度）。

运动轨迹说明：如图 4—11 所示，刀具快速移动至循环起点 A 点，由于是仿形切削循环，刀具按同一轨迹，即按所描述的精加工轨迹，重复地进行切削加工。第一次切削刀具由 A 点退到 B 点，开始第一个封闭切削循环：由 B 点到 C 点，仿形走刀到 D 点。接着进行下一个切削循环加工，每次切削刀具向前移动一次，逐渐地接近最终零件形状，最终刀具回到循环起点 A 点，完成整个仿形切削循环加工。

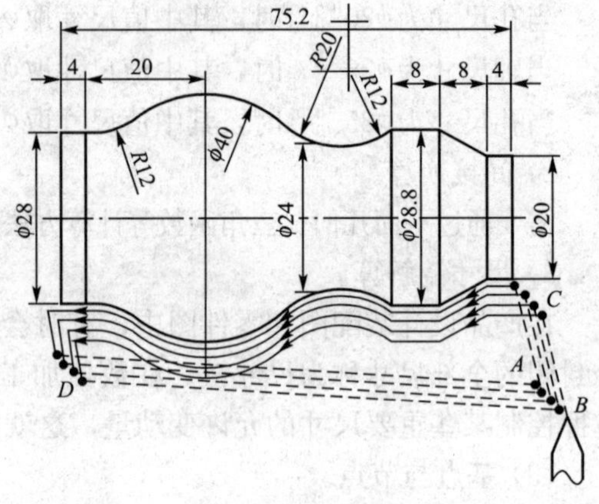

图 4—11　刀具切削加工时的走刀路径示意图

注意

★ 循环起点的位置应考虑刀具切削完毕后回循环起点时不与工件发生干涉；

★ 精加工程序段里只能有 G00、G01、G02、G03 等指令；

★ 第一段可同时出现 X、Z 的数值；

★ R__为分割次数（等于粗车次数），该指定是模态的；其中 R10 表示循环切削 10 次，R1 表示循环切削 1 次（有的数控机床是以千分制表示，即 R0.01 表示循环切削 10 次，R0.001 表示循环切削 1 次）；

★ 指令“G73 U__ W__ R__；”中的 U 也可指从第二刀起 X 方向的总切削量（半径表示），即 U=（总切削量－总切削量/切削次数）/2；W 也一样。

例：如图 4—11 所示零件，毛坯为 ϕ45mm，运用复合固定循环指令进行粗加工的程序编程，采用绝对值编程方式。

分析：由于工件外轮廓不是呈规则单调递增或递减，因此采用 G73 指令编程加工较合适。

程序参考：

```
… …
M03 S800;(主轴正转,转速为 800r/min)
T0101;(调用 1 号刀)
G00 X50 Z5;(快速定位到循环起点)
G73 U12.5 W0 R6;
G73 P1 Q2 U0.5 W0 F80;(径向尺寸留 0.5mm、轴向尺寸留 0mm 的精加工余量)
N1 G00 X20 Z2;(描述精加工轨迹时的第一段程序)
G01 Z-4 F40;
X28.8 Z-12;
Z-20;
```

```
G02 X24 Z-27.2 R12;
G02 X32 Z-39.2 R20;
G03 Z-62.9 R20;
G02 X28 Z-71.2 R12;
G01 Z-75.2;(仿形加工的最后一刀)
N2 X45;(描述精加工轨迹时的最后一段程序,走这一刀主要是为了避免退刀时与加工工件发生干涉)
G00 X100 Z100 M05;(快速退刀到换刀点,主轴停)
```

2. G74——端面槽钻孔循环

(1) 简单用法，钻孔循环。

指令格式：G74 R__；

G74 Z (W)__ Q__ F__；

其中：R__钻孔循环的 Z 方向的退刀量；

Z (W)__孔的深度；

Q__钻孔循环的每次进刀量（单位：μm)。

(2) 切端面槽。

指令格式：G74 R__；

G74 X (U)__ Z (W)__ P__ Q__ F__；

其中：R　每次沿 Z 方向的退刀量；

X (U)、Z (W) 表示切削终点位置；

Q__ Z 方向的每次切削移动量（单位：μm)；

P__ X 方向的每次循环进刀量（单位：μm)，直径表示，X 方向的每次循环进刀量一定要小于刀具的宽度。

运动轨迹说明：如图 4—12 所示的零件，加工一个端面槽，刀具从循环起点 A 点开始 Z 方向的循环切削，每次切削的深度为 Q，然后原位置退刀 R 距离，再 Z 方向进刀 Q，再退刀 R，如此循环到 Z 方向的切削终点 C，然后退刀到循环起点 A 点；刀具在 X 方向循环进刀，进刀距离为 P，到第二次的 Z 方向循环起点 A'，又开始 Z 方向的第二次循环切削。以此类推，最后到工件最后一次 Z 方向循环起点 B 点，开始 Z 方向的最后一次循环切削，切削到工件的加工终点 D，退刀到 B 点，再退刀到循环起点 A 点，整个端面槽钻孔循环结束。其刀具运动轨迹示意图如图 4—13 所示。

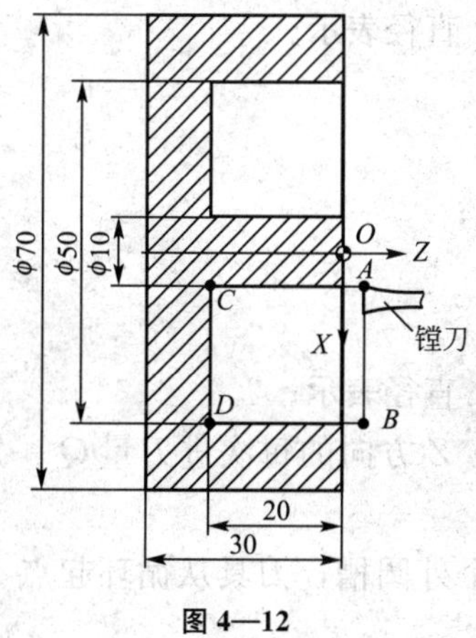

图 4—12

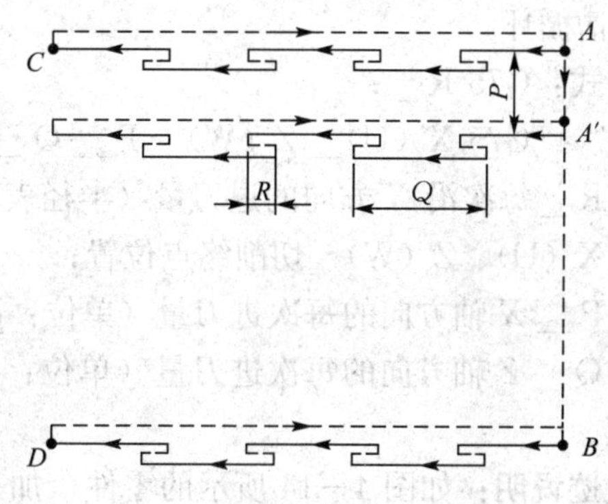

图 4—13　端面槽循环运动轨迹示意图

如果切削循环中没有 X 方向的 P 进刀，则是钻孔循环。

例：如图 4—13 所示零件，运用复合固定循环指令加工 ϕ10—ϕ50 深度为 20 的端面槽，采用绝对值编程方式。

分析：采用 G74 循环指令编程加工，循环起点 A 点的坐标为（10，3），选用刀宽为 5mm 的镗孔刀，以刀具的前刀点为对刀点。

程序参考一：

```
… …
M03 S400;(主轴正转,转速为 400r/min)
T0202;(调用 5mm 宽的镗孔刀)
G00 X10 Z2;(快速定位到循环起点)
G74 R1;(Z 方向的每次退刀量为 1mm)
G74 X40 Z-20 P9000 Q5000 F30;(刀具在Z 方向的每次进刀量为 5mm,X 方向的每次循环进刀量为 4.5mm,切削至终点)
… …
```

程序参考二：

```
… …
M03 S400;(主轴正转,转速为 400r/min)
T0202;(调用 5mm 宽的镗孔刀)
G00 X40 Z2;(快速定位到循环起点)
G74 R1;(Z 方向的每次退刀量为 1mm)
G74 X10 Z-20 P9000 Q5000 F30;(刀具在Z 方向的每次进刀量为 5mm,X 方向的每次循环进刀量为 4.5mm,切削至终点)
… …
```

3. G75——切槽循环

(1) 简单用法，切断。

指令格式：G75 R＿；

G75 X（U）＿ P＿ F＿；

其中：R＿每次沿 X 轴方向的退刀量（半径表示）；

X（U）＿终点位置；

P＿ X 轴方向的每次进刀量（单位：μm），直径表示。

(2) 切槽循环。

指令格式：G75 R＿；

G75 X（U）＿ Z（W）＿ P＿ Q＿ F＿；

其中：R＿每次沿 X 方向的退刀量（半径表示）；

X（U）、Z（W）＿切削终点位置；

P＿ X 轴方向的每次进刀量（单位：μm），直径表示；

Q＿ Z 轴方向的每次进刀量（单位：μm）；Z 方向的每次进刀量 Q 一定要小于切刀的刀宽。

运动轨迹说明：如图 4—14 所示的零件，加工一个外圆槽，刀具从循环起点 A 点开始

X 方向的循环切削，每次切削的深度为 P，然后原位置退刀 R 距离，再 X 方向进刀 P，再退刀 R，如此循环到 X 方向的切削终点 C，然后退刀到循环起点 A 点；刀具在 Z 方向循环进刀，进刀距离为 Q，到第二次的 X 方向循环起点 A'，又开始 X 方向的第二次循环切削。以此类推，最后加工到工件最后一次 X 方向的循环起点 B 点，开始 X 方向的最后一次循环切削，切削到工件的加工终点 D，退刀到 B 点，再退刀到循环起点 A 点，整个切槽循环结束。其刀具运动轨迹如图 4—15 所示。

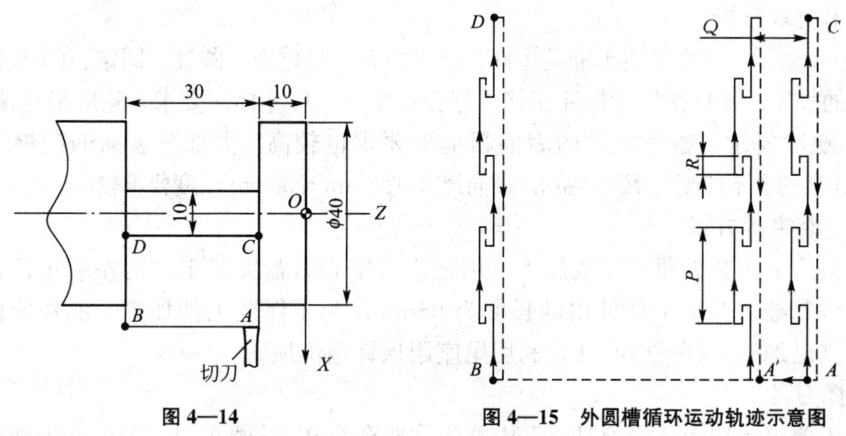

图 4—14　　　　图 4—15　外圆槽循环运动轨迹示意图

如果切削循环中没有 Z 方向的 Q 进刀，则是简单的切断工件。

例： 如图 4—15 所示零件，运用复合固定循环指令加工 ϕ10—ϕ40 宽度为 30 的端面槽，采用绝对值编程方式。

分析： 采用 G75 循环指令编程加工，循环起点 A 点的坐标为（45，－10），选用刀宽为 5mm 的切断刀，以刀具的右刀尖对刀。

程序参考一：

```
……
M03 S200;(主轴正转,转速为 200r/min)
T0202;(调用刀宽为 5mm 的切断刀)
G00 X45 Z-10;(快速定位到循环起点)
G75 R1;(X 方向的每次退刀量为 1mm)
G75 X10 Z-35 P8000 Q4500 F20;(刀具在X 方向的每次进刀量为 4mm,Z 方向的每次循环进刀量为 4.5mm,切削至终点)
……
```

程序参考二：

```
……
M03 S200;(主轴正转,转速为 200r/min)
T0202;(调用刀宽为 5mm 的切断刀)
G00 X45 Z-35;(快速定位到循环起点)
G75 R1;(X 方向的每次退刀量为 1mm)
G75 X10 Z-10 P8000 Q4500 F20;(刀具在X 方向的每次进刀量为 4mm,Z 方向的每次循环进刀量为 4.5mm,切削至终点)
……
```

四、项目分析

1. 零件工艺性分析

(1) 毛坯的选用。

根据所要加工的零件，选择切削加工性能较好的45#钢材料，棒料的尺寸为ϕ35mm。

(2) 技术要求分析。

如图4—1所示，该零件属于轴类零件，加工内容包括球面、圆柱、圆锥、圆弧面的加工，切槽及切断的加工；零件图尺寸标注完整，符合数控加工尺寸标注要求；轮廓描述清楚完整，无热处理和硬度要求，整个工件的表面粗糙度要求也较高，大部分表面的粗糙度要求是Ra1.6μm，其余的也不能超过Ra3.2μm；径向尺寸ϕ20mm、ϕ32mm精度要求较高，有公差要求。

(3) 确定装夹等方案。

此工件只需一次装夹即可完成加工，用三爪自定心卡盘夹紧工件的左端定位，以工件轴心线为定位基准，保证工件伸出的长度为95mm。为了保证工件加工时的稳定性，在工件的右端面（已加工）打一中心孔，利用尾座用顶针定位顶紧。

(4) 选择刀具。

根据加工要求，选用三把刀具，T0100为硬质合金90°外圆车刀，T0200为硬质合金右偏40°尖刀，T0300为高速钢、刀宽为3mm的切断刀。同时将三把刀安装在刀架上，对刀，切断刀以右刀尖对刀，把它们的刀补值输入相应的刀具寄存器中。

此工件的刀具卡（已对好刀）如表4—6所示，工具量具如表4—7所示。

表4—6 刀具卡

实训项目		复合循环指令应用之二	零件名称	零件4	零件图号	4—1
序号	刀具号	刀具名称及规格	数量	加工内容		备注
1	T0101	90°外圆车刀	1	外轮廓		YT15
2	T0202	40°尖刀	1	外轮廓		YT15
3	T0303	刀宽3mm的切断刀	1	切断		高速钢
编制		审核		批准		

表4—7 工具量具卡

实训项目		复合循环指令应用之二	零件名称	零件4	零件图号	4—1
序号	名称	规格		数量		备注
1	游标卡尺	0～125mm（0.02mm）		1		
2	千分尺	0～25mm、25～50mm（0.01mm）		各1		
3	百分表	0～10mm（0.01mm）		1		
4	磁性表座			1套		
5	辅具	莫氏钻套、钻夹头、回转顶尖		各1		
6	其他	铜棒、铜皮、毛刷等常用工具				选用
编制		审核		批准		

(5) 制定加工方案。

整个工件的形状变化较大，从零件右边开始轮廓由凸圆弧、圆柱、凹圆弧、凸圆弧、凹圆弧及圆锥表面组成，径向尺寸X时大时小，并不是单纯地单调递增或递减。考虑到工件的外形，只能选择运用仿形走刀来进行加工，即利用复合固定循环指令 G73 对工件进行仿形粗加工，再运用 G70 指令进行精加工。但运用 G73 指令仿形加工时效率是极低的，为了提高工件的加工效率，工件棒料先运用复合循环指令 G71 加工出工件的稚形，快速地切削加工余量，径向尺寸留 0.5mm 的加工余量。描述刀具 G71 精加工时的走刀路径示意图如图 4—16 所示，描述刀具 G73 精加工时的走刀路线示意图如图 4—17 所示。尾部ϕ18mm 的槽因尺寸相对切断刀比较大，也运用复合循环指令 G75 来进行加工，完成后直接移动刀具切断工件即可。

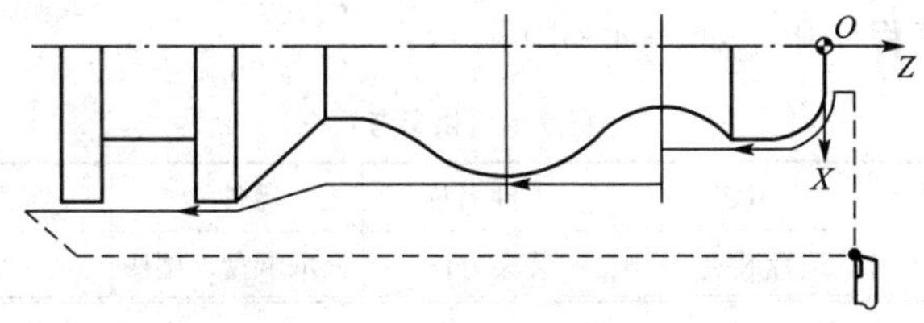

图 4—16　描述刀具 G71 精加工时的走刀路径示意图

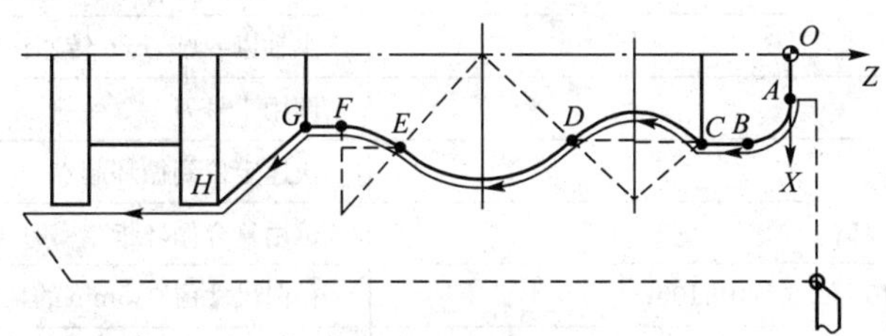

图 4—17　描述刀具 G73 精加工时的走刀路径示意图

此工件的加工工序卡如表 4—8 所示。

表 4—8　　**工　序　卡**

实训项目	复合循环指令应用之二		零件名称	零件 4	零件图号	4—1
数控系统	GSK980TA		材料	45#	工序号	040
使用夹具	三爪卡盘、顶针装夹		装夹方法	三爪卡盘、顶针	程序号	O0040
序号	工步内容	G 指令	T 刀具	S 主轴转速 (r/min)	F 进给速度 (mm/min)	切削深度 (mm)
1	外圆车刀对整个外轮廓加工	G71	T0101	600	100	2
2	精车外轮廓	G70	T0101	1 000	50	0.25
3	尖刀对前部分轮廓粗加工	G73	T0202	500	80	1
4	尖刀对前部分轮廓精加工	G70	T0202	800	40	0.2
5	切槽	G75	T0303	200	20	
6	切断	G75	T0303	200	20	
7	检测、校核					
编制		审核		批准、时间		

2. 编程说明

(1) 数值计算。

为编程时方便计算各刀位基点的坐标，设定程序原点为工件的右端面与轴线的交点，加工起点（或换刀点）为 X 向距轴心线 50mm，Z 向距工件右顶点 100mm 的位置。根据加工方案在零件图上找出加工刀位基点代号 A、B、C、D、E、F、G、H，其中 D、E、F 三点的坐标值可以按如图 4—17 所示做辅助线，按照勾股定理计算出它们的值（计算省略）；带公差的ϕ20mm 径向尺寸取中值，各基点编程坐标值如表 4—9 所示。

表 4—9　　基点编程坐标值

节点	A	B	C	D	E	F	G	H
坐标	X，Z	X，Z	X，Z	X，Z	X，Z	X，Z	X，Z	X，Z
数值	10，0	19.99，－5	19.99，－10	19.2，－24.8	21，－44.3	16，－50.9	16，－55	32，－65

（2）参考程序。

编制此工件的加工程序单，如表 4—10 所示。

表 4—10　　程序单（供参考）

实训项目	复合循环指令应用之二	零件名称	零件 4	零件图号	4—1
使用夹具	三爪卡盘、顶针装夹	装夹方法	三爪卡盘、尾座	程序号	O0040

程序号	程　序	说　明
N10	G50 X100 Z100；	建立工件坐标系，确定换刀点
N20	S600 M03；	主轴以 600r/min 转速正转
N30	T0101；	调用 1 号刀
N40	G00 X40 Z3；	快速定位到循环起点
N50	G71 U2.5 R0.5；	运用复合循环指令 G71 对轮廓进行粗加工
N60	G71 P70 Q140 U0.5 W0 F100；	径向尺寸留 0.5mm 的精加工余量
N70	G00 X10；	描述零件精加工轨迹的第一段程序
N80	G01 Z0 F50；	
N90	G03 X20 Z－5 R5；	
N100	G01 Z－10；	
N110	X28 Z－35；	
N120	Z－55；	
N130	X32 Z－65；	
N140	Z－90；	描述零件精加工轨迹的最后一段程序
N150	G00 X100 Z100 M05；	退刀，主轴停
N160	M00；	程序暂停，测量尺寸
N170	M03 S1000；	主轴以 1 000r/min 转速正转
N180	G00 X32 Z3；	快速定位
N190	G70 P70 Q140；	运用 G70 指令进行精加工
N200	G00 X100 Z100 M05；	退刀，主轴停
N210	M00；	程序暂停
N220	M03 S500；	主轴以 500r/min 转速正转
N230	T0202；	调用 3 号刀
N240	G00 X40 Z5；	快速定位到循环起点
N250	G73 U9.5 R10；	径向最大粗加工余量为 9.5mm，分 10 次切削
N260	G73 P270 Q320 U0.4 W0 F80；	径向留 0.4mm 的精加工余量
N270	G01 X20 Z－10 F40；	描述零件精加工轨迹的第一段程序

（续前表）

程序号	程　序	说　明
N280	G02 X19.2 Z-24.8 R10；	
N290	G03 X21 Z-44.3 R14；	
N300	G02 X16 Z-50.9 R10；	
N310	G01 Z-55；	
N320	X32 Z-65；	描述零件精加工轨迹的最后一段程序
N330	G00 X100 Z100 M05；	退刀，主轴停
N340	M00；	程序暂停
N350	M03 S800；	主轴以 800r/min 转速正转
N360	G00 X40 Z5；	快速定位到循环起点
N370	G70 P270 Q320；	运用 G70 指令精加工
N380	G00 X100 Z100 M05；	退刀，主轴停
N390	M00；	程序暂停，测量尺寸
N400	M03 S200；	主轴以 200r/min 转速正转
N410	T0303；	调用 3 号刀
N420	G00 X34 Z-70；	快速定位到循环起点
N430	G75 R1；	运用单一循环指令 G75 进行槽的切削
N440	G75 X18 Z-77 P6000 Q2500 F20；	
N450	G00 Z-85；	移动刀具
N460	G75 R1；	运用单一循环指令 G75 进行工件的切断
N470	G75 X0 P6000 F20；	
N480	G00 X100；	X 方向退刀
N490	Z100 M05；	Z 方向退刀，主轴停
N500	M30；	程序结束

五、项目实施

1. 操作要点及注意事项

（1）严格按照数控车床的操作规程和安全规程进行操作。

（2）开机后，进行数控车床空载运行，检查车床各部分运行状况。

（3）选择尖刀时，注意刀具的尖角是否合理，加工过程中不能与工件发生干涉。

（4）对刀时，切槽刀以右刀尖做为编程的刀位点。

（5）正确使用游标卡尺、外径千分尺测量相关的尺寸。

（6）为保证零件尺寸的准确性，加工可分半精加工和精加工两步骤进行，或通过修改刀补的方法执行。

（7）发生事故时，要沉着冷静、积极配合工作人员处理。

2. 操作步骤及质量检测

（1）准确快速地输入加工程序。

(2) 通过数控系统图形仿真加工轨迹，进行程序的校验及修整。

(3) 使用装夹具正确地安装刀具，进行对刀操作，建立工件坐标系。

(4) 灵活使用程序试运行、分段运行及自动运行等运行方式对工件进行自动加工操作。

(5) 加工过程中，按图纸要求检测工件，随时对工件进行误差与质量分析。

(6) 加工完成后，按规定要求润滑保养数控车床。

此工件的检验卡如表 4—11 所示。

表 4—11　　检　验　卡

单位		姓名		考号	
实训项目	复合循环指令应用之二	零件名称	零件 4	零件图号	4—1

序号	检验内容及要求	配分	评分标准	检测结果	得分
1	手工编程	15	语法错误每处扣 2 分 数据错误每处扣 1 分		
2	程序输入	5	手工输入，不会者取消操作		
3	仿真加工轨迹	5	图形模拟走刀路径		
4	试切对刀、建立工件坐标系	10	不会者取消操作		
5	带公差的径向尺寸ϕ20	15	每超差 0.01mm 扣 2 分		
6	带公差的径向尺寸ϕ32	15	每超差 0.01mm 扣 2 分		
7	整体外形	15	圆弧曲线连接圆滑，形状准确		
8	表面粗糙度	15	不得大于 $Ra3.2\mu m$		
9	倒角、去毛刺等	5	按照 GB 1804—M 要求		
10	安全操作、文明生产		违章视情节轻重扣分，重大事故取消操作	扣分不超过 10 分	

额定工时		实际加工时间		总得分	
检测员		记录员		考评员	

六、项目总结

◇ 此项目的目的主要是熟悉并掌握 G70、G73、G74、G75 等复合固定循环指令，掌握各指令加工的特点、适合的范围、使用方法、使用技巧以及使用过程中应注意的问题等。

◇ 熟悉各指令加工时的走刀路径。

◇ 掌握各指令的编程格式、各参数的含义、各参数的确定等。

◇ 通过本实训项目的学习与练习，深刻了解对刀与工件坐标系之间的关系，掌握在加工的过程中如何控制好尺寸，根据实际情况选择合适的方法（如修改程序、修改刀补或两者同时进行）控制尺寸，懂得在加工过程中通过修改刀补的方法来执行半精加工和精加工的操作。

◇ 掌握使用各种量具对加工零件的相关尺寸进行测量。

七、项目拓展练习

1. 如图 4—18 所示的零件，工件材料选用 45# 钢，坯料选用ϕ30mm 的棒料。要求对该零件进行技术分析，确定装夹方法，选择刀具，制定加工方案，运用复合固定循环指令G70、G73、G75、G76等进行加工程序的编制，并加工检验。

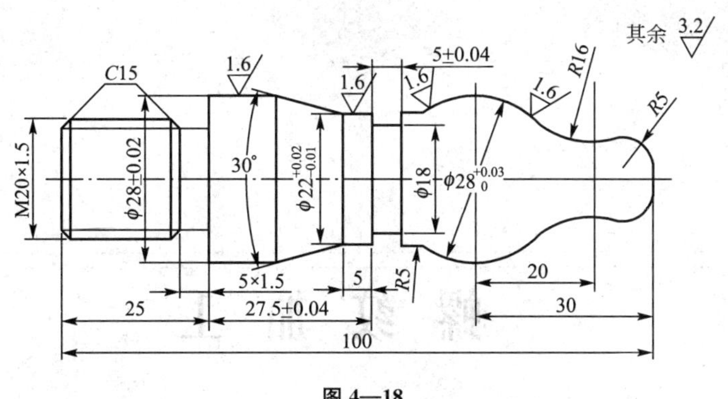

图 4—18

2. 如图 4—19 所示的零件，工件材料选用 45# 钢，坯料选用ϕ25mm 的棒料。要求对该零件进行技术分析，确定装夹方法，选择刀具，制定加工方案，运用复合固定循环指令G70、G73、G75、G76等进行加工程序的编制，并加工检验。

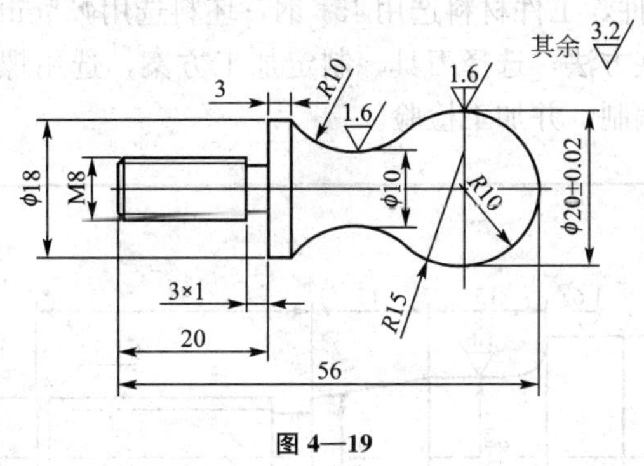

图 4—19

3. 如图 4—20 所示的零件，工件材料选用 45# 钢，坯料选用ϕ50mm 的棒料。要求对该零件进行技术分析，确定装夹方法，选择刀具，制定加工方案，运用复合固定循环指令G70、G73、G75、G76等进行加工程序的编制，并加工检验。

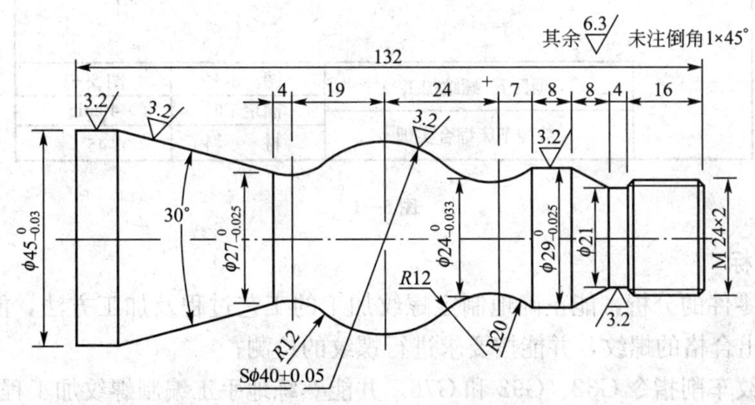

图 4—20

螺纹加工

一、项目内容

如图 5—1 所示的零件，工件材料选用 45# 钢，坯料选用ϕ35mm 的棒料。要求对该零件进行技术分析，确定装夹方法，选择刀具，制定加工方案，选用螺纹加工指令 G32、G76、G92 等进行加工程序的编制，并加工检验。

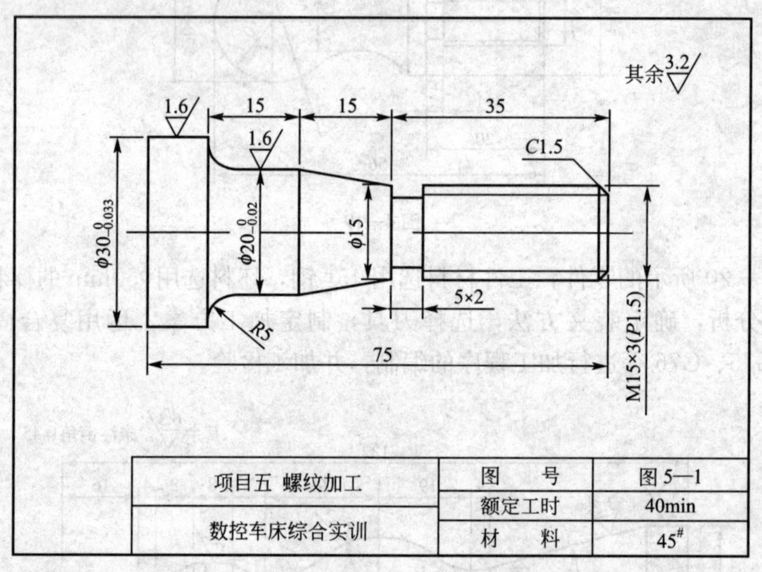

项目五 螺纹加工	图 号	图 5—1
数控车床综合实训	额定工时	40min
	材 料	45#

图 5—1

1. 技能目标

◆ 通过对零件的分析，能正确地制定螺纹加工的工艺过程及加工方法，能熟练地操作数控车床加工出合格的螺纹，并能按要求进行螺纹的检测；

◆ 掌握螺纹车削指令 G32、G92 和 G76，并能熟练地手工编制螺纹加工程序；

◆ 熟悉数控车床车削梯形螺纹的加工工艺；

◆ 独立完成带螺纹的轴类零件的数控加工。

2. 知识目标

◆ 掌握 G32、G92、G76 指令的功能、编程格式及特点；

◆ 掌握 G32、G92、G76 指令中各参数的含义及选择；

◆ 掌握简单轴类零件上螺纹加工的工艺过程及方法。

二、相关知识

1. 螺纹的基本知识

(1) 螺纹的形成。

用成形刀具沿螺旋线（Spiral Line）切深就形成螺纹。螺纹的加工方法很多，车削加工是最常用的一种。

(2) 螺纹的种类。

由于螺纹应用广泛且种类繁多，可以从、牙型、螺旋线方向、螺旋线线数、螺纹形成表面、母体形状和应用等方面对其进行分类。

1) 螺纹牙型。

采用形状不同的车刀刀头，即可得到各种不同截面形状（牙型，即螺纹在轴向剖面上的轮廓形状）的螺纹，如三角形、梯形、矩形和锯齿形螺纹等，如图 5—2 所示。

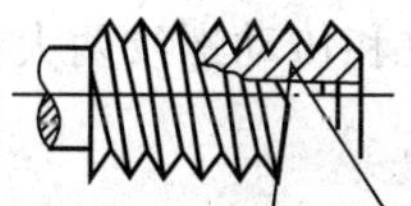

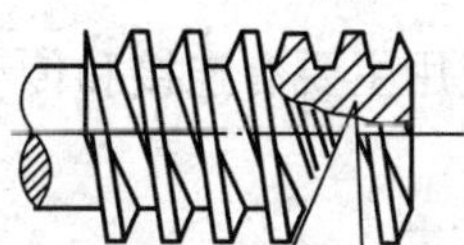

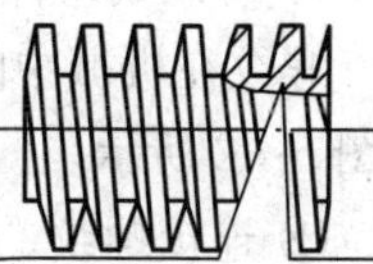

图 5—2 螺纹的分类及作用

2) 螺旋线方向。

右旋螺纹——顺时针旋转时旋入的螺纹称为右旋螺纹，应用较广泛。

左旋螺纹——逆时针旋转时旋入的螺纹称为左旋螺纹。

螺纹的旋向可以用右手来判定，如图 5—3 所示，伸展右手，掌心对着自己，四指并拢与螺杆的轴线平行，并指向旋入方向，若螺纹的旋向与拇指的指向一致为右旋螺纹，反之则为左旋螺纹。

3) 螺旋线线数，如图 5—4 所示、有单线和多线（双线）之分。

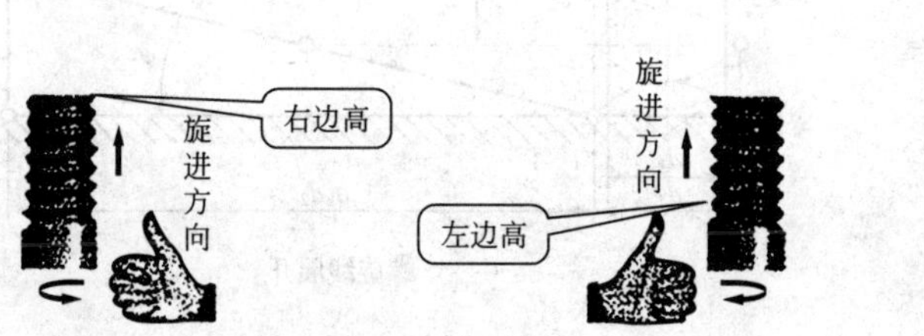

图 5—3 螺纹的旋向

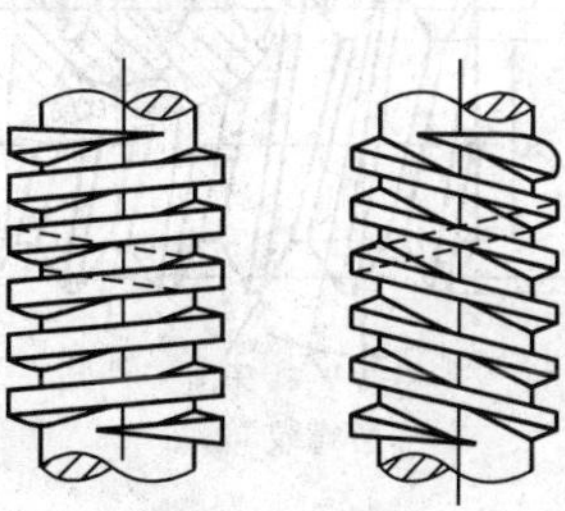

图 5—4 螺纹的线数

单线螺纹——沿一条螺纹线所形成的螺纹，多用于螺纹连接。

多线（双线）螺纹——沿两条或两条以上在轴向等距分布的螺旋线所形成的螺纹，多用于螺旋传动。

4）螺旋线形成表面，如图 5—5 所示。

内螺纹——在圆柱或圆锥内表面上所形成的螺纹称为内螺纹。

外螺纹——在圆柱或圆锥外表面上所形成的螺纹称为外螺纹。

5）母体形状，如图 5—6 所示。

图 5—5　内螺纹与外螺纹　　图 5—6　螺纹母体的形状

圆柱螺纹——在圆柱表面上所形成的螺纹称为圆柱螺纹。

圆锥螺纹——在圆锥表面上所形成的螺纹称为圆锥螺纹。

6）螺纹的应用。

螺纹在机械中的应用主要有连接和传动，按其用途可分成连接螺纹和传动螺纹两大类，如图 5—2 所示。

① 连接螺纹。

内、外螺纹相互旋合而形成的连接称为螺纹副。应用最广的是普通螺纹，其牙型角为 60°，同一直径按螺纹大小可分为粗牙和细牙两类，一般连接使用粗牙普通螺纹，用于管路连接的为管螺纹。

② 传动螺纹。

用于传动的螺纹有梯形螺纹、锯齿形螺纹和矩形螺纹。

（3）常用螺纹的基本要素。

尽管螺纹有多种牙型，但它们均由一些基本要素构成，如表 5—1 所示。下面以三角形外螺纹为例，如图 5—7 所示，介绍螺纹的基本要素。

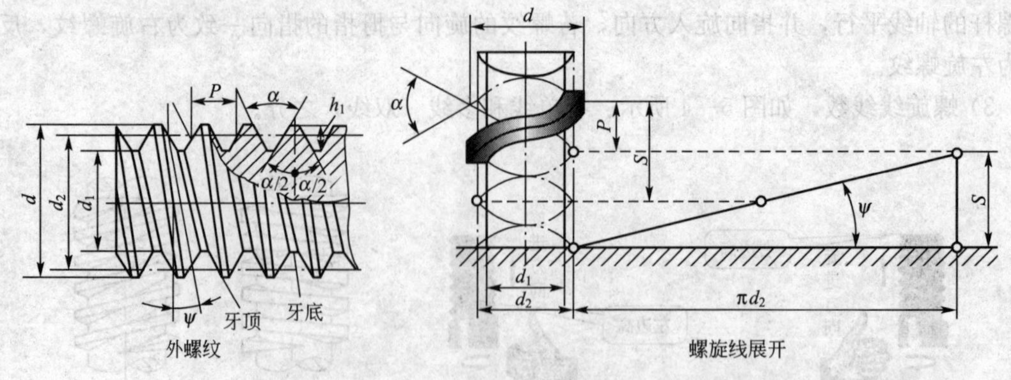

图 5—7　外螺纹的基本要素及螺旋线展开图

表 5—1　　螺纹的基本要素

参数名称	代号		定义
	内螺纹	外螺纹	
螺纹大径（公称直径）	D	d	与外螺纹牙顶或内螺纹牙底相重合的假想圆柱面的直径，一般定为螺纹的公称直径
螺纹中径	D_2	d_1	一个假想圆柱面的直径，该圆柱的素线通过牙型上沟槽和凸起宽度相等的地方
螺纹小径	D_1	d_2	与外螺纹牙底或内螺纹牙顶相重合的假想圆柱面的直径
螺纹升角	ψ		在中径圆柱上，螺旋线的切线与垂直于螺纹轴线的平面之间的夹角
牙型角	α		螺纹牙型上相邻两牙侧间的夹角，普通螺纹的牙型角为 60°，牙型半角是牙型角的一半
牙型高度	h_1		在螺纹牙型上，牙顶到牙底在垂直于螺纹轴线方向上的距离
螺距	P		相邻两牙在中径上对应两点间的轴向距离
导程	S		同一条螺旋线上的相邻两牙在中径上对应两点间的轴向距离

注：导程 S、螺距 P 和线数 Z 的关系为　$S=ZP$。

2. 数控车削螺纹加工工艺

（1）螺纹车削加工方法。

由于螺纹加工属于成形加工，为了保证螺纹的导程，加工时主轴旋转一周，车刀的进给量必须等于螺纹的导程，进给量较大；另外，螺纹车刀的强度一般较差，而螺纹牙型往往不是一次加工而成的，需要多次进行切削，如欲提高螺纹的表面质量，可增加几次光整加工。

数控车床加工螺纹有三种不同的进刀方式：直进法、斜进法和交替式进刀法，如图 5—8 所示。

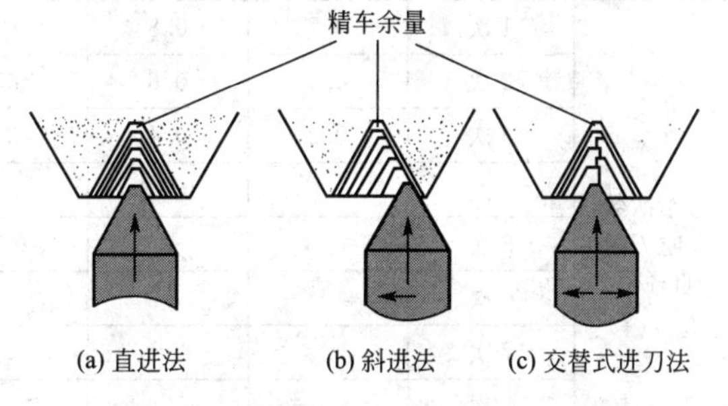

图 5—8　螺纹车削加工方法

1）直进法。

直进法又称为径向进刀法，如图 5—8(a) 所示，此方法应用广泛，刀片以直角进给到工件中，并且形成的切屑比较生硬，在切削刃的两侧形成 V 形。刀片两侧磨损较均匀，可以得到比较准确的牙型，但是车刀刀尖全部参加切削，切削力较大，而且排屑困难，因此在切削时，两侧切削刃容易磨损，螺纹不易车光，并且容易产生“扎刀”现象。在切削螺距较大的螺纹时，由于切削深度较大，刀刃磨损较快，从而造成螺纹中径产生误差，因此此方法适合于加工小螺距螺纹和淬硬材料。

2）斜进法。

斜进法又称为侧向进刀［如图 5—8(b) 所示］，为一种很有利的现代螺纹车削加工方法，在 CNC 机床编程加工螺纹时采用此方法。在粗车螺纹时，为了操作方便，在每次切削往复行程后，车刀除了沿横向（X 向）进给外，还要纵向（Z 向）做微量进给。由于斜进法为单侧刃加工，同而加工刀刃容易损伤，使加工的螺纹面不直，刀尖角发生变化，从而造成牙型精度较差。但由于其为单侧刃工作，刀具负载较小，排屑容易，并且切削深度为递减式，故此加工方法一般适用于大螺纹螺距加工。

3）交替式进刀法。

交替式进刀法又称为左右切削法，如图 5—8(c) 所示，先以几次增量对螺纹牙型的一侧进行切削，然后提升刀具，随之以几次增量对螺纹牙型的另一侧进行切削，依次推进直到切削完整个牙型为止。在每次螺纹切削行程后，车刀除了沿横向（X 向）进给外，还要纵向（Z 向）做微量左、右两个方向进给。此方法可以使螺纹的两侧都获得较小的表面粗糙度，主要用于大牙型螺纹车削，切削进刀片以不同的增量进入牙型中，使得刀具磨损平均。

(2) 走刀次数及进刀量的计算。

螺纹车削加工需分粗、精加工工序，经多次重复切削完成，可以减小切削力，保证螺纹精度。螺纹加工中的走刀次数和进刀量（背吃刀量）会直接影响螺纹的加工质量，每次切削量的分配应依次递减。

螺纹切削时，在考虑刀具寿命的同时还要保证最佳螺纹切削经济性、螺纹质量和最佳切削速度。低速切削螺纹时容易产生积屑瘤，而高速切削下刀具顶部会发生塑性变形，同时螺纹切削中的断屑对工件和设备会带来一定的影响。

常用螺纹切削的进给次数与吃刀量如表 5—2 所示。

表 5—2　常用螺纹切削的进给次数与吃刀量

公制螺纹								
螺距（mm）		1.0	1.5	2	2.5	3	3.5	4
牙深（半径值）		0.649	0.974	1.299	1.624	1.949	2.273	2.598
进给次数及吃刀量（直径值）	1次	0.7	0.8	0.9	1.0	1.2	1.5	1.5
	2次	0.4	0.6	0.6	0.7	0.7	0.7	0.8
	3次	0.2	0.4	0.6	0.6	0.6	0.6	0.6
	4次		0.16	0.4	0.4	0.4	0.6	0.6
	5次			0.1	0.4	0.4	0.4	0.4
	6次				0.15	0.4	0.4	0.4
	7次					0.2	0.2	0.4
	8次						0.15	0.3
	9次							0.2
英制螺纹								
牙（in）		24	18	16	14	12	10	8
牙深（半径值）		0.698	0.904	1.016	1.162	1.355	1.626	2.033
进给次数及吃刀量（直径值）	1次	0.8	0.8	0.8	0.8	0.9	1.0	1.2
	2次	0.4	0.6	0.6	0.6	0.6	0.7	0.7
	3次	0.16	0.3	0.5	0.5	0.6	0.6	0.6
	4次		0.11	0.14	0.3	0.4	0.4	0.6
	5次				0.13	0.21	0.4	0.5
	6次						0.16	0.4
	7次							0.17

(3) 车螺纹前各基本尺寸的计算。

尽管螺纹有多种牙型，但它们都由一些基本要素构成，下面以三角形普通螺纹为例，如图 5—9 所示，介绍各基本尺寸的计算（内螺纹以大写英文字母表示，外螺纹以小写英文字母表示）：

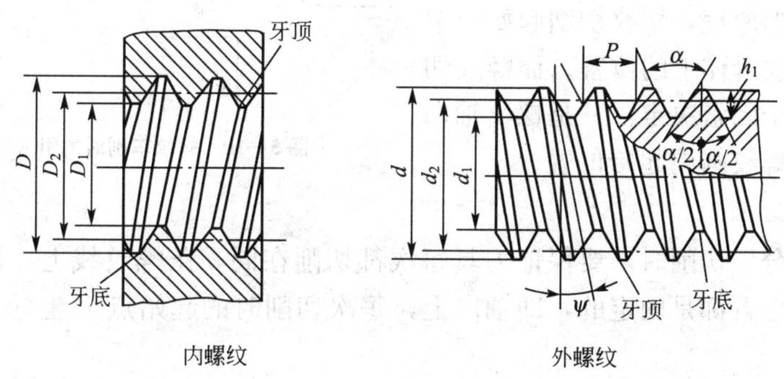

图 5—9 内、外螺纹的基本尺寸

螺纹大径：$d=D$（螺纹大径的基本尺寸与公称直径相同）；

螺纹中径：$d_2=D_2=d-0.649\,5P$；

牙型高度：$h_1=0.541\,3P$；

螺纹小径：$d_1=D_1=d-1.082\,5P$。

上式中，P 为螺纹的螺距。

注意

高速车削三角形螺纹时，受车刀挤压后会使螺纹大径尺寸胀大，因此车螺纹前的外圆直径，应比螺纹大径小。当螺距为 1.5～3.5mm 时，外径一般可以小 0.15～0.25mm。

车削三角形内螺纹时，因为车刀切削时的挤压作用，内孔直径会缩小（车削塑性材料较明显），所以车削内螺纹前的孔径（$D_{孔}$）应比内螺纹小径（D_1）略大些。又由于内螺纹加工后的实际顶径允许大于 D_1 的基本尺寸，所以实际生产中，普通螺纹在车内螺纹前的孔径尺寸，可以用下列近似公式计算：

车削塑性金属的内螺纹时：$D_{孔}\approx d-P$；

车削脆性金属的内螺纹时：$D_{孔}\approx d-1.05P$。

(4) 引入量与引出量。

车螺纹时，刀具沿螺纹方向的进给应与工件主轴旋转保持严格的速比关系。刀具从停止状态到达指定的进给速度或从指定的进给速度降为零，驱动系统必须有一个过渡过程，因此沿轴向进给的加工路线长度除保证加工螺纹长度外，还应该增加刀具引入距离 δ_1 和刀具引出距离 δ_2，即升速段和减速段，如图 5—10 所示。这样在切削螺纹时，能保证在升速完成后刀具再接触工件，刀具离开工件后再降速，避免在加减速过程中进行螺纹切削而影响螺距的稳定。

δ_1 和 δ_2 的数值与螺距和转速有关，由各系统设定。一般 $\delta_1=n\times P/180$；$\delta_2=n\times P/400$（n 为主轴转速，P 为螺距）。一般取 δ_1 为 2～5mm，δ_2 为 δ_1 的 1/2 左右；或者取 $\delta_1\geqslant 2P$，$\delta_2\geqslant P$ 也可。

(5) 螺纹切削起始位置的确定。

在一个螺纹的整个切削过程中，螺纹起点的 Z 坐标值应设定为一个固定值，否则会使螺纹“乱扣”。

根据螺纹成形原理，螺纹切削起始位置决定了螺纹在螺纹母体上的位置。而螺纹切削起始位置由两个因素决定：一是螺纹轴向起始位置；二是螺纹圆周起始位置。

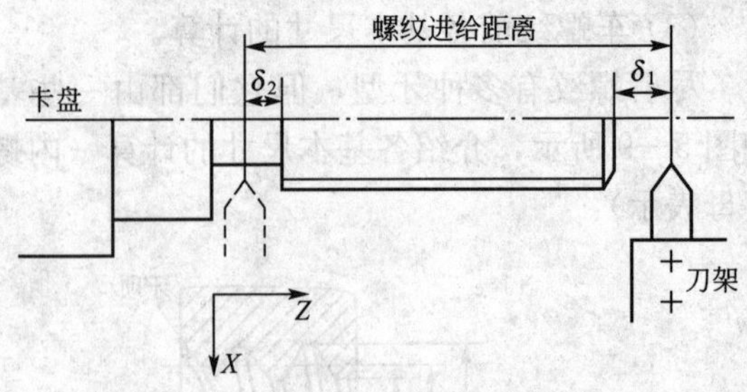

图 5—10　螺纹车削时的引入量和引出量

1) 单线螺纹。

在单线螺纹分层切削时，要保证刀具每次都切削在同一条螺纹线上，就要保证刀具的轴向和圆周起始位置都是固定的，即轴向上，每次切削时的起始点 Z 坐标都应当是同一个坐标值。

2) 多线螺纹。

多线螺纹的分线方法有两种：一是轴向分线法；二是圆周分度分线法。

轴向分线法是在数控车床上车削多线螺纹常用的方法。它是通过改变螺纹切削时刀具起始点的 Z 坐标来确定各线螺纹的位置。当换线切削另一条螺纹时，刀具轴向切削起始点 Z 坐标应偏移的值等于螺距 P。如切削 M30×3（P1.5）的双线螺纹，如第一条线螺纹加工时的起点是 Z10，则第二条线螺纹加工时的刀具起始点 Z 坐标应向右偏移一个螺距 1.5mm（注意：因为螺纹切削时要有足够的升速段，所以刀具起始点 Z 最好是向右移动，不要向左移动）。偏移的方法有两种：一种是在程序中直接将起始点 Z 坐标值设定为 Z11.5；另一种用 G54～G59 坐标系偏移指令或刀具偏置指令偏移。

3. 螺纹的测量

车削螺纹时，应根据不同的质量要求和生产批量，选择不同的测量方法，认真测量螺纹。螺距的测量主要用螺纹样板来测量，如图 5—11 所示。

而螺纹的测量则分综合测量和单项测量。

(1) 综合测量法。

综合测量法是采用极限量规对螺纹的基本要素中的螺纹大径、中径和螺距等同时进行综合测量的一种测量方法。综合测量法测量效率高，使用方便，能较好地保证互换性，广泛应用于对标准螺纹或大批量生产螺纹的测量。

如图 5—12 所示，螺纹量规有螺纹环规和塞规两种，螺纹环规用来测量外螺纹的综合尺寸精度，螺纹塞规用来测量内螺纹的综合尺寸精度。测量时，如果螺纹环规的通规能顺利拧入工件螺纹的有效长度范围，而止规不能拧入，则说明螺纹符合尺寸要求。

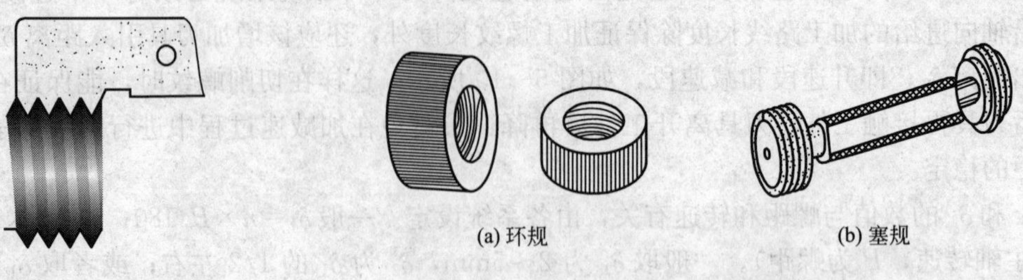

图 5—11　螺距的测量

图 5—12　综合测量法

在综合测量之前，应先对螺纹的直径、牙型和螺距进行检查清洁，因螺纹环规是精密量具，使用时不要硬拧量规，更不能用扳手硬拧，以免量规严重磨损，降低测量精度。

（2）单项测量法。

单项测量法是指测量螺纹的某一单项参数，一般为对螺纹大径、螺距和中径的分项测量，测量方法和选用的量具各不相同。螺纹大径公差较大，一般采用游标卡尺和千分尺测量，螺距一般可用螺纹样板或钢直尺测量，中径可用螺纹千分尺和三针测量。

1）螺纹中径用螺纹千分尺测量。

螺纹千分尺是测量外螺纹中径的一种专用的螺旋微测量具，其结构和使用方法与一般千分尺相似。所不同的是，螺纹千分尺有特殊的测量头，测量头的一端为V形，另一端为圆锥形，测量时，两端的测量头分别测量一定螺距范围的螺纹。测量步骤如下：

★ 根据被测螺纹的螺距，选取一对测量头；

★ 装上测量头并校准千分尺的零位；

★ 将被测螺纹放入两测量头之间，找正中径部位；

★ 分别在同一截面相互垂直的两个方向上测量中径，取它们的平均值作为螺纹的实际中径。

如图5—13所示，螺纹千分尺适用于测量精度较低的螺纹工件。

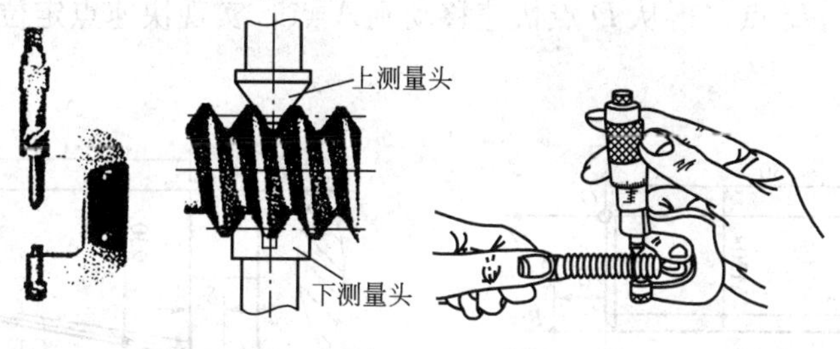

图5—13 用螺纹千分尺测量

2）螺纹中径用三针测量法测量。

三针测量法是测量外螺纹中径的一种比较精密的测量方法。如图5—14所示，测量时，将3根直径相等、尺寸合适的量针（尺寸合适即指量针直径的大小要合适，如图5—15所示）放在螺纹相对应的螺旋槽中，用千分尺量出两边量针顶点之间的距离M，普通三角螺纹三针测量螺纹中径的简化公式为：

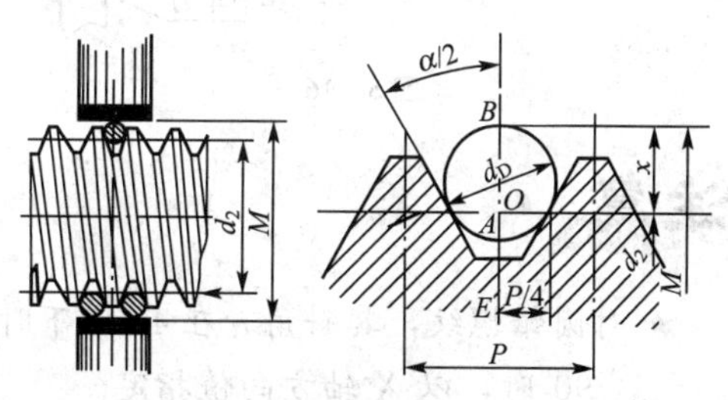

图5—14 用三针测量法测量

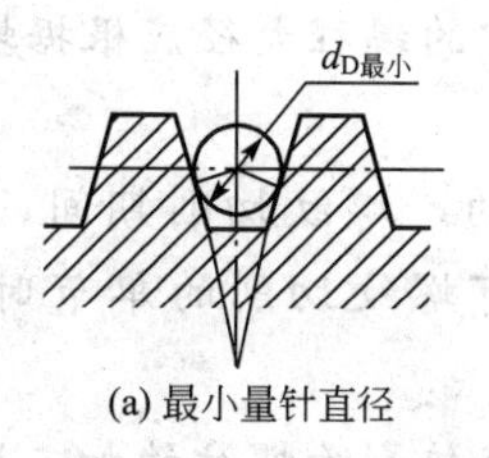

(a) 最小量针直径

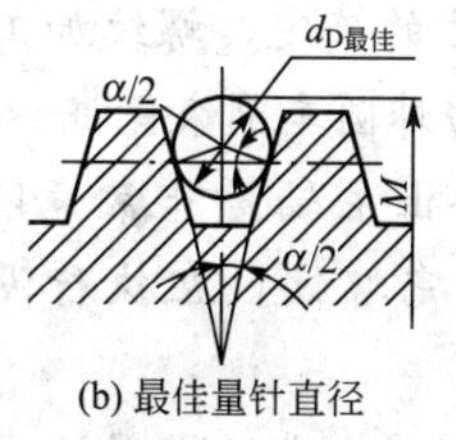

(b) 最佳量针直径

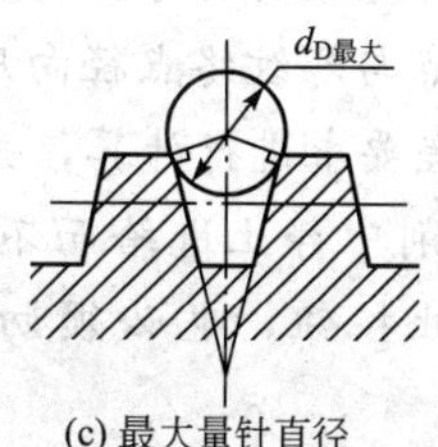

(c) 最大量针直径

图5—15 量针直径的选择

$$M = d_2 + 3d_D - 0.866P$$

式中：M——三针测量时千分尺的测量值（mm）；

d_2——螺纹中径（mm）；

d_D——量针直径（mm）；

P——螺纹螺距（mm）。

三、编程指令

数控车床螺纹加工的基本指令。

1. G32——单一螺纹车削指令

指令格式：G32 X（U）_ Z（W）_ F _；

其中：X、Z _螺纹终点坐标值（绝对值坐标编程）；

U、W _螺纹终点相对起点的增量值（相对值坐标编程）；

F _螺纹导程（如果是单线螺纹，则为直线螺纹的螺距）。

运动轨迹说明：G32 的执行轨迹如图 5—16、图 5—17 所示，刀具从 A 点开始以直线方式快速移到 B 点，从 B 点以每转进给一个导程/螺距的速度切削至 C 点，之后从 C 点以直线方式快速退刀到 D 点，再从 D 点快速移动到 A 点，实现快速点定位，接着再进行下一轮的螺纹切削。

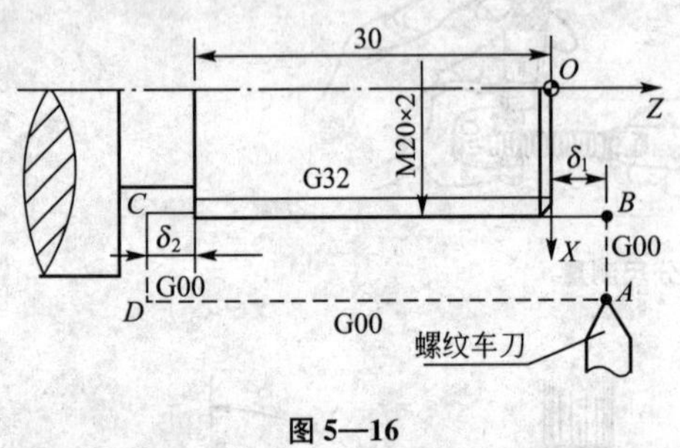

图 5—16

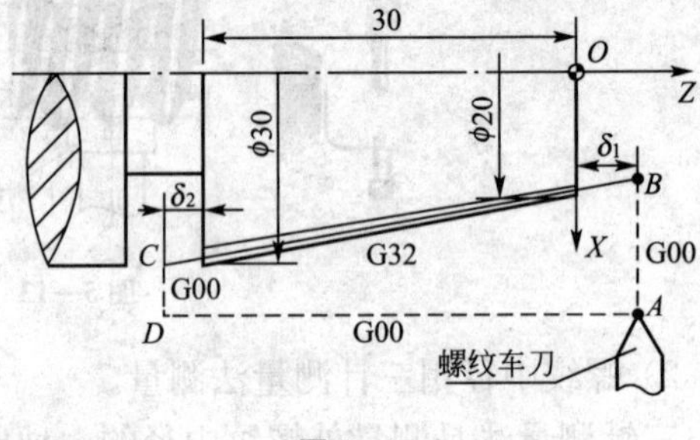

图 5—17

注意

★ 对圆锥螺纹，其斜角 α 在 45°以下时，螺纹导程以 Z 轴方向值指定；其斜角 α 在 45°～90°时，以 X 轴方向值指定。

★ 车削螺纹时必须设置引入距离和引出距离，即升速段和减速段，避免在加减速过程中进行螺纹切削时影响螺距的稳定。

★ 螺纹起点与螺纹终点径向尺寸的确定，螺纹加工中的编程大径应根据螺纹尺寸标注和公差要求进行计算，并由外圆车削来保证。

★ 螺纹切削中停止进给而不停止主轴是非常危险的。螺纹切削期间，假如按下进给停止按钮，也必须切削完螺纹，在执行没有螺纹切削的单节时，刀具才会停止。

★ 螺纹加工中的走刀次数和进刀量（背吃刀量）会直接影响螺纹的加工质量，车削螺纹时的走刀次数、背吃刀量可参考表 5—1。

例：如图 5—16 所示为圆柱普通螺纹，螺纹外径已加工完成，要求运用单一螺纹车削指令 G32 进行螺纹的编程。

分析：该螺纹没有规定其公差要求，可参照螺纹公差的国家标准确定，其大径（车螺纹前的外圆直径）尺寸，可选靠近最低配合要求的公差带，如8e($^{-0.06}_{-0.34}$)，并取其中间值确定，也可按经验取为 19.8mm（可避免合格螺纹的牙顶过尖）。螺纹切削升速段距离 δ_1 取 6mm，减速段距离 δ_2 取 2mm，螺纹外径已加工完成，牙型深度 1.3mm，分 3 次进给，吃刀量（直径量）分别为 0.8mm、0.4mm 和 0.1mm，采用直径编程方式。

程序参考：

```
……
M03 S400;(主轴正转,转速为 400r/min)
T0303;(调用 3 号螺纹刀)
G00 X30 Z6;(快速定位)
X19.2;(快速移动到第一次切削时的X值处)
G32 Z-32 F2;(第一次车螺纹,背吃刀量为 0.8mm)
G00 X30;(X方向快速退刀)
Z6;(Z方向快速退刀)
X18.8;(快速移动到第二次切削时的X值)
G32 Z-32 F2;(第二次车螺纹,背吃刀量为 0.4mm)
G00 X30;(X方向快速退刀)
Z6;(Z方向快速退刀)
X18.7;(快速移动到第三次切削时的X值)
G32 Z-32 F2;(第三次车螺纹,背吃刀量为 0.1mm)
G00 X100;(X方向快速退刀)
Z100;(Z方向快速退刀)
……
```

例：如图 5—17 所示为圆锥普通螺纹，导程（螺距）为 2mm，螺纹外径已加工好，要求运用单一螺纹车削指令 G32 进行螺纹的编程。

分析：如图 5—17 所示的为圆锥普通螺纹的导程（螺距）为 2mm，螺纹切削升速段距离 δ_1 取 6mm，减速段距离 δ_2 取 2mm，螺纹外径已加工完成，螺纹的总切深量为 2.6mm，分 5 次进给，吃刀量（直径量）分别为 1.2mm、0.7mm、0.4mm、0.2mm 和 0.1mm。经计算，切削圆锥螺纹牙顶在 *B* 点的坐标为（18，6），在 *C* 点的坐标为（30.67，−32）。采用直径编程方式。

程序参考：

```
……
M03 S400;(主轴正转,转速为 400r/min)
T0303;(调用 3 号螺纹刀)
G00 X40 Z6;(快速定位)
X16.8;(快速移动到第一次切削时圆锥小端的X值)
G32 X29.47 Z-32 F2;(第一次车螺纹,背吃刀量为 1.2mm)
G00 X40;(X方向快速退刀)
Z6;(Z方向快速退刀)
```

```
X16.1;(快速移动到第二次切削时圆锥小端的X值)
G32 X28.77 Z-32 F2;(第二次车螺纹,背吃刀量为 0.7mm)
G00 X40;(X方向快速退刀)
Z6;(Z方向快速退刀)
X15.5;(快速移动到第三次切削时圆锥小端的X值)
G32 X28.37 Z-32 F2;(第三次车螺纹,背吃刀量为 0.4mm)
G00 X40;(X方向快速退刀)
Z6;(Z方向快速退刀)
X15.3;(快速移动到第四次切削时圆锥小端的X值)
G32 X28.17 Z-32 F2;(第四次车螺纹,背吃刀量为 0.2mm)
G00 X40;(X方向快速退刀)
Z6;(Z方向快速退刀)
X15.2;(快速移动到第五次切削时圆锥小端的X值)
G32 X28.07 Z-32 F2;(第五次车螺纹,背吃刀量为 0.1mm)
G00 X100;(X方向快速退刀)
Z100;(Z方向快速退刀)
… …
```

2. G92——单一循环螺纹车削指令

(1) 直螺纹。

指令格式：G92 X（U）_ Z（W）_ F _；

或 G92 X（U）_ Z（W）_ I _；

其中：X、Z _切削终点坐标值；

U、W _螺纹终点相对起点的增量值（相对值坐标编程）；

F _螺纹导程（公制）；

I _牙数/英寸（英制）。

运动轨迹说明：如图 5—18 所示，G92 指令的运动轨迹是一个闭合的矩形轨迹，刀具从循环起点 A 沿 X 方向快速移动到切削起点 B，然后以每转一导程的进给速度沿 Z 向切削进给至切削终点C，再沿 X 方向快速退刀至D 点，最后返回循环起点 A，准备下一次循环，这样就组成一个单一固定循环。

例 如图 5—18 所示，运用 G92 指令编写双线螺纹的加工程序。

分析：在螺纹加工前，其螺纹外圆直径已加工至φ29.8mm，螺纹切削升速段距离 δ_1 取 6mm，减速段距离 δ_2 取 2mm，牙型深度 1.95mm，分 4 次进给，吃刀量（直径量）分别为 1.0mm、0.6mm、0.25mm 和 0.1mm。采用直径编程方式，加工完第一条螺旋线后，刀具沿 Z 向平移一个螺距后再加工第二条螺旋线。

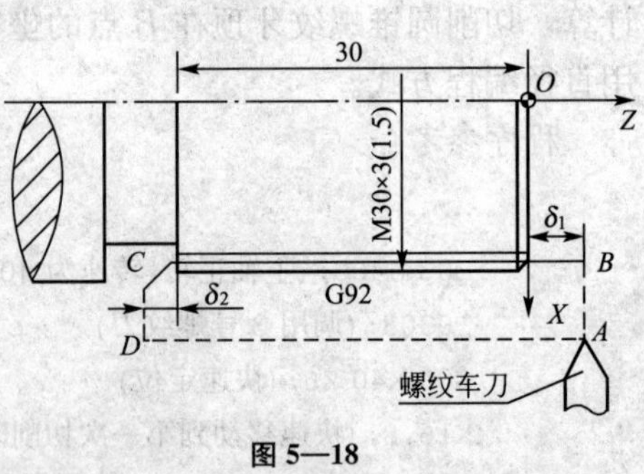

图 5—18

程序参考：

```
… …
M03 S400;(主轴正转,转速为 400r/min)
```

```
T0303;(调用 3 号螺纹刀)
G00 X31 Z6;(快速定位循环起点)
G92 X29 Z-32 F3;(加工第一条螺旋线,第一次车螺纹,背吃刀量为 1.0mm)
X28.4;(第二次车螺纹,背吃刀量为 0.6mm)
X28.15;(第三次车螺纹,背吃刀量为 0.25mm)
X28.05(第四次车螺纹,背吃刀量为 0.1mm)
G00 X31 Z7.5;(Z 向右平移一个螺距 1.5mm)
G92 X29 Z-32 F3;(加工第二条螺旋线,第一次车螺纹,背吃刀量为 1.0mm)
X28.4;(第二次车螺纹,背吃刀量为 0.6mm)
X28.15;(第三次车螺纹,背吃刀量为 0.25mm)
X28.05(第四次车螺纹,背吃刀量为 0.1mm)
G00 X100 Z100;
……
```

(2) 锥螺纹。

指令格式：G92 X (U)_ Z (W)_ R _ F _;

或 G92 X (U)_ Z (W)_ R _ I _;

其中：X、Z _终点坐标值；

U、W _螺纹终点相对起点的增量值（相对值坐标编程）；

R _锥度螺纹切削起点相对螺纹切削终点 X 方向的差值（有正负值）；

F _螺纹导程（公制）；

I _牙数/英寸（英制）。

运动轨迹说明：如图 5—19 所示，G92 圆锥螺纹切削循环轨迹与 G92 圆柱螺纹切削循环轨迹相似，只不过是将直线 BC 从原来的水平线改为倾斜线。

例 如图 5—19 所示，用 G92 指令加工圆锥螺纹，编程导程（螺距）为 3mm。

分析：螺纹切削升速段距离 δ_1 取 5mm，减速段距离 δ_2 取 3mm，螺纹外径已加工完成，螺纹的总切深量为 2.6mm，分 5 次进给，吃刀量（直径量）分别为 1.2mm、0.7mm、0.4mm、0.2mm 和 0.1mm。经计算，切削圆锥螺纹牙顶在小端的坐标为（18.2，5），牙底在小端的坐标为（15.4，5）。采用直径编程方式。

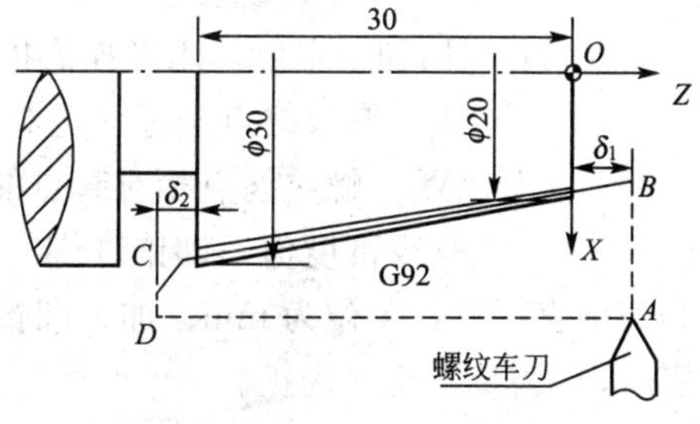

图 5—19

程序参考：

```
……
M03 S400;(主轴正转,转速为 400r/min)
T0303;(调用 3 号螺纹刀)
G00 X32 Z5;(快速定位到循环起点)
G92 X17 Z-33 R-6.5 F2;(加工第一条螺旋线,第一次车螺纹,背吃刀量为 1.2mm)
X16.3;(第二次车螺纹,背吃刀量为 0.7mm)
X15.8;(第三次车螺纹,背吃刀量为 0.5mm)
X15.5;(第四次车螺纹,背吃刀量为 0.3mm)
```

```
X15.4;(第五次车螺纹,背吃刀量为 0.1mm)
X15.4;(光整加工)
G00 X100 Z100;
……
```

注意

★ 在螺纹切削过程中，按下循环暂停键时，刀具立即按斜线回退，然后先回到 X 轴的起点，再回到 Z 轴的起点。

★ G92 指令是模态指令，当 Z 轴移动量没有变化时，只需对 X 轴指定其移动指令即可重复执行固定循环动作。

★ G92 指令执行过程中，进给速度倍率和主轴速度倍率均无效。

★ 执行 G92 循环时，在螺纹切削的退尾处，刀具沿接近 45°的方向斜向退刀，Z 向退刀距离 $r=0.1S\sim12.7S$（S 为导程），该值由系统参数设定。

3. G76——复合循环螺纹车削指令

指令格式：G76 P（m）（r）（a）Q（Δdmin）R（d）;

G76 X（U）_ Z（W）_ R（i）P（k）Q（Δd）F（L）;

其中：m _最后精加工的重复次数 01～99（01 表示一次），用两位数表示，该参数为模态量。

r _螺纹尾端倒角量，即螺纹切削退尾处 Z 向（45°）退刀距离。如果把 L 作为导程（螺距），在 $0.1L\sim9.9L$ 的范围内，以 $0.1L$ 为一挡，可以用 00～99 两位数值指定，该参数为模态量。

a _刀尖的角度（螺纹牙型角度），可以选择 80°、60°、55°、30°、29°和 0 六种角度中的任意一种，用两位数指定，该参数为模态量。

Δdmin _螺纹最小吃刀深度，用半径编程指定，单位为 μm。

d _精加工余量，用半径值指定，单位为 mm。

X、Z _螺纹终点坐标（绝对坐标编程）。

U、W _螺纹终点相对起点的增量值（相对坐标编程）。

i _螺纹锥度值，即锥度螺纹起点相对螺纹终点 X 方向的差值。$i=0$ 或省略 Ri 时为切削直螺纹，单位为 mm；加工圆锥螺纹时，当 X 方向切削起始点坐标小于切削终点坐标时，i 为负，反之为正。

k _螺纹单个牙深，用半径值指定，单位为 μm。

Δd _第一刀吃刀深度，X 方向的半径值，单位为 μm。

L _螺纹导程，单位为 mm。

运动轨迹说明： G76 螺纹切削复合循环指令的运动轨迹如图 5—20 所示，以圆锥外螺纹为例，刀具从循环起点 A 处，以 G00 方式沿 X 向进给至螺纹牙顶 X 坐标处 B 点（该点的 X 坐标值=小径+$2k$），然后沿基本牙型一侧平行的方向进给，X 向切深为 Δd，再以螺纹切削方式切削至离 Z 向终点距离为 r 处，倒角退刀至 D 点，再 X 向退刀至 E 点，最后返回 A 点，准备第二次切削循环。如此分多刀切削循环，如图 5—21 所示，直至循环结束。

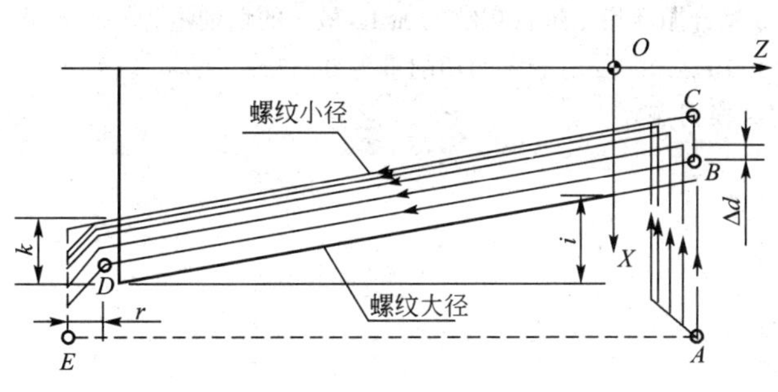

图 5—20 切削螺纹的走刀轨迹

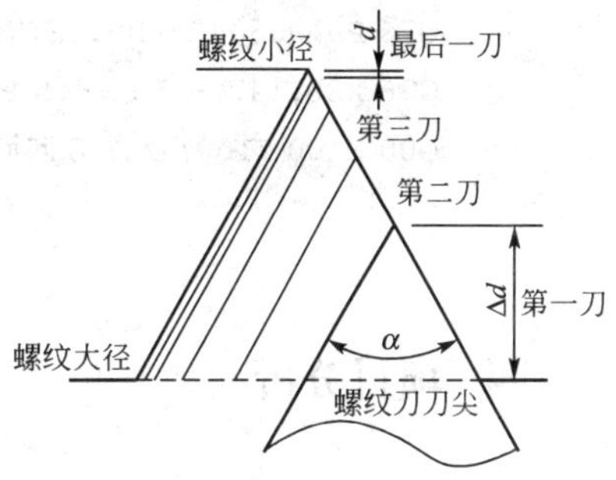

图 5—21 多刀循环切削

注意

★ m、r、a 用地址 P 一次指定，都用两位数表示，每个两位数中的前置 0 不能省略，如 $m=2$，$r=1.2L$，$a=60°$，表示为 P021260。

★ Δdmin、i、k、Δd 均不可有小数点。

★ R（d）中的 d 表示精加工的余量，有正负值，正值表示加工外螺纹，负值表示加工内螺纹。

★ 如图 5—21 所示，第一次切削循环时，切削深度为 Δd，第二次切削的切削深度为 $(\sqrt{2}-1)\Delta d$，第 n 刀的切削深度为 $(\sqrt{n}-\sqrt{n-1})\Delta d$，因此，执行 G76 循环指令的切削速度是逐步递减的。

★ 螺纹车刀向深度方向并沿基本牙型一侧的平行方向进刀，从而保证了螺纹粗车过程中始终用一个刀刃进行切削，减少了切削阻力，提高了刀具寿命，为螺纹的精车质量提供了保证。

★ G76 指令在执行时，如按下循环暂停键，则刀具在螺纹切削后的程序段暂停。

★ G76 指令为非模态指令，所以必须每次指定。

★ 在执行 G76 指令时，如要进行手动操作，刀具应返回到循环操作停止的位置；如果没有返回到循环停止位置就重新启动循环操作，手动操作的位移将叠加在该程序段停止时的位置上。

例：如图 5—22 所示的圆锥螺纹，螺距为 2mm，螺纹外径已加工完成，要求 G76 指令编程。

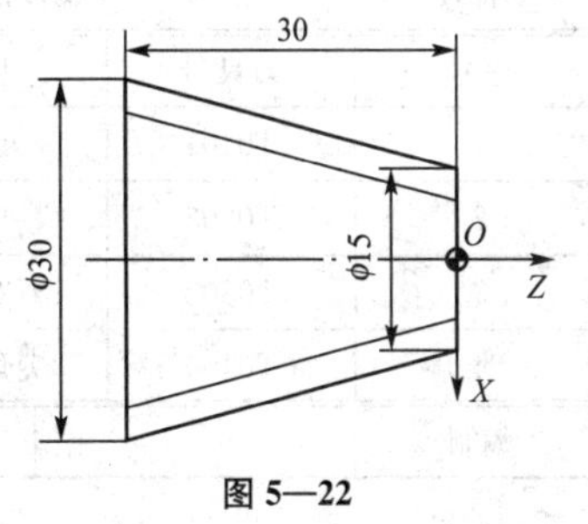

图 5—22

分析：如图 5—22 所示，用 G76 指令加工圆锥螺纹，导程（螺距）为 2mm，螺纹切削升速进刀引入段距离 δ_1 取 5mm，引出段距离 δ_2 取 3mm，螺纹的总切深量为 2.6mm。经计算，圆锥螺纹在终端牙底的切削终点坐标为（26.14，−33），采用直径编程方式。

程序参考：

```
……
M03 S400;(主轴正转,转速为 400r/min)
T0303;(调用 3 号螺纹刀)
G00 X35 Z5;(快速定位到循环起点)
```

```
G76 P010060 Q50 R0.02;(运用 G76 复合循环指令进行螺纹的加工,最小的切削量为 0.05mm)
G76 X26.14 Z-33 R-6.5 P1300 Q350 P1300 F2;(最大的切削量为 0.35mm)
G00 X100 Z100;(X、Z 方向同时退刀到换刀点)
… …
```

四、项目分析

1. 零件工艺性分析

(1) 毛坯的选用。

如图 5—1 所示，此零件选择切削加工性能较好的 45# 钢材料，棒料直径为 ϕ35mm。

(2) 技术要求分析。

如图 5—1 所示，该零件属于带螺纹的轴类零件，加工内容包括圆柱面、圆锥面、圆弧面的粗、精加工，切槽、双线外螺纹及切断的加工，零件图尺寸标注完整，符合数控加工尺寸标注要求，轮廓描述清楚完整，无热处理和硬度要求，表面粗糙度值不大于 $Ra3.2\mu m$，径向尺寸 ϕ30mm、ϕ20mm 精度要求较高，有公差要求。

(3) 确定装夹等方案。

此工件只需一次装夹即可，由于毛坯为棒料，用三爪自定心卡盘夹紧定位，保证工件伸出的长度为 90mm。为了保证工件加工时的稳定性，在工件的右端面（已加工）打中心孔，用尾座顶针定位顶紧，可保证该零件的各圆柱、圆锥、圆弧等的轴线同轴。

(4) 选择刀具、工具及量具。

根据加工要求，选用四把刀具，T0100 为硬质合金 90°外圆精车刀，T0200 为硬质合金 90°外圆粗车刀，T0300 为高速钢、刀宽为 3mm 的切断刀，T0400 为硬质合金尖角为 60°的外螺纹刀。同时将四把刀安装在刀架上，对刀，把它们的刀补值输入相应的刀具寄存器中。

此工件的刀具卡（已对好刀）如表 5—3 所示，工具及量具如表 5—4 所示。

表 5—3　　刀 具 卡

实训项目	螺纹加工		零件名称	零件 5	零件图号	5—1
序号	刀具号	刀具名称及规格	数量	加工内容	备注	
1	T0101	90°外圆精车刀	1	外轮廓	YT15	
2	T0202	90°外圆粗车刀	1	外轮廓	YT15	
3	T0303	刀宽 3mm 的切断刀	1	切槽与切断	高速钢（以右刀尖对刀）	
4	T0404	尖角为 60°的螺纹刀	1	加工螺纹	YT15	
编制		审核		批准		

表 5—4　　工 具 量 具 卡

实训项目	螺纹加工	零件名称	零件 5	零件图号	5—1
序号	名称	规　格		数量	备注
1	游标卡尺	0～125mm（0.02mm）		1	
2	千分尺	0～25mm、25～50mm（0.01mm）		各 1	

（续前表）

序号	名称	规　　格	数量	备注
3	螺纹环规	M15×1.5—7H	1	测量外螺纹
4	磁性表座		1套	
5	辅具	莫氏钻套、钻夹头、回转顶尖	各1	
6	其他	铜棒、铜皮、毛刷等常用工具		选用
编制		审核		批准	

（5）制定加工方案。

对该零件的轮廓进行分析，零件的轮廓变化非常有规律，即从右端往左端时 X 轴的径向尺寸变化规律是呈单调递增的（退刀槽除外），所以可以先运用复合循环指令 G71 对其主要外轮廓进行粗加工，运用 G70 指令进行精加工，如图 5—23 所示；再用切刀加工螺纹退刀槽，然后运用复合循环指令 G76 或单一循环指令 G92 对双线 M15×1.5 的螺纹进行加工，最后用切刀切断工件。

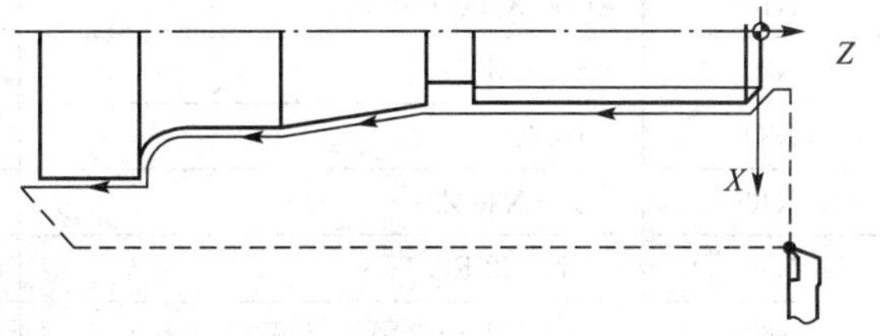

图 5—23　刀具精加工时的走刀路径示意图

此工件的加工工序和操作步骤如表 5—5 所示。

表 5—5　　　　工　序　卡

实训项目	螺纹加工	零件名称	零件 5	零件图号	5—1
数控系统	GSK980TA	材料	45#	工序号	050
使用夹具	三爪卡盘装夹	装夹方法	三爪定心	程序号	O0050

序号	工步内容	G 指令	T 刀具	S 主轴转速 (r/min)	F 进给速度 (mm/min)	切削深度 (mm)
1	粗车整个外轮廓	G71	T0202	600	100	1.5
2	精车整个外轮廓	G70	T0101	1 000	50	0.25
3	切槽	G01	T0303	200	20	
4	加工双线螺纹	G92（或 G76）	T0404	400		
5	切断	G01	T0303	200	20	
6	检测、校核					
编制		审核		批准、时间		

2. 编程说明

编程时，设定程序原点为工件的右端面与轴线的交点，加工起点（或换刀点）为 X 向距轴心线（程序原点）50mm，Z 向距程序原点 100mm 的位置点。

计算各刀位基点的编程坐标值，带公差的 ϕ30mm、ϕ20mm 二个径向尺寸取中值，螺纹 M15×3（P1.5）是普通的双线螺纹，螺距为 1.5mm，导程为 3mm。编程加工时应注意的是：加工完第一条螺纹线之后，刀具应向右移动一个螺距，开始加工第二条螺纹线。

外螺纹的编程加工是以螺纹的小径来计算走刀的 X 轴坐标，其计算公式为 $d=D-2h$，$h=0.65P$，即 $d=D-1.3P$（其中 d 为螺纹小径，D 为螺纹大径，h 为螺纹牙型高度，P

为螺纹螺距）。所以在该零件图中的螺纹小径：d=15－2×0.65×1.5=13.05mm。

注意

高速车削三角形螺纹时，受车刀挤压后会使螺纹的大径尺寸胀大，为了保证螺纹的大径尺寸满足要求，因此加工螺纹前，它的外圆直径应取 15－0.2=14.8mm。

编制此工件的加工程序单，如表 5—6 所示。

表 5—6　程序单（供参考）

实训项目	螺纹加工	零件名称	零件 5	零件图号	5—1
使用夹具	三爪卡盘、尾座装夹	装夹方法	三爪卡盘、顶针	程序号	O0050

程序号	程　序	说　明
N10	G50 X100 Z100；	建立工件坐标系，确定换刀点
N20	S600 M03；	主轴以 600r/min 转速正转
N30	T0202；	调用 2 号刀
N40	G00 X36 Z3；	快速定位，接近工件
N50	G71 U2 R0.5；	利用复合循环指令 G71 加工工件的外轮廓
N60	G71 P70 Q130 U0.5 W0 F100；	径向尺寸留精加工尺寸为 0.5mm
N70	G00 X12；	描述零件精加工轨迹的第一段程序
N80	G01 Z0 F50；	
N90	X14.8 Z-1.5；	
N100	Z-35；	
N110	X19.99 Z-60；	
N120	G02 X29.983 W-5 R5；	
N130	G01 Z-80；	描述零件精加工轨迹的最后一段程序
N140	G00 X100 Z100 M05；	退刀至换刀点，主轴停
N150	M00；	程序暂停，测量尺寸
N160	T0101；	调用 1 号刀
N170	M03 S1000；	主轴以 1 000r/min 转速正转
N180	G00 X36 Z3；	移动到循环起点
N190	G70 P70 Q130；	精加工外轮廓
N200	G00 X100 Z100 M05；	
N210	M00；	程序暂停，测量尺寸
N220	M03 S200；	主轴以 200r/min 转速正转
N230	T0303；	调用 3 号刀
N240	G00 X17 Z-30；	快速定位
N250	G01 X11 F20；	第一刀切螺纹退刀槽
N260	G00 17；	
N270	W2；	
N280	G01 X11 F20；	第二刀切螺纹退刀槽
N290	G00 X100；	

（续前表）

程序号	程　序	说　明
N300	Z100 M05；	
N310	M00；	
N320	T0404；	调用 4 号刀
N330	M03 S400；	主轴以 400r/min 转速正转
N340	G00 X18 Z4；	快速定位
N350	G92 X14.2 Z-33 F1.5；	方案一：用 G92 指令加工第一条线的螺纹
N360	X13.7；	
N370	X13.3；	
N380	X13.2；	
	G76 P010060 Q50 R0.02；	方案二：用 G76 指令加工第一条线的螺纹
	G76 X13.05 Z-33 P900 Q350 F1.5；	
N390	G00 X18 Z5.5；	刀具向右移动一个螺距，重新快速定位
N400	G92 X14.2 Z-33 F1.5；	方案一：用 G92 指令加工第二条线的螺纹
N410	X13.7；	
N420	X13.3；	
N430	X13.2；	
	G76 P010060 Q50 R0.02；	方案二：用 G76 指令加工第二条线的螺纹
	G76 X13.2 Z-33 P900 Q350 F1.5；	
N440	G00 X100 Z100 M05；	退刀到换刀点，主轴停
N450	M03 S200；	主轴以 200r/min 转速正转
N460	T0303；	调用 3 号刀
N470	G00 X32 Z-75；	快速定位
N480	G01 X0 F20；	切断工件
N490	G00 X100；	
N500	Z100 M05；	
N510	T0100；	取消刀补
N520	M30；	程序结束

五、项目实施

1. 操作要点及注意事项

（1）严格按照操作规程和安全规程操作。

（2）开机后，进行车床空载运行，检查车床各部分运行状况。

（3）对刀时，所有的切槽刀都以右刀尖做为编程的刀位点。

（4）螺纹车刀伸出刀架不宜过长，一般伸出长度为刀柄高度的 1.5 倍。

（5）螺纹车刀装夹得正确与否，对螺纹牙型有很大的影响，使用螺纹对刀样板校正螺纹车刀的安装位置，确保螺纹车刀两刀尖半角的对称中心线与工件轴线垂直。如图 5—24 所示为校正外螺纹车刀的装刀位置，图 5—25 所示为校正内螺纹车刀的装刀位置。

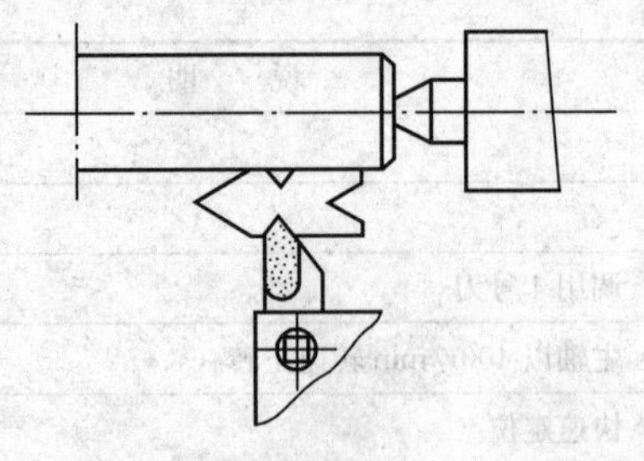
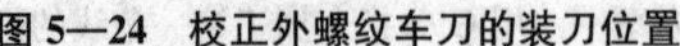

图 5—24　校正外螺纹车刀的装刀位置

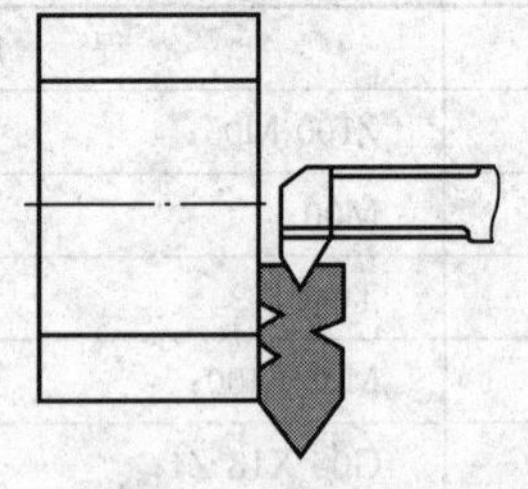

图 5—25　校正内螺纹车刀的装刀位置

(6) 螺纹车刀刀尖与车床主轴轴线等高，一般可根据尾座顶尖高度调整和检查，为了防止高速车削时产生振动和“扎刀”，外螺纹车刀刀尖可以高于工件中心 0.1～0.2mm，必要时可采用弹性刀柄螺纹车刀。

(7) 正确使用游标卡尺、外径千分尺、螺纹量规、螺纹中径千分尺等测量相关的尺寸。

(8) 发生事故时，要沉着冷静、积极配合工作人员处理。

2. 操作步骤及质量检测

(1) 准确快速地输入加工程序。

(2) 通过数控系统图形仿真加工轨迹，进行程序的校验及修整。

(3) 使用装夹具正确地安装刀具，进行对刀操作，建立工件坐标系。

(4) 灵活使用程序试运行、分段运行及自动运行等运行方式对工件进行自动加工操作。

(5) 加工过程中，按图纸要求检测工件，随时对工件进行误差与质量分析。

(6) 加工完成后，按规定要求润滑保养数控车床。

此工件的检验卡如表 5—7 所示。

表 5—7　　检　验　卡

单位		姓名		考号	
实训项目	螺纹加工	零件名称	零件 5	零件图号	5—1

序号	检验内容及要求	配分	评分标准	检测结果	得分
1	手工编程	10	语法错误每处扣 2 分 数据错误每处扣 1 分		
2	程序输入	5	手工输入，不会者取消操作		
3	仿真加工轨迹	5	图形模拟走刀路径		
4	试切对刀、建立工件坐标系	10	不会者取消操作		
5	带公差的径向尺寸$\phi 20$	15	每超差 0.01mm 扣 2 分		
6	带公差的径向尺寸$\phi 30$	15	每超差 0.01mm 扣 2 分		
7	双线螺纹 M15×3(1.5)	20	不符合要求不得分		
8	整体外形	5	圆弧曲线连接圆滑，形状准确		
9	表面粗糙度	10	不得大于 $Ra3.2\mu m$		
10	倒角、去毛刺等	5	按照 GB 1804—M 要求		
11	安全操作、文明生产		违章视情节轻重扣分，重大事故取消操作 扣分不超过 10 分		

额定工时		实际加工时间		总得分	
检测员		记录员		考评员	

六、项目总结

◇ 此项目的目的主要是熟悉 G32、G76、G92 等螺纹加工的基本指令，掌握各指令加工的特点、适合的范围、使用方法、使用技巧以及使用过程中应注意的问题等。

◇ 熟悉各指令加工时的走刀路径。

◇ 掌握各指令的编程格式、各参数的含义、各参数的确定方法等。

◇ 通过本实训项目的学习与练习，掌握如何正确地运用螺纹加工指令对螺纹进行编程及加工。

◇ 加工过程中掌握如何控制好螺纹的相关尺寸。

◇ 掌握螺纹的检验方法以及正确地使用螺纹量具对已加工的螺纹进行检测。

七、项目拓展练习

1. 如图 5—26 所示的零件，工件材料选用 45# 钢，坯料选用 ϕ30mm 的棒料。要求对该零件进行技术分析，确定装夹方法，选择刀具，制定加工方案，运用螺纹加工指令 G32、G76、G92 等进行加工程序的编制，并加工检验。

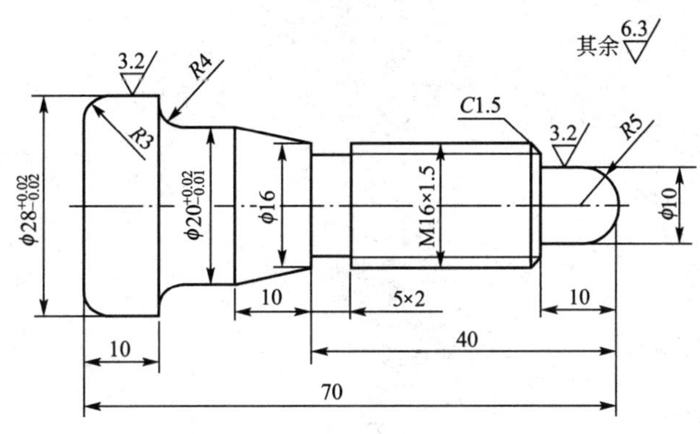

图 5—26

2. 如图 5—27 所示的零件，工件材料选用 45# 钢，坯料选用 ϕ45mm 的棒料。要求对该零件进行技术分析，确定装夹方法，选择刀具，制定加工方案，运用螺纹加工指令 G32、G76、G92 等进行加工程序的编制，并加工检验。

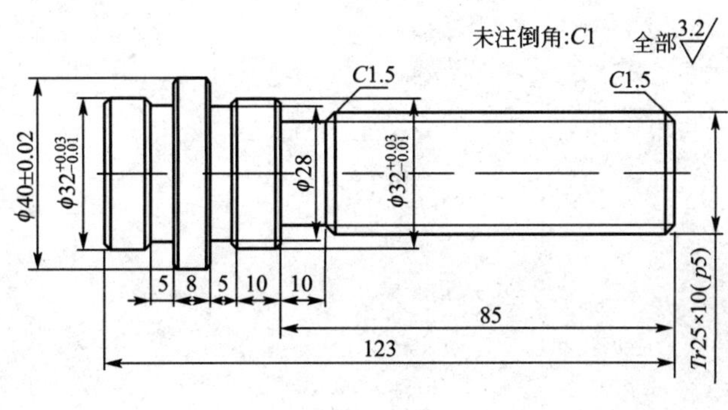

图 5—27

3. 如图 5—28 所示的零件，工件材料选用 $45^{\#}$ 钢，坯料选用 ϕ35mm 的棒料，要求对该零件进行技术分析，确定装夹方法，选择刀具，制定加工方案，运用螺纹加工指令 G32、G76、G92 等进行加工程序的编制，并加工检验。

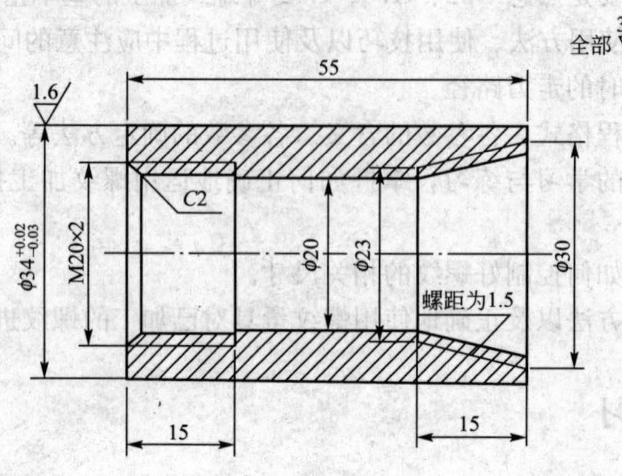

图 5—28

孔 加 工

一、项目内容

如图 6—1 所示的带孔类零件，工件材料选用 45# 钢，坯料选用ϕ35mm 的棒料，要求对该零件进行技术分析、确定装夹方法、选择刀具、制定加工方案、运用相关的编程指令对该零件进行加工程序的编制，并加工检验。

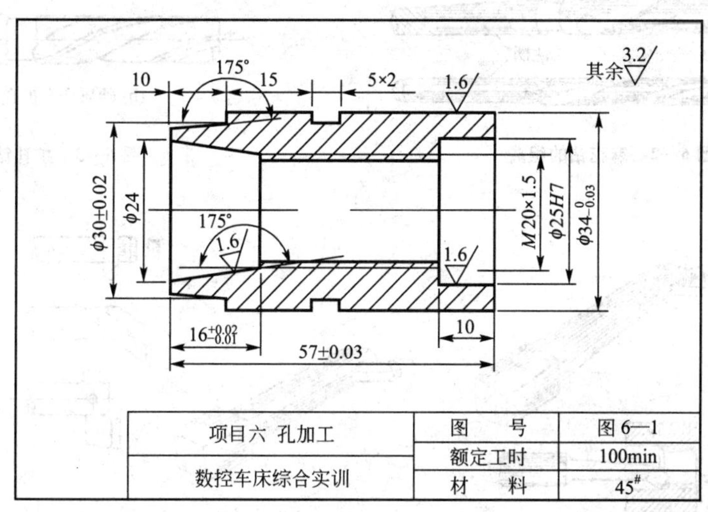

项目六 孔加工	图　　号	图 6—1
数控车床综合实训	额定工时	100min
	材　　料	45#

图 6—1

1. 技能目标

◆ 能合理安排套类零件的数控加工工艺；

◆ 能熟练地运用数控加工指令对套类零件进行编程加工；

◆ 能在数控车床上加工各种套类零件。

2. 知识目标

◆ 掌握套类零件内孔车削加工工艺；

◆ 掌握孔的加工方法；

◆ 了解套类零件的技术要求和相关内容及内孔车刀的选用；

◆ 掌握数控车床加工孔时的编程指令 G90、G94、G71、G72、G73、G70 等；
◆ 掌握运用复合循环指令 G74 对深孔进行加工程序的编制。

二、相关知识

在数控车床上加工工件时往往会遇到各种各样的孔，通过钻、铰、镗、扩等可以加工出不同精度的孔，其加工方法简单，加工精度也比普通车床高，因此，孔加工是数控车床上最常见的加工之一。

1. 孔的加工刀具

内孔加工要先对零件进行钻孔后才可以使用内孔刀具进行加工，内孔刀具按其用途可分为两大类：

一类是钻头，它主要用于在实心材料上钻孔、扩孔。根据钻头构造及用途不同，又可分为麻花钻（如图 6—2 所示）、扁钻、中心钻、深孔钻等。

另一类是对已有孔进行再加工的刀具，如扩孔钻（如图 6—3 所示）、铰刀、镗刀（如图 6—4 所示）等。

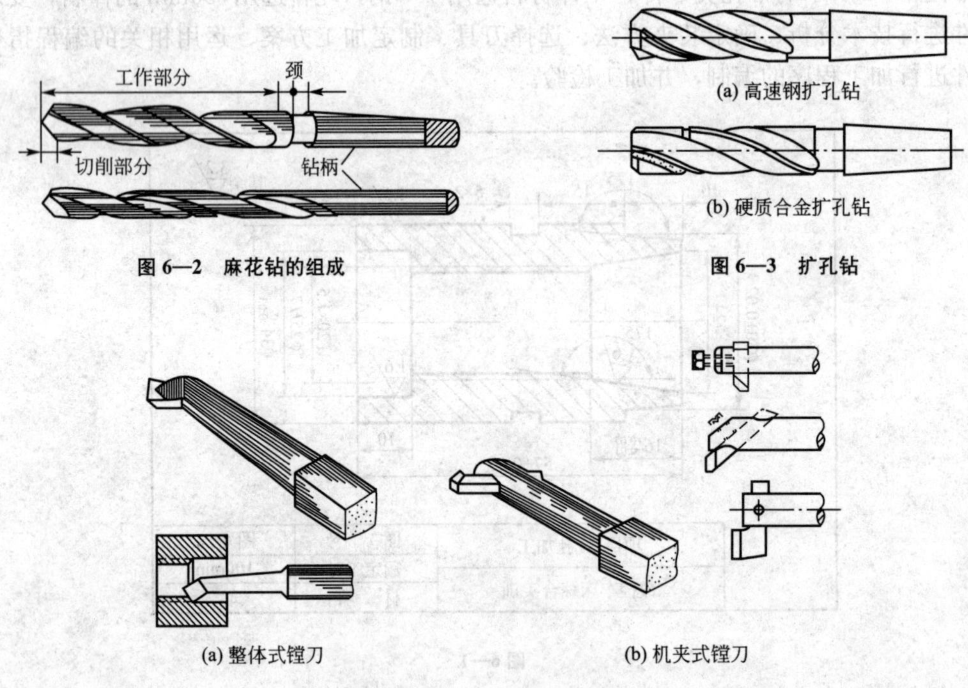

图 6—2 麻花钻的组成

图 6—3 扩孔钻

图 6—4 常用镗刀

2. 孔的加工方法

(1) 钻孔。

要在实心材料上加工出孔，必须先用钻头钻出一个孔来。常用的钻孔刀具是麻花钻。麻花钻由切削部分、工作部分、颈部和钻柄等组成。钻柄有锥柄和直柄两种，一般 12mm 以下的麻花钻用直柄，12mm 以上用锥柄。

注意

1) 注意主轴转速的大小。普通钻头的材料一般为高速工具钢，在转速的选择上要按照高速工具钢的特性进行，一般选择 300r/min 以内。

2) 钻孔前，先车平零件端面，点中心孔，再钻小孔然后逐步扩孔，如图 6—5 所示。中心孔起到一个自动定心的作用，使钻头在钻孔时孔的轴心可以和钻头的轴心重合在一起，不会产生偏移。用短钻头钻孔时，只要车平端面，不一定要钻出中心孔；用较长钻头钻孔时，为了防止钻头跳动，把孔钻大或折断钻头，可以在刀架上夹一铜棒或垫铁片，如图 6—6 所示，支住钻头头部，然后钻孔，当钻头头部进入孔中时，立即退出铜棒。

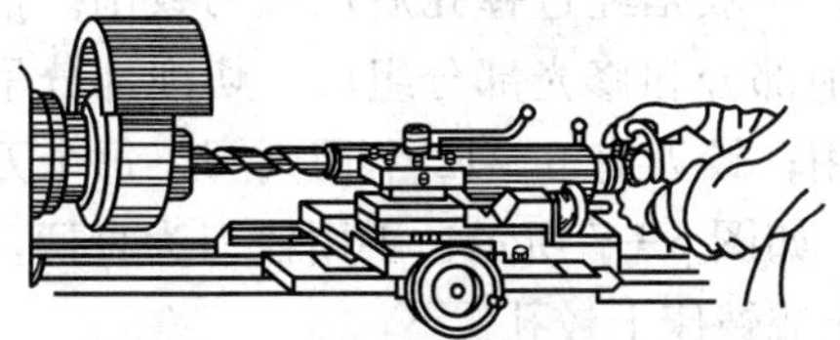
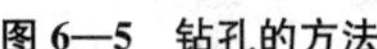
图 6—5 钻孔的方法

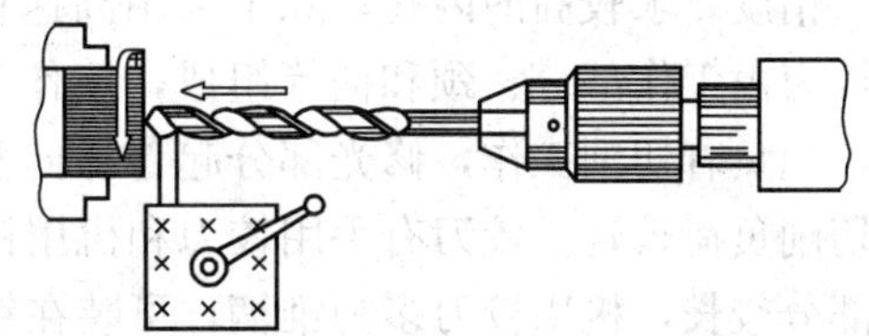
图 6—6 防止钻头跳动的方法

3) 钻孔时还应注意钻削的深度。在钻孔的过程中可以从尾座的刻度上判断钻孔的深度，也可以用钢直尺和游标卡尺在尾座上测量。

4) 钻头引向端面，不可用力太大，防止折断钻头和偏孔。

5) 钻深孔时，切屑不易排出，要经常退钻排屑。

6) 钻钢件材料时，加注冷却液。

7) 直径大于 30mm 的孔分两次、三次钻出（减小阻力横刃）。

8) 钻头将把孔钻穿时，横刃不参加切削，阻力小易损坏钻头切削角，要注意减小进刀量。

(2) 扩孔。

用扩孔钻对已钻出的孔做扩大加工称为扩孔。在实心零件上钻孔时，如果孔径较大，钻头直径也较大，横刃加工，轴向切削力增大，钻削时会很费力，这时可以用扩孔钻对孔进行扩大加工。扩孔钻有高速钢扩孔钻和硬质合金扩孔钻两种。

注意

1) 扩孔所用的刀具是扩孔钻，由于扩孔钻刚性好，无横刃，导向性好，所以扩孔尺寸公差等级有了提高，可达 IT10～IT9，表面粗糙度 Ra 值可达 3.2μm。

2) 扩孔可作为孔的半精加工，也可作为铰孔前的预加工。

(3) 锪孔。

在孔口表面用锪钻加工出一定形状的孔或凸台的平面，称为锪孔。锪钻用于加工各种圆柱形埋头孔、圆锥形埋头孔、用于安放垫圈用的凸台平面等。

(4) 镗孔。

镗孔是常用的孔加工方法之一，可以用于粗加工，也可以用于精加工，加工范围很广，可以加工各种零件上不同尺寸的孔。铸孔、锻孔或用钻头钻出来的孔，内表面比较粗糙，需要用内孔刀，即镗孔刀进行车削，镗孔的方法基本上与车外圆相似。常用镗孔刀有整体式和机夹式两种。

注意

1）在粗车之后，精车之前，对薄壁工件应略放松一下卡爪，再轻轻夹紧。

2）镗孔之前，试一下内孔镗刀杆是否够长，做好记号。

3）镗台阶孔时，内孔镗刀要同工件端面形成一个角度。

4）镗孔时，硬质合金内孔镗刀不需加冷却液。

（5）铰孔。

铰孔是对较小和未淬火孔的精加工方法之一，在成批生产中已被广泛采用。

精度要求较高的内孔，除了采用高速精镗之外，一般是经过镗孔后用铰刀铰削。常用的铰刀由工作部分、颈和柄等组成，工作部分由切削部分和修光部分组成，切削部分呈锥形，担负着切削工作，修光部分起着导向和修光作用；铰刀有 6～12 个切削刃，每个刀刃的切削负荷较轻。铰刀有手用铰刀和机用铰刀两种，如图 6—7 所示，手用铰刀为直柄，工作部分较长，机用铰刀多为锥柄，可装在钻床、车床或镗床上铰孔。

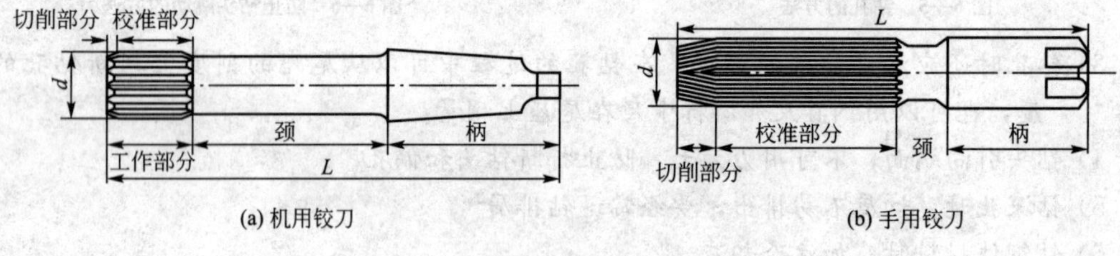

图 6—7　铰刀

注意

1）手铰时，两手用力要均匀，按顺时针方向转动铰刀并略为用力向下压，任何时候都不能倒转，否则切屑会挤住铰刀，划伤孔壁，或使铰刀刀刃崩裂，铰出的孔不光滑、不圆，也不准确。

2）铰孔过程中，如果转不动，不要硬扳，应小心地抽出铰刀，检查铰刀是否被切屑卡住或遇到硬点，否则会折断铰刀或使刀刃崩裂。

3）进刀量的大小要适当、均匀，并不断地加冷却润滑液。

4）孔铰完后，要顺时针方向旋转退出铰刀；如果条件许可，铰刀可从孔的另一端取下，而不要从孔中退出，否则会在表面刻出印痕。

5）根据孔径和孔的精度要求，确定孔的加工方法和工序间的加工余量，铰孔前工件应经过钻孔—扩（或镗孔）等加工，所以铰孔一般是作为中小型孔的精加工。

6）铰孔可分粗铰和精铰。粗铰时加工余量一般为 0.15～0.3mm，精铰时加工余量较小，只有 0.05～0.15mm，尺寸公差等级可达 IT8～IT7，表面粗糙度 Ra 值可达 0.8μm。

3. 内孔加工的特点

（1）由于内孔加工是在工件的内部进行，尤其是加工又深又小的孔时，切削情况看不清楚，刀柄由于受孔径和孔深的限制，加工时容易刚度不足，零件容易变形，排屑较困难，切削液不容易注入，孔径的测量也不易。

（2）孔加工的一般规则。

总是使用悬伸最小并且尺寸尽可能大的刀具，以便获得最高的稳定性和精度。当使用大直径镗孔刀杆时，稳定性便得以增强，但是，由于零件孔径所允许的空间限制，这种可能性也受到限制，因此，必须考虑到排屑和刀具径向移动。

4. 套类零件的安装

由于套类零件形状和尺寸各不相同，精度要求也不相同，所以它也有各种不同的安装方法。

（1）要保证套类零件两个端面平行度和内孔的垂直度，可以采用实心心轴、胀力心轴、橡胶心轴、塑胶心轴和伞形顶针等进行安装。

（2）车削薄壁套筒的内孔时，由于零件的刚性差，在夹紧力的作用下容易产生变形，车削时除了在精车前把卡爪略微放松一下，使它恢复原状，然后再轻轻夹紧的方法外，还可以采用开缝套筒或应用轴向夹具夹紧的方法。

（3）工件数量较多时，可用专用夹具安装。

5. 加工内孔时切削用量的选择

（1）加工孔。

加工内孔时因排屑困难和刀杆振动刚性低，因此切削速度比外圆低。一般情况下加工内孔时的转速是外圆转速的 0.8 倍。

进给量：$S=0.1\sim0.3$mm/r

切削速度：$V=20\sim40$m/min

（2）铰孔。

切削速度：$V=6\sim15$m/min

（3）吃刀深度。

吃刀深度随孔的大小而改变。

6. 内孔件车削步骤选择

车内孔时，车削步骤和车削外圆有共同点，此外，还要注意以下几点：

（1）短小套类零件，为保证外圆同心，最好采用“一刀落”方法；

（2）精度要求高的内孔，可选如下加工步骤：钻孔→粗车孔→半精车→精车端面→铰孔，半精车孔时注意留好铰孔余量。

7. 孔尺寸的测量

（1）内径千分尺测量。

当孔的尺寸小于 25mm 时，可用内径千分尺测量孔径，如图 6—8 所示。

（2）塞规测量。

塞规由通端、止端和柄部组成，通规和止规都是成对使用，如图 6—9 所示为ϕ25H7 孔用塞规，检验孔时，如果通规能通过孔，而止规不能通过孔，那么，这个孔就是合格的，否则孔就不合格，如图 6—10 所示。

（3）内径百分表测量。

采用内径百分表测量零件时，应根据零件内孔直径，用外径千分尺将内径百分表对“零”后，进行测量，如图 6—11 所示，测量所得的最小值为孔的实际尺寸。

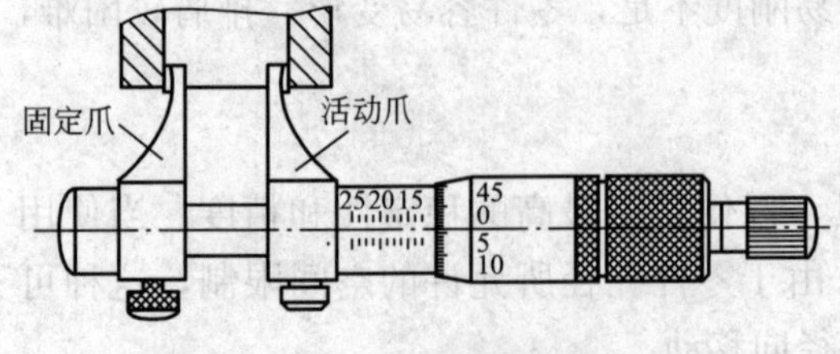

图 6—8　内径千分尺测量孔径

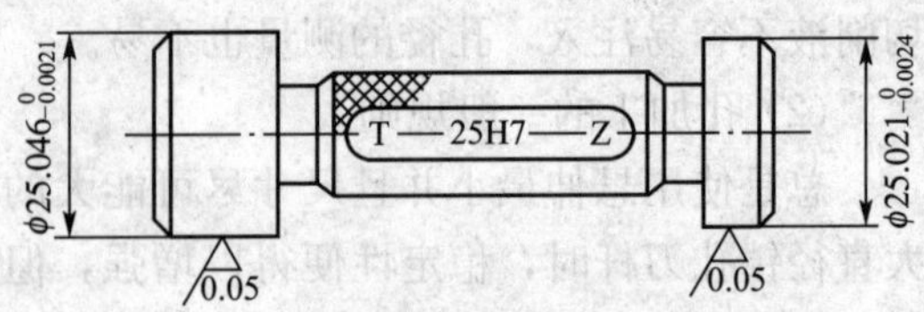

图 6—9　φ25H7 孔用塞规

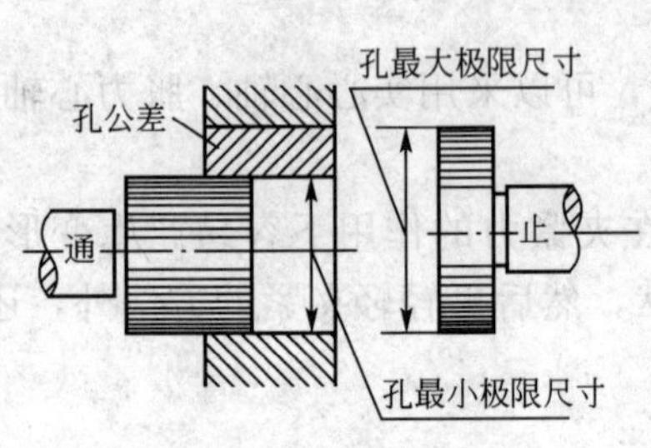

图 6—10　用塞规检查孔

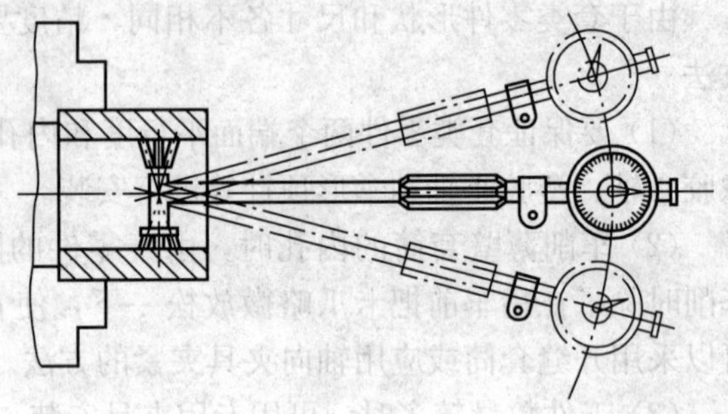

图 6—11　内径百分表测量孔径

三、项目分析

1. 零件工艺性分析

(1) 毛坯的选用。

如图 6—1 所示加工的零件选择切削加工性能较好的 45# 钢材料，棒料直径为φ35mm。

(2) 技术要求分析。

如图 6—1 所示，该零件属于一个带孔的轴类零件，外轮廓主要由圆锥面、槽、圆柱面等表面组成，内轮廓包括一个圆柱面、圆锥面和内螺纹，整个零件图尺寸标注完整，符合数控加工尺寸标注要求，轮廓描述清楚完整，无热处理和硬度要求。零件所有表面粗糙度值不大于 $Ra3.2\mu m$，其中多个径向尺寸与轴向尺寸有较高的尺寸精度。

(3) 确定装夹等方案。

此工件必须两次装夹才能完成，第一次用三爪自定心卡盘夹紧棒料的一端定位，保证工件伸出的长度为 70mm，先从工件的左端往右端进行外轮廓及内孔的加工，然后切断工件；掉头装夹时为保护已加工的表面，需要用铜皮把φ34mm 处的外轮廓表面包好，用三爪自定心卡盘夹紧（注意卡盘夹紧压力要恰当，防止工件装夹变形），加工工件的右端内孔轮廓。

(4) 选择刀具。

根据加工要求，第一次装夹时，选用四把刀具，T0100 为硬质合金 90°外圆车刀，T0200 为刀宽为 5mm 的高速钢切断刀，T0300 为硬质合金的内孔车刀，T0400 为硬质合金 60°内螺纹车刀。同时将四把刀安装在刀架上，对刀（切断刀以右刀尖对刀），把它们的刀补值输入相应的刀具寄存器中。掉头装夹加工工件右端时，只需要 90°外圆车刀和内孔车刀加工，重新对刀，把它们的刀补值输入相应的刀具寄存器中。

此工件的刀具卡（已对好刀）如表 6—1 所示，工具量具卡如表 6—2 所示。

表 6—1 刀具卡

实训项目	孔加工	零件名称	零件 6	零件图号	6—1
序号	刀具号	刀具名称及规格	数量	加工内容	备注
第一次装夹，加工工件的左端					
1	T0101	90°外圆车刀	1	外轮廓	YT15
2	T0202	刀宽 5mm 的切断刀	1	外圆槽	高速钢（右刀尖对刀）
3	T0303	内孔车刀	1	内孔轮廓	YT15
4	T0404	60°内螺纹车刀	1	内螺纹	YT15
装夹在已加工好的螺纹处，加工工件的右端					
1	T0101	90°外圆车刀	1	车端面	YT15
2	T0303	内孔车刀	1	内孔轮廓	YT15
编制		审核		批准	

表 6—2 工具量具卡

实训项目	孔加工	零件名称	零件 6	零件图号	6—1
序号	名称	规格	数量	备注	
1	游标卡尺	0～125mm（0.02mm）	1		
2	千分尺	0～25mm、25～50mm（0.01mm）	各 1		
3	百分表	0～10mm（0.01mm）	1		
4	中心钻	A 型	1		
5	麻花钻	ϕ10mm、ϕ18mm	各 1		
6	塞规	ϕ25H7	1 套		
7	螺纹量规	M20×1.5—止通塞规	1 套	测量内螺纹	
8	百分表	0～10mm（0.01mm）	1	四爪卡盘装夹时使用	
9	磁性表座及表夹		1 套	四爪卡盘装夹时，使用	
10	辅具	莫氏钻套、钻夹头、回转顶尖	各 1		
11	其他	铜棒、铜皮、毛刷等常用工具		选用	
编制		审核		批准	

（5）制定加工方案。

对该零件的轮廓进行分析，轮廓比较复杂，由外圆、外圆槽、内锥面、内孔和内孔螺纹组成。而内孔加工时要先对零件进行钻孔，然后再使用内孔刀具进行相应的加工操作。首先用中心钻在工件的左端面上打一中心孔，为后面的钻孔起到自动定心的作用，然后用ϕ10mm 的麻花钻钻孔，保证孔的深度为 60mm，最后用ϕ18mm 的麻花钻把孔扩大到接近要加工的尺寸，同样保证孔的深度为 60mm。

零件轮廓的大小变化有明显的规律性，外圆轮廓是一个由锥面、外圆和槽组成的轮廓，如不考虑外圆槽，对该轮廓可以使用复合循环指令 G71 进行粗加工，运用 G70 指令进行精加工，而外圆槽则用切刀用基本指令 G01 或 G94 进行加工。而内孔轮廓是一个由内锥面，内孔螺纹及内孔组成的轮廓，如不考虑右端ϕ25mm 内孔的加工，也可使用复合循环指令 G71 进行粗加工，运用 G70 指令进行精加工。如图 6—12 所示为外轮廓及内轮廓运用 G70 指令进行精加工时的走刀路径示意图。

根据零件加工时先内后外的一般原则，先安排进行内外表面的粗加工，后进行内外表面的精加工，粗精加工分开相当于进行了一个时效处理的过程，这样易控制内外表面的尺寸和表面形状的精度。从加工的工序上看，该零件不能一次装夹就完成所有轮廓的加工。从该零件的形状来看，可以这样安排工序：先加工外轮廓，加工外圆槽，再加工内锥面及螺纹内孔部分，再加工内螺纹，然后调头加工ϕ25mm的内孔。

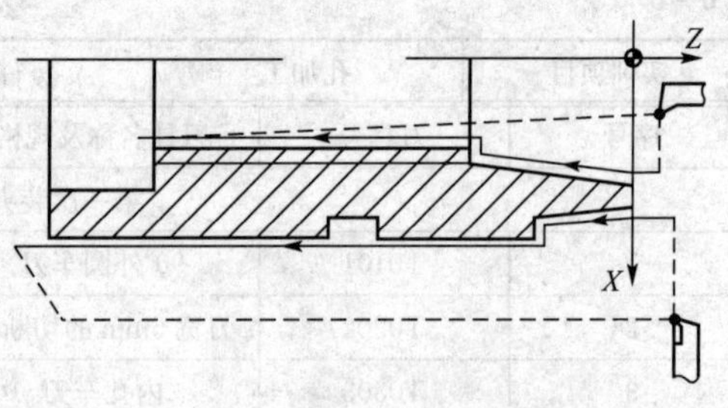

图6—12　外轮廓及内孔精加工时的走刀路径示意图

此工件的加工工序卡如表6—3所示。

表6—3　　工　序　卡

实训项目	孔加工	零件名称	零件6	零件图号	6—1
数控系统	GSK980TA	材料	45#	工序号	600
使用夹具	三爪卡盘装夹	装夹方法	三爪定心	程序号	O0600

序号	工步内容	G指令	T刀具	S主轴转速(r/min)	F进给速度(mm/min)	切削深度(mm)
第一次装夹，从工件的左端往右加工						
1	粗加工内孔	G70	T0303	800	40	0.2
2	粗车左端外轮廓	G71	T0101	600	100	1.5
3	精加工内孔	G71	T0303	500	80	1
4	精车左端外轮廓	G70	T0101	1000	50	0.25
5	加工外圆槽5×2	G01	T0202	200	20	
6	加工内螺纹	G76	T0404	400		
7	切断	G01	T0202	200	20	
8	检测、校核					
装夹在已加工好的外圆ϕ34mm处，加工工件的右端内孔						
1	车端面保证工件长度	G01	T0101	600	50	
2	粗车ϕ25mm的内孔	G71	T0303	500	80	1
3	精车右端内孔轮廓	G70	T0303	800	40	0.2
4	检测、校核					
编制		审核		批准、时间		

2. 编程说明

编程时，第一次装夹时设定程序原点为工件的已加工的左端面与轴线的交点，掉头装夹时，设定程序原点为工件的已加工的右端面（保证了工件的长度）与轴线的交点，那么加工起点（或换刀点）为X向距轴心线50mm，Z向距程序原点100mm的位置。计算各基点的编程坐标值，径向尺寸采用直径编程方式，图样上给定的几个精度要求较高的尺寸，取其基本尺寸。

编制此工件的加工程序单，如表6—4所示。

表 6—4 程序单（供参考）

实训项目	孔加工	零件名称	零件 6	零件图号	6－1
使用夹具	三爪卡盘装夹	装夹方法	三爪定心	程序号	O0600

程序号	程 序	说 明
O0601	装夹工件的右端，左端打中心孔，顶针顶紧，加工工件	
N10	G50 X100 Z100；	建立工件坐标系，选择 mm/r 为进刀速度
N20	M03 S500；	主轴以 500r/min 转速正转
N30	T0303；	调用 3 号刀
N40	G00 X16 Z2；	快速定位
N50	G71 U1. 5 R0. 5；	运用复合固定循环指令 G71 加工ϕ20 的孔
N60	G71 P70 Q110 U－0. 4 W0 F80；	
N70	G00 X24；	描述精加工轨迹第一段程序
N80	G01 Z0 F40；	
N90	X20 Z－16；	
N100	X18. 2；	
N110	Z－50；	描述精加工轨迹最后一段程序
N120	G00 X100 Z100 M05；	快速退刀
N130	M00；	主轴停止
N140	S600 M03；	主轴以 600r/min 转速正转
N150	T0101；	调用 1 号刀
N160	G00 X40 Z3；	快速定位，接近工件
N170	G71 U1. 5 R0. 5；	运用复合固定循环指令 G71 加工
N180	G71 P190 Q240 U0. 5 F100；	径向尺寸留 0. 5mm 的精加工余量
N190	G00 X28. 25；	描述零件精加工轨迹第一段程序
N200	G01 Z0 F50；	
N210	X30 Z－10；	
N220	X33；	
N230	X34 W－0. 5；	
N240	Z－62；	描述零件精加工轨迹最后一段程序
N250	G00 X100 Z100 M05；	
N260	M00；	
N270	M03 S800；	主轴以 800r/min 转速正转
N280	T0303；	
N290	G00 X16 Z2；	快速移动，定位
N300	G70 P70 Q110；	精加工
N310	G00 X100 Z100 M05；	退刀，主轴停
N320	M00；	程序暂停，测量尺寸
N330	M03 S1000；	主轴以 1 000r/min 转速正转
N340	T0101；	
N350	G00 X40 Z3；	快速定位到循环起点
N360	G70 P190 Q240；	运用 G70 精加工
N370	G00 X100 Z100 M05；	退刀，主轴停
N380	M00；	程序暂停，主轴停
N390	M03 S200；	主轴以 200r/min 转速正转

(续前表)

程序号	程　序	说　明
N400	T0202；	调用 2 号刀
N410	G00 X36 Z-30；	快速定位
N420	G01 X30 F20；	
N430	G00 X100；	
N440	Z100 M05；	快速退刀，主轴停
N450	M03 S400；	主轴以 400r/min 转速正转
N460	T0404；	调用 4 号刀
N470	G00 X16 Z5；	快速定位到循环起点
N480	G76 P010060 Q30 R0.02；	运用复合循环指令 G76 加工螺纹
N490	G76 X18.4 Z-13.2 P1620 Q250 F1.5；	
N500	G00 X100 Z100 M05；	快速退刀，主轴停
N510	M00；	程序暂停
N520	M03 S200；	主轴以 200r/min 转速正转
N530	T0202；	调用 2 号刀
N540	G00 X36 Z-62.5；	快速定位，长度留 0.5mm 的加工余量
N550	G01 X0 F20；	切断工件
N560	G00 X100；	*X* 方向退刀
N570	Z100 M05；	*Z* 方向退刀，主轴停
N580	M30；	程序结束
O0602		掉头加工工件
N10	G50 X100 Z100；	建立工件坐标系，选择 mm/r 为进刀速度
N20	M03 S500；	主轴以 500r/min 转速正转
N30	T0101；	调用 1 号刀
N40	G00 X16 Z2；	快速定位
N50	G71 U1.5 R0.5；	方法一：运用复合固定循环指令 G71 加工 $\phi 20$ 的孔
N60	G71 P70 Q110 U-0.4 W0 F80；	
N70	G00 X26；	描述零件精加工轨迹第一段程序
N80	G01 Z0 F40；	
N90	X25 Z-0.5；	
N100	Z-10；	
N110	X18；	描述零件精加工轨迹最后一段程序
N120	G00 X100 Z100 M05；	快速退刀
N130	M00；	程序暂停，测量尺寸
N140	M03 S800；	主轴以 800r/min 转速正转
N150	G00 X16 Z2；	快速定位
N160	G70 P70 Q110；	运用指令 G70 进行精加工
	G90 X20 Z-10 F80；	方法二：运用单一固定循环指令 G90 加工内孔
	X22；	
	X24；	
	X25	
N170	G00 X100 Z100 M05；	退刀，主轴停
N180	M30；	程序结束

四、项目实施

1. 操作要点及注意事项

(1) 严格按照操作规程和安全规程操作。

(2) 开机后，进行车床空载运行，检查车床各部分运行状况。

(3) 对刀时，以切槽刀右刀尖做为编程的刀位点。

(4) 工件装夹时，夹持部分不能太短，要注意伸出长度，调头装夹时，不要夹伤已加工表面，注意工件的校正。

(5) 钻孔、扩孔时采用手动完成，没有编制加工程序。

(6) 在加工既有内表面，又有外表面的零件时，应先安排进行内外表面粗加工，后进行内外表面的精加工，先内后外，内外交叉进行加工这样易控制其内外表面的尺寸精度、形位公差和表面粗糙度。

(7) 为了保证长度尺寸公差，零件第一次装夹切断时都可留 0.5mm 的加工余量，掉头装夹后，根据实际情况来保证长度尺寸。

(8) 发生事故时，要沉着冷静、积极配合工作人员处理。

2. 操作步骤及质量检测

(1) 准确快速地输入加工程序。

(2) 通过数控系统图形仿真加工轨迹，进行程序校验及修整。

(3) 使用装夹具正确地安装刀具，进行对刀操作，建立工件坐标系。

(4) 灵活使用程序试运行、分段运行及自动运行等方式对工件进行自动加工操作。

(5) 加工过程中，要注意中间按图纸要求检测工件质量，随时对工件进行误差与质量的分析与处理。

(6) 零件需要掉头加工时，注意掉头后的对刀和端面找准。

(7) 加工完后，清理数控车床，按规定润滑保养数控车床。

此工件的检验卡如表 6—5 所示。

表 6—5　　检 验 卡

单位		姓名		考号	
实训项目	孔加工	零件名称	零件 6	零件图号	6—1

序号	检验内容及要求	配分	评分标准	检测结果	得分
1	手工编程	10	语法错误每处扣 2 分 数据错误每处扣 1 分		
2	程序输入	5	手工输入，不会者取消操作		
3	仿真加工轨迹	5	图形模拟走刀路径		
4	试切对刀、建立工件坐标系	10	不会者取消操作		
5	带公差的径向尺寸 $\phi34$	10	每超差 0.01mm 扣 2 分		
6	带公差的径向尺寸 $\phi30$	10	每超差 0.01mm 扣 2 分		
7	带公差的径向尺寸 $\phi25$	10	每超差 0.01mm 扣 2 分		
8	带公差的轴向尺寸 57	5	每超差 0.02mm 扣 2 分		
9	带公差的轴向尺寸 16	5	每超差 0.02mm 扣 2 分		

（续前表）

序号	检验内容及要求	配分	评分标准	检测结果	得分
11	M20×1.5	15	不符合要求不得分		
12	整体外形	5	形状准确		
13	表面粗糙度	5	不得大于 $Ra3.2\mu m$		
14	倒角、去毛刺等	5	按照 GB 1804—M 要求		
15	安全操作、文明生产		违章视情节轻重扣分，重大事故取消操作	扣分不超过10分	
额定工时		实际加工时间		总得分	
检测员		记录员		考评员	

五、项目总结

◇ 熟悉用于内孔加工的刀具有哪些，了解它们的特点和作用。

◇ 掌握内孔加工的基本方法以及此类工件在装夹时应注意的问题。

◇ 能正确地分析带孔类零件及套类零件的加工工艺，制定合理的加工步骤，并能快速地运用所学的数控加工指令对此类零件进行编程加工。

◇ 在操作加工时注意内孔刀具刀尖的安装位置应与主轴回转中心线保持一致，否则会造成某个尺寸上的超差。

◇ 为了减少加工误差，在加工过程中应掌握使用一把刀具几组刀补的方法。

◇ 掌握各种内孔的测量方法与技巧。

六、项目拓展练习

1. 如图 6—13 所示带孔类的零件，工件材料选用 45# 钢，坯料选用 $\phi30$mm 的棒料，要求对该零件进行技术分析、确定装夹方法、选择刀具、制定加工方案、运用所学过的相关指令对该零件进行加工程序的编制，并加工检验。

2. 如图 6—14 所示带孔类的零件，工件材料选用 45# 钢，坯料选用 $\phi35$mm 的棒料，要求对该零件进行技术分析、确定装夹方法、选择刀具、制定加工方案、运用所学过的相关指令对该零件进行加工程序的编制，并加工检验。

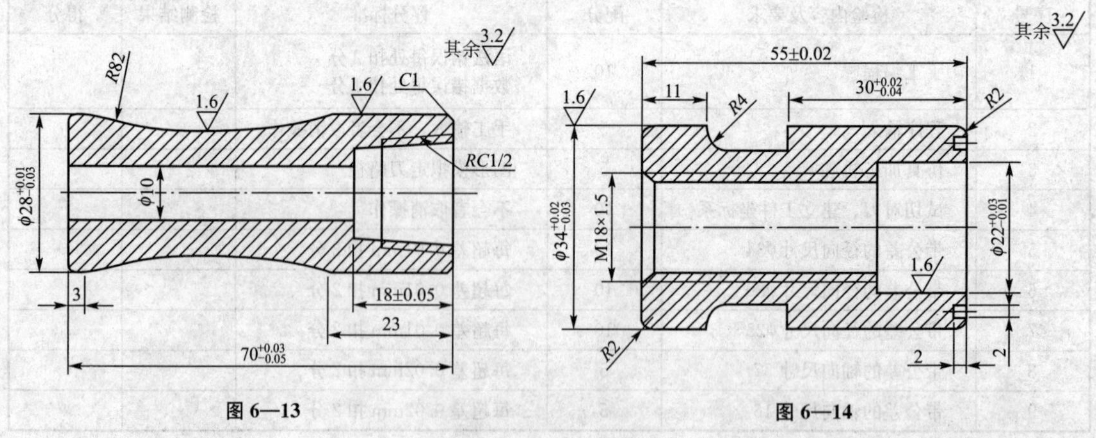

图 6—13　　图 6—14

3. 如图 6—15 所示带孔的综合型零件，工件材料选用 45# 钢，坯料选用ϕ45mm 的棒料，要求对该零件进行技术分析、确定装夹方法、选择刀具、制定加工方案、运用所学过的相关指令对该零件进行程序的编制，并加工检验。

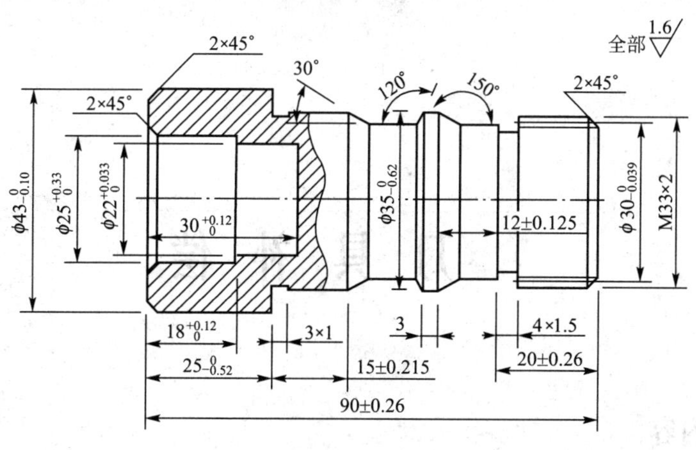

图 6—15

刀 具 补 偿

一、项目内容

如图 7—1 所示的零件，工件材料选用 45# 钢，坯料选用 ϕ30mm 的棒料，要求对该零件进行技术分析，确定装夹方法，选择刀具，制定加工方案，运用刀尖半径补偿指令 G40、G41、G42 等进行程序的编制（精加工时考虑刀尖圆弧半径补偿），并加工检验。

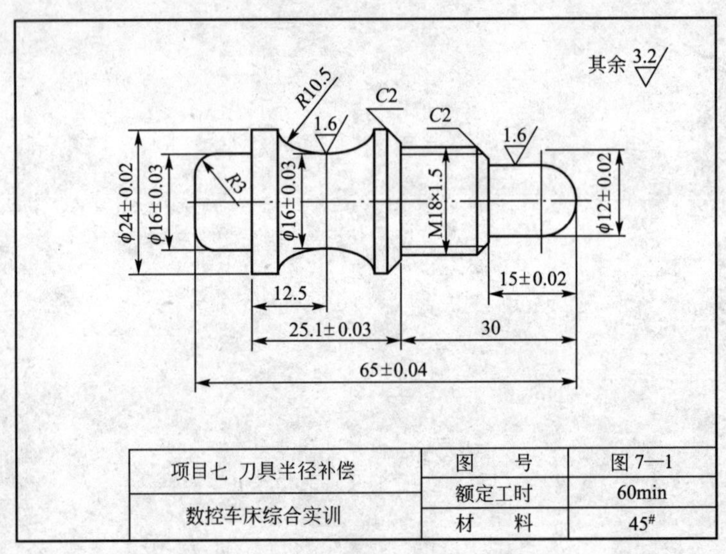

图 7—1

1. 技能目标

◆ 通过刀具补偿对轴类零件进行加工，能熟练操作数控车床操作面板对刀具执行刀具补偿；

◆ 掌握通过对刀执行刀具位置补偿；

◆ 掌握刀尖圆弧半径补偿指令的正确使用方法；

◆ 运用刀具半径补偿指令 G41、G42、G40 对零件进行加工。

2. 知识目标

◆ 掌握刀具补偿指令的含义；

◆ 掌握刀具补偿功能，T 代码指令的使用；
◆ 掌握刀尖圆弧半径补偿指令 G41、G42、G40 的编程格式；
◆ 运用刀尖圆弧半径补偿指令 G41、G42、G40 进行加工程序的编制。

二、相关知识

1. 刀具补偿功能

刀具补偿功能是用来补偿刀具实际安装位置与理论编程位置之差的一种功能。它是数控车床的一种主要功能，分为刀具偏移补偿（即刀具位置补偿和刀具磨损补偿）和刀尖圆弧半径补偿两种。

2. 刀具偏移补偿

(1) 刀具偏移补偿的概念。

在编程时，设定刀架上各刀在工作位置时，其刀尖位置是一致的。在实际加工时，加工一个工件通常要使用多把刀具，但由于刀具的几何形状及安装位置的不同，其刀尖位置也是一致的，其相对于工件原点的距离也是不同的。

另外，因为每把刀具在加工过程中都有不同程度的磨损，而磨损后刀具的刀尖位置与编程位置存在差值，因此需要将各刀具的位置进行比较或设定，称为刀具位置或磨损补偿。

刀具位置补偿是数控加工中较为复杂的准备工作之一，各刀具定位及相互之间的位置将直接影响到零件的尺寸精度。当采用不同尺寸的刀具加工同一轮廓尺寸的零件时，或同一尺寸的刀具因换刀重调、磨损时，必须对刀具进行位置补偿。

(2) 刀具偏移补偿的原理。

刀具安装在刀架上后便与车床确定了相互关系，但每把刀具安装的位置和伸出长度均不相同，都存在一定的位置偏差。这个偏差值可通过刀具补偿值设定，使刀具在 X 方向和 Z 方向获得相应的补偿量。如图 7—2 所示，在对刀时，确定一把刀为标准刀具，称为基准刀，并以其刀尖 A 点的位置为依据建立坐标系。这样，当其他各刀转到加工位置时，刀尖 B 点位置相对标准刀尖 A 点位置就会出现偏置，原来建立的坐标系就不再适用，因此需对非标准刀具相对于标准刀具之间的偏置值 ΔX、ΔZ 进行补偿，使得 B 点刀尖的位置在加工调刀的过程中就移到 A 点位置。

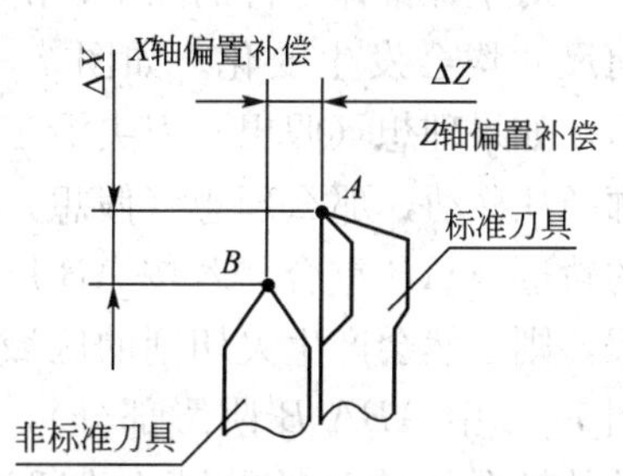

图 7—2 刀具的位置偏置补偿

总之，通过对刀或刀具预调，使每把刀的刀位点尽量重合于某一理想基准点，同时测定各号刀的刀位偏差值，存入相应的刀具偏置寄存器中以备加工时随时调用。每当程序调用这一刀具补偿号时，该刀具补偿值就生效，使刀尖从偏离位置恢复到编程轨迹上，从而实现刀具偏移量的修正。

(3) 刀具偏移补偿体现。

编程时，刀具补偿功能由程序中指定的 T 代码来实现，T 代码后的 4 位数码中，前两位为刀具号，后两位为刀具补偿号，刀具补偿号实际上是刀具补偿寄存器的地址号，该寄存器中有刀具的位置偏置量和磨损偏置量（X 轴和 Z 轴）。指定刀具的同时，也指定刀具的位置补偿，如 T0202 就是指调用 2 号刀，并执行储存在 02 号寄存器中的刀具位置补偿。

当刀具磨损后或工件尺寸有误差时，只要修改每把刀具相应存储器中的数值即可。

3. 刀尖圆弧半径补偿

数控车在编程时，一般都是以如图 7—3(a) 所示理想刀尖点进行编程，而实际上刀具的刀尖并非为一个点，理想刀尖也并不存在（有时为了提高刀具的使用寿命和降低加工工件的表面粗糙度，通常将刀尖磨成半径不大的圆弧）。由于刀尖圆弧 r 的实际存在，如图 7—3(b) 所示，当我们用理想刀尖编出的程序进行端面、外径、内径等与轴线平行或垂直的轮廓面加工时是不会产生误差的，因为真正在进行切削加工的刀尖是外径切削点或端面切削点，而外径切削点或端面切削点与理想的刀尖处在同一水平或垂直面上；但在车削倒角、内外锥面及圆弧时，则会因刀尖切削点的改变而产生少切或过切的现象，使工件的这些尺寸达不到精度要求，甚至引起较大的尺寸误差。

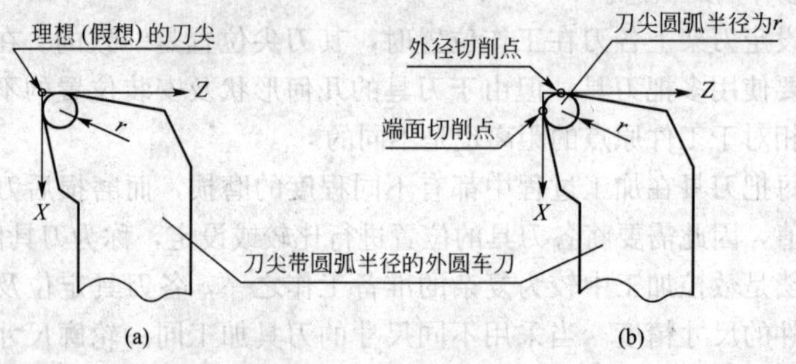

图 7—3　车刀的结构

(1) 加工锥体类零件表面时引起的误差。

对于外锥体零件的加工，由于车刀刀尖圆弧半径的存在，加工后锥体的轴向尺寸和径向尺寸均会发生变化。如图 7—4 所示，如果理想（假想）刀尖沿工件轮廓 AB 移动，那么理想（假想）刀尖的轨迹与 AB 重合，若按 AB 尺寸编程，则必然会产生欠切削的区域（即图 7—4 中 $ABA'B'$ 阴影部分），使工件的轴向尺寸和径向尺寸残留误差，在 X 方向和 Z 方向分别产生了误差 ΔX 和 ΔZ，工件可能会达不到技术要求。

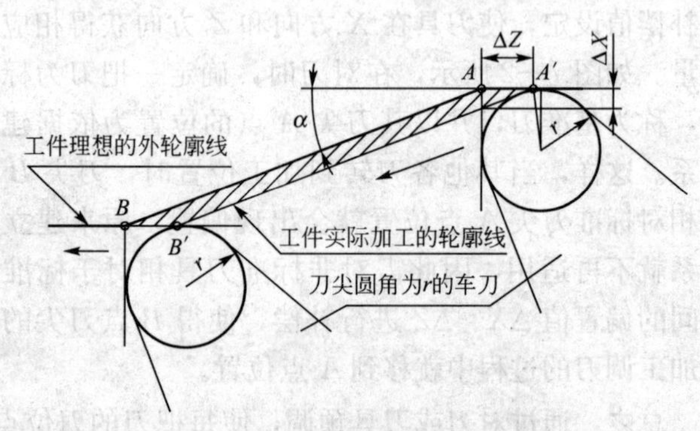

图 7—4　带刀尖圆弧半径的车刀加工锥面

从图 7—4 中可以看出，轴向尺寸的变化量 ΔX 会随刀尖圆弧半径 r 的增大而增大，随锥面斜角 α 的增大而增大；径向尺寸的变化量 ΔZ 会随刀尖圆弧半径 r 的增大而增大，随锥面斜角 α 的增大而减小。

(2) 加工球体类零件表面时引起的误差。

如图 7—5 所示为圆头车刀加工 1/4 凸凹圆弧两种情况。如图 7—5(a) 所示为车削半径为 R 的凸圆弧，AB 为工件轮廓线，O 点为圆心，刀具与圆弧轮廓起点、终点的切削点分别为 A 和 B，对应假想刀尖为 A'和 B'。如果按假想刀尖编程加工半径为 R 的凸圆弧 AB 时，

由于 r 的存在，则刀尖切削点所走的圆弧轨迹并不是工件所要求的圆弧形状，而是以圆心为 O'，半径为 $R+r$ 的圆弧形状 $A'B'$。同理，在切削半径为 R 的凹圆弧时，如图 7—5(b) 所示的凹圆弧 AB，由于 r 的存在，则刀尖切削点所走的圆弧轨迹并不是工件所要求的圆弧形状，而是以圆心为 O'，半径为 $R-r$ 的圆弧形状 $A'B'$。图 7—5 所示两图中阴影部分即为加工后产生的误差。

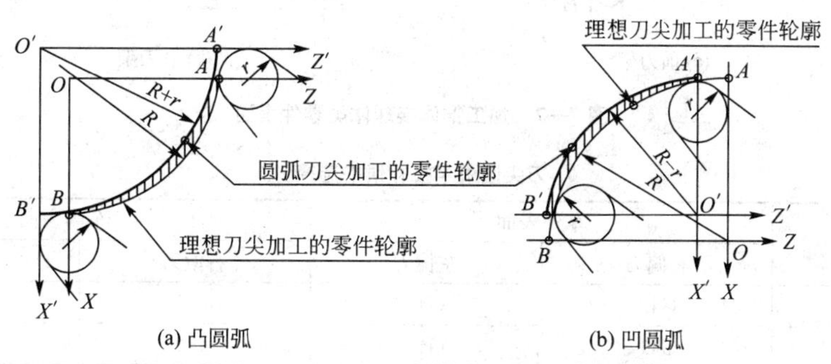

(a) 凸圆弧 (b) 凹圆弧

图 7—5 带刀尖圆弧半径的车刀加工 1/4 圆弧面

(3) 加工锥体接球体类零件表面时引起的误差。

对于锥体接球体类零件的加工，由于编程时按理想（假想）刀尖进行，而实际由于车刀刀尖圆弧半径的存在，使加工后的零件同样会因刀尖切削点的改变而产生过切削或欠切削（如图 7—6 中的阴影部分）的现象，残留误差使工件的轴向与径向尺寸都达不到精度要求，引起较大的尺寸误差，甚至引起工件的报废。

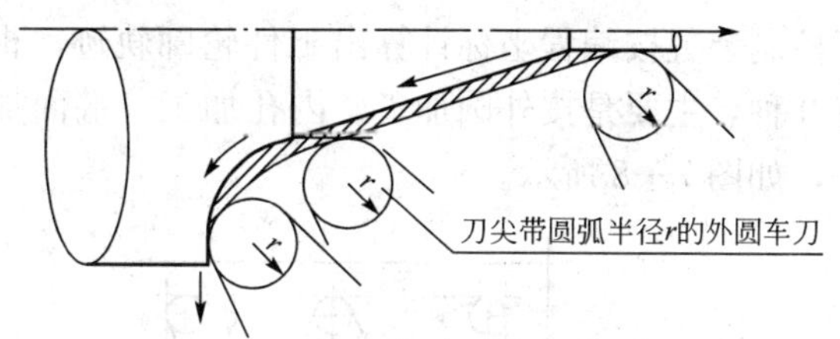

图 7—6 加工锥体接球体类零件表面

(4) 刀尖圆弧圆心编程加工原理。

现代数控系统一般都有刀具圆角半径补偿器，具有刀尖圆弧半径补偿功能，对于这类数控车床，编程员可直接根据零件轮廓形状进行编程。编程时可假设刀尖圆弧半径为零，在数控加工前再在数控机床上的相应刀具补偿号输入刀尖圆弧半径值，加工过程中，数控系统会自动根据加工程序和刀尖圆弧半径自动计算理想刀尖轨迹，进行刀具圆角半径的补偿，从而完成零件的加工。

当刀具磨损或刀具重磨后，刀具圆弧半径发生变化时，只需要手工输入改变后的刀尖圆弧的半径，而不需要修改已编好的程序。

(5) 刀尖圆弧半径补偿的指令。

刀尖圆弧半径补偿是通过 G41、G42、G40 指令及 T 指令指定的刀尖圆弧半径补偿号，加入或取消半径补偿。

G41——刀尖圆弧半径左补偿：从 Y 轴的正方向向 XZ 平面看，顺着刀具运动方向，刀具在工件左侧。

G42——刀尖圆弧半径右补偿：从 Y 轴的正方向向 XZ 平面看，顺着刀具运动方向，刀具在工件右侧。

G40——取消刀尖圆弧半径补偿：取消后，假想刀尖轨迹与编程轨迹重合。

从图 7—7 可以看出，G41/G42 指令的选择与刀架位置、工件形状及刀具类型有关。刀尖圆弧半径补偿选择情况如表 7—1 所示。

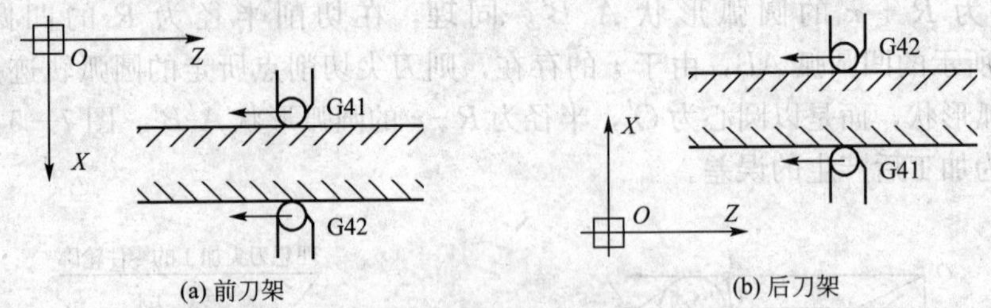

图 7—7 加工锥体接球体类零件表面

表 7—1

刀尖圆弧半径补偿的选择

刀架情况	车外表面		车内表面	
	右偏刀	左偏刀	右偏刀	左偏刀
前刀架	G42	G41	G41	G42
后刀架	G41	G42	G42	G41

(6) 刀尖定位代号。

采用刀尖半径补偿时，刀具的长度补偿值是以理想刀尖点测量的，而不同的刀尖定位方向产生不同的长度补偿值，所以除了输入刀尖圆角半径外，还应输入刀尖定位代号，便于控制装置按编程坐标计算出工件轮廓轨迹。根据车刀的结构和加工方法，刀尖的定位共有 9 种，主要是按外圆加工、内孔加工、端面加工和钻孔等刀具规定了不同的刀尖定位方向，如图 7—8 所示。

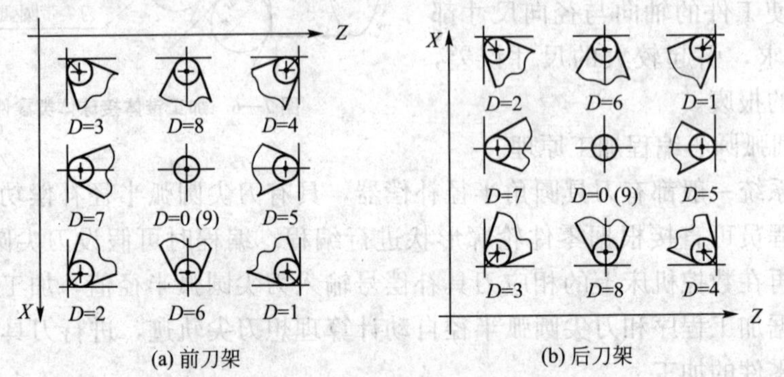

图 7—8 车刀刀尖位置参数的定义

★ 刀具半径补偿的作用：

采用刀具半径补偿功能，编程者只需按工件轮廓线编程，刀尖圆弧半径补偿会通过 G41、G42、G40 指令和刀具号 T 指令一起进行调用或取消。在程序加工中，首先要将刀具的刀尖定位代号和刀尖半径 r 输入该刀具号的存储器中，刀尖半径补偿才能起作用。加工中执行刀具半径补偿后，刀具会自动偏离工件轮廓一个刀具半径值，从而消除刀尖圆弧半径对工件形状的影响。

优势：当刀具半径变化时，不需修改加工程序，只需修改相应刀具补偿号和刀具圆弧半径值即可。

(7) 不具备补偿功能。

对于有些不具备补偿功能的经济型数控系统的车床，用圆头车刀加工工件，零件的尺寸精度要求较高且又有圆锥或圆弧表面时，应根据给出的刀尖半径和零件轮廓计算出假想刀尖轨迹，然后按照假想刀尖的轨迹进行编程，使得圆弧形刀尖实际加工轮廓与理想轮廓相符。用几何计算方法计算刀尖半径补偿量，在编程时将补偿量加入程序中。

当加工直线相连的零件时，如图 7—9(a) 所示，首先做各直线段平移一个刀尖圆弧半径的平行线，各平行线的交点形成刀尖圆心的刀位点，计算这些刀位点的编程坐标值，将该点和零件的特征点连接，并分别做平行于 X、Z 向的直线，形成一个直角三角形，再进行简单的数学处理，就能方便、快捷地得到刀尖圆弧圆心刀位点的编程坐标参数。

如图 7—9(b) 所示零件是由四段凸圆弧和凹圆弧构成的，这时可用刀尖圆弧圆心的轨迹线（细实线所示的四段等距圆弧线）进行编程，即 O_1 圆半径为 R_1+r，O_2 圆半径为 R_2+r，O_3 圆半径为 R_3-r，O_4 圆半径为 R_4+r，四段圆弧的终点坐标由等距的切点关系求得。

采用这种方法编程加工时，应注意检查所使用刀具的刀尖圆弧半径的 r 值是否与程序中的 r 值相符；刀具刀尖圆弧半径应小于或等于零件凹形轮廓上的最小曲率半径，以免发生加工干涉；对刀时，也要把 r 值考虑进去。

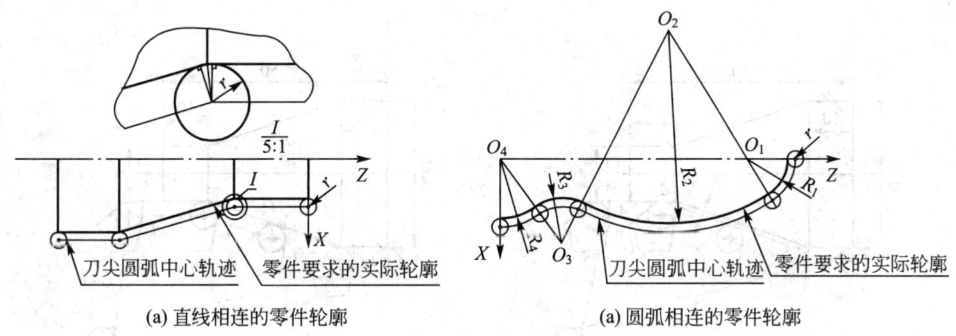

(a) 直线相连的零件轮廓　　(a) 圆弧相连的零件轮廓

图 7—9　按刀尖圆弧中心轨迹手工编程

注意

- 粗加工轴类零件的圆柱、圆弧、圆锥面时，一般不考虑执行刀尖圆弧半径补偿命令。
- 有刀尖圆弧半径补偿功能的数控系统编制零件加工程序时，不需要计算刀尖中心运动轨迹，而只需按零件轮廓编程。
- 在使用刀尖圆弧半径补偿指令时，一定要分清楚刀具的补偿方向，选择正确的补偿指令，同时刀尖圆弧半径补偿号应与刀具偏置补偿号对应。
- 对不具备刀具补偿功能的数控系统，应正确分析和计算刀具中心运动轨迹。
- 必须在取消刀尖圆弧半径补偿状态下调用其他刀具。

三、编程指令

1. G41、G42

G41——执行刀尖圆弧半径左补偿指令；

G42——执行刀尖圆弧半径右补偿指令。

指令格式：$\left.\begin{matrix}\text{G41}\\\text{G42}\end{matrix}\right\}\left.\begin{matrix}\text{G01}\\\text{G00}\end{matrix}\right\}$ X（U）_ Z（W）_；

其中：X、Z __刀具移动到终点的绝对坐标值；

U、W __刀具移动到终点的相对坐标值。

2. G40

G40——取消刀尖圆弧半径补偿指令。

指令格式：G40 {G01, G00} X（U）__ Z（W）__；

其中：X、Z __刀具移动到终点的绝对坐标值；

U、W __刀具移动到终点的相对坐标值。

运动轨迹说明：如图 7—10 所示，（a）图是未采用刀尖圆弧半径补偿指令，刀具以假想刀尖轨迹运动，在加工圆锥面时会产生误差 δ。（b）图采用了刀尖圆弧半径补偿指令，系统自动计算刀具圆弧中心轨迹，使刀具按刀尖圆弧轨迹运动，无表面形状误差，刀具从 A 点快速移动到 A_1 点时开始执行刀尖圆弧半径左补偿，刀具从 A_1 点到 A_5 点执行刀尖圆弧半径左补偿，加工完后，刀具最后从 A_5 点快速退回到起点 A 的同时，取消刀具圆弧半径左补偿功能。

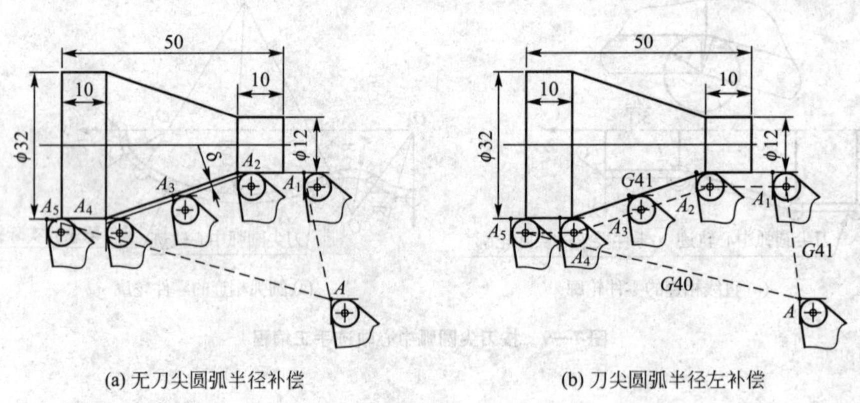

(a) 无刀尖圆弧半径补偿　　(b) 刀尖圆弧半径左补偿

图 7—10　按刀尖圆弧中心轨迹手工编程

例：如图 7—10 所示零件，已进行了粗加工，留有 0.5mm 的精加工余量，请对其进行精加工的编程，加工时考虑刀尖圆弧半径补偿。

分析：起点 A 点的坐标设为（35，3），采用直径编程方式。

程序参考：

```
……
M03 S1000;(主轴以 1 000r/min 转速正转)
T0202;(换精加工外圆车刀,并建立 2 号刀补和刀尖圆弧半径补偿)
G00 X35 Z3;
G42 G01 X12 Z0 F50;(开始执行刀尖圆弧半径右补偿)
Z-10;
X32 Z-40;
Z-50;
G40 G00 X35 Z3;(取消刀尖圆弧半径左补偿)
……
```

注意

★ G41、G42、G40 指令的建立与取消不能使用圆弧切削指令 G02 或 G03，但可使用 G01、G00 指令，即它是通过直线运动来建立或取消刀具补偿的。

★ 在 G41 或 G42 程序段后面加 G40 程序段，可以取消刀尖圆弧半径补偿，在执行了刀尖圆弧半径补偿指令后必须取消偏置状态，否则刀具不能在终点定位，而是停在与终点位置偏移一个矢量的位置上。

★ G41、G42、G40 指令都是模态代码。

★ 在执行 G41 指令时，不要再执行 G42 指令，否则补偿会出错。同样，在执行 G42 指令时，也不要再执行 G41 指令。

★ 在使用 G41 和 G42 指令之后的程序段中，不能出现连续两个或两个以上的不移动指令，否则 G41 和 G42 指令失效。

四、项目分析

1. 零件工艺性分析

(1) 毛坯的选用。

依据所要加工的零件，选择切削加工性能较好的 45# 钢材料，棒料直径为 ϕ45mm。

(2) 技术要求分析。

如图 7—1 所示，该零件属于轴类零件，加工内容主要是：半球面、圆柱、凹凸圆弧、螺纹、倒角及切断，零件图尺寸标注完整，符合数控加工尺寸标注要求，轮廓描述清楚完整，无热处理和硬度要求，凹凸圆弧及前端圆柱面的表面粗糙度要求较高，其他表面要求不大于 *Ra*3.2μm，径向尺寸 ϕ12mm、ϕ16mm、ϕ24mm 精度要求较高，轴向尺寸 ϕ15mm、ϕ25.1mm、ϕ65mm 也有尺寸公差要求，其他尺寸无尺寸公差要求。

(3) 确定装夹等方案。

此工件只需要一次装夹即可，可用三爪自定心卡盘夹紧棒料的一端，保证工件伸出的长度为 75mm。

(4) 选择刀具。

根据加工要求，选用四把刀具，T0100 为硬质合金右偏 45°精车外圆刀，其刀尖圆弧半径为 0.3mm，T0200 为硬质合金右偏 45°粗车外圆刀，T0300 为硬质合金 60°外螺纹车刀，T0400 为刀宽为 4mm 的高速钢切断刀。同时将四把刀安装在刀架上，对刀，把它们的刀补值输入相应的刀具寄存器中，切断刀以右刀尖作为对刀点。

此工件的刀具卡（已对好刀）如表 7—2 所示，工具量具卡如表 7—3 所示。

表 7—2 刀具卡

实训项目	刀具补偿		零件名称	零件 7	零件图号	7—1
序号	刀具号	刀具名称及规格	数量	加工内容	备注	
1	T0101	45°右偏精车外圆刀	1	半球面、圆柱、凹凸圆弧	刀尖圆弧半径为 0.3mm	
2	T0202	45°右偏粗车外圆刀	1	半球面、圆柱、凹凸圆弧		
3	T0303	60°外螺纹刀	1	普通外螺纹		
4	T0404	切断刀	1	圆柱面及切断	刀宽 4mm	
编制		审核			批准	

表 7—3　　工具量具卡

实训项目	刀具补偿		零件名称	零件 7	零件图号	7—1
序号	名称	规　格			数量	备注
1	游标卡尺	0～125mm（0.02mm）			1	
2	千分尺	0～25mm、25～50mm（0.01mm）			各 1	
3	螺纹量规	M18×1.5 止通套规			1 套	测量外螺纹
4	磁性表座	指针			1	
5	辅具	莫氏钻套、钻夹头、回转顶尖				选用
6	其他	铜棒、铜皮、毛刷等常用工具				选用
编制		审核			批准	

（5）制定加工方案。

该零件结构也是比较简单的，如果不考虑中部的凹圆弧面和尾部的圆柱面等，整个工件从右端到左端的径向尺寸也是单调递增的，所以可以考虑运用复合循环指令 G71 进行粗加工。中部的凹圆弧面运用仿形加工的复合循环指令 G73 加工，精加工时要考虑刀具圆弧半径补偿，运用 G70 指令对 G71 和 G73 指令的加工轮廓进行精加工，如图 7—11 所示。工件尾部的圆柱面运用复合循环指令 G72 粗加工，运用 G70 指令进行精加工，如图 7—12 所示。最后是切断工件。

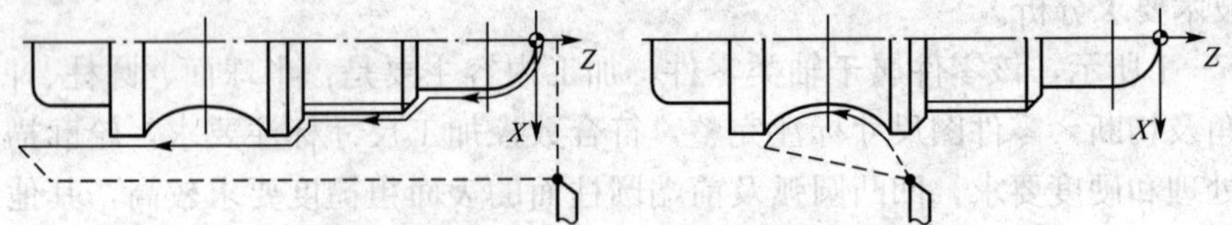

图 7—11　刀具精加工时的走刀路径示意图

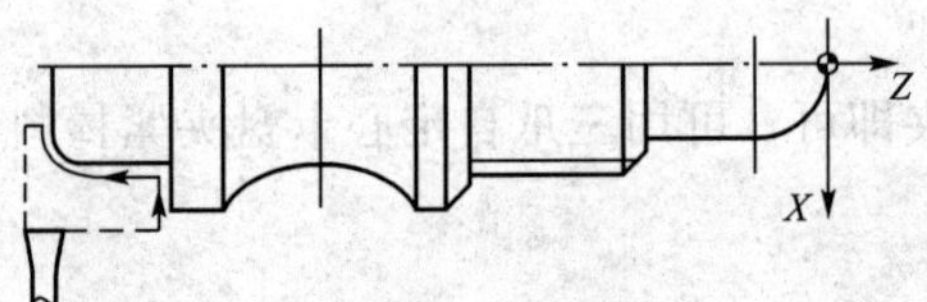

图 7—12　刀具精加工时的走刀路径示意图

此工件的加工工序和操作步骤如表 7—4 所示。

表 7—4　　工　序　卡

实训项目	刀具补偿		零件名称	零件 7		零件图号	7—1
数控系统	GSK980TA		材料	$45^{\#}$		工序号	070
使用夹具	三爪卡盘装夹		装夹方法	三爪定心		程序号	O0070
工序号	工步内容	G 指令	T 刀具	S 主轴转速（r/min）	F 进给速度（mm/min）		切削深度（mm）
夹住棒料一头，留出长度大约 75mm，车端面，对刀，找 G50，调用主程序 O0070。							
1	粗车右端半球面、圆柱面等	G71	T0202	600	100		2
2	粗车右端凹圆弧面	G73	T0202	600	100		1.5
3	精车右端半球面、圆柱面等	G70	T0101（基准刀）	1000	50		0.5

（续前表）

工序号	工步内容	G指令	T刀具	S主轴转速（r/min）	F进给速度（mm/min）	切削深度（mm）
4	精车右端凹圆弧面	G70	T0101（基准刀）	1000	50	0.5
5	加工螺纹	G76	T0303	400		
6	粗加工零件左端的圆柱面	G72	T0404	200	40	
7	精加工零件左端的圆柱面	G70	T0404	200	20	
8	切断	G01	T0404	200	20	
9	检测、校核					
编制		审核		批准、时间		

2. 编程说明

（1）数值计算。

零件中所有带公差的尺寸都取其中值进行编程。螺纹在切削加工时由于受刀具的挤压，会使螺纹的大径尺寸胀大，所以螺纹M18×1.5的大径取值ϕ17.85mm，而其小径尺寸$d=\phi(18-2\times1.5\times0.6)=\phi16.2$mm。

（2）参考程序。

编程时，设定程序原点为工件的右端面与轴线的交点，加工起点（或换刀点）为X向距轴心线（程序原点）50mm，Z向距程序原点100mm的位置。计算各刀位基点的编程坐标值，编制此工件的加工程序单，如表7—5所示。

表7—5 程序单（供参考）

实训项目	刀具补偿	零件名称	零件7	零件图号	7—1
使用夹具	三爪卡盘装夹	装夹方法	三爪定心	程序号	O0070

程序号	程　序	说　明
N10	G50 X100 Z100；	建立工件坐标系，确定换刀点
N20	S600 M03；	主轴以600r/min转速正转
N30	T0202；	调用外圆粗车刀
N40	G00 X30 Z3；	快速定位，接近工件
N50	G71 U2 R0.5；	执行复合循环指令G71进行外轮廓的粗加工
N60	G71 P70 Q160 U0.5 F100；	径向尺寸留0.5mm精加工余量
N70	G00 X0；	描述零件精加工轨迹的第一段程序
N80	G01 Z0 F50；	
N90	G03 X12 Z-6 R6；	
N100	G01 Z-15；	
N110	X16；	
N120	X18 W-2；	
N130	Z-30；	
N140	X20；	
N150	X24 W-2；	
N160	Z-70；	描述零件精加工轨迹的最后一段程序
N170	G00 X30 Z-32	重新定位
N180	G73 U4 R0.004；	执行复合循环指令G73对凹圆弧进行粗加工

（续前表）

程序号	程　序	说　明
N190	G73 P200 Q210 U0.4 F100；	径向尺寸留 0.4mm 精加工余量
N200	G01 X24 Z-34.3；	描述精加工轨迹的第一段程序
N210	G02 Z-50.8 R10.5；	描述精加工轨迹的最后一段程序
N220	G00 X100 Z100 M05；	退刀，主轴停
N230	M00；	程序暂停，测量尺寸
N240	M03 S1000；	主轴以 1 000r/min 转速正转
N250	T0101；	调用精加工外圆车刀，建立刀尖圆弧半径补偿
N260	G41 G00 X30 Z3；	执行刀尖圆弧半径左补偿，快速移动循环起点
N270	G70 P70 Q160；	精加工
N280	G40 G00 X100 Z100；	取消刀尖圆弧半径左补偿
N290	G41 G00 X30 Z-32；	执行刀尖圆弧半径左补偿，快速移动循环起点
N300	G70 P200 Q210；	精加工
N310	G40 G00 X1000 Z100 M05；	取消刀尖圆弧半径左补偿
N320	M00；	程序暂停，测量尺寸
N330	M03 S400；	主轴以 400r/min 转速正转
N340	T0303；	调用 3 号螺纹车刀
N350	G00 X25 Z4；	快速定位
N360	G76 P010060 Q30 R0.002；	运用 G76 复合循环指令加工螺纹
N370	G76 X16.2 Z-27 P900 Q300 F1.5；	
N380	G00 X100 Z100 M05；	退刀，主轴停
N390	M00；	程序暂停
N400	M03 S200；	主轴以 200r/min 转速正转
N410	T0404；	调用 2 号刀
N420	G00 X26 Z-65；	快速定位
N430	G01 X10 F20；	直线插补退刀槽
N440	G00 X26；	退刀到循环起点
N450	G72 W3 R0.5；	执行复合循环指令 G72 对尾部圆柱粗加工
N460	G72 P470 Q500 U0.5 F40；	径向尺寸留 0.5mm 精加工余量
N470	G00 Z-55.1；	描述零件精加工轨迹的第一段程序
N480	G01 X16 F20；	
N490	Z-62；	
N500	G03 X10 W-3 R3；	描述零件精加工轨迹的最后一段程序
N510	G00 X100 Z100 M05；	退刀，主轴停
N520	M00；	程序暂停，测量尺寸
N530	G00 X26 Z-65；	刀具快速定位到循环起点
N540	G70 P470 Q500；	运用 G70 指令进行精加工
N550	G01 X-1 F20；	切断工件
N560	G00 X100；	*X* 方向退刀
N570	Z100 M05；	*Z* 方向退刀，主轴停
N580	T0100；	取消刀补
N590	M30；	程序结束

五、项目实施

1. 操作要点及注意事项

(1) 严格按照数控车床的操作规程和安全规程进行操作。

(2) 开机后，进行数控车床空载运行，检查车床各部分运行状况。

(3) 选择刀尖时，注意刀具的尖角是否合理，加工过程中不能与工件发生干涉。

(4) 对刀时，切槽刀以右刀尖作为编程的刀位点；刀尖圆弧半径为 0.3mm 的右偏 45°精车外圆力对刀时应考虑 0.3mm 的半径。

(5) 正确使用游标卡尺、外径千分尺、螺纹量规、螺纹中径千分尺等测量相关的尺寸。

(6) 发生事故时，要沉着冷静、积极配合工作人员处理。

2. 操作步骤及质量检测

(1) 准确快速地输入加工程序。

(2) 通过数控系统图形仿真加工轨迹，进行程序的校验及修整。

(3) 使用装夹具正确地安装刀具，进行对刀操作，建立工件坐标系。

(4) 灵活使用程序试运行、分段运行及自动运行等运行方式对工件进行自动加工操作。

(5) 加工过程中，按图纸要求检测工件，随时对工件进行误差与质量分析。

(6) 加工完成后，按规定要求润滑保养数控车床。

此工件的检验卡如表 7—6 所示。

表 7—6　　检验卡

单位		姓名		考号	
实训项目	刀具补偿	零件名称	零件 7	零件图号	7—1
序号	检验内容及要求	配分	评分标准	检测结果	得分
1	手工编程	5	语法错误每处扣 2 分 数据错误每处扣 1 分		
2	程序输入	5	手工输入，不会者取消操作		
3	仿真加工轨迹	5	图形模拟走刀路径		
4	试切对刀、建立工件坐标系	5	不会者取消操作		
5	带公差的径向尺寸 $\phi12$	10	每超差 0.01mm 扣 2 分		
6	带公差的径向尺寸 $\phi16$	10	每超差 0.01mm 扣 2 分		
7	带公差的径向尺寸 $\phi24$	10	每超差 0.01mm 扣 2 分		
8	带公差的轴向尺寸 15	5	每超差 0.01mm 扣 2 分		
9	带公差的轴向尺寸 25.1	5	每超差 0.01mm 扣 2 分		
10	带公差的轴向尺寸 65	5	每超差 0.01mm 扣 2 分		
11	外螺纹 M18×1.5	20	不符合要求不得分		
12	整体外形	5	圆弧曲线连接圆滑，形状准确		
13	表面粗糙度	10	不得大于 $Ra3.2\mu m$		
14	倒角、去毛刺等	5	按照 GB 1804—M 要求		
15	安全操作、文明生产		违章视情节轻重扣分，重大事故取消操作	扣分不超过 10 分	
额定工时		实际加工时间		总得分	
检测员		记录员		考评员	

六、项目总结

◇ 掌握刀尖圆弧半径补偿在加工中的作用与应用。

◇ 熟悉并掌握 G40、G41、G42 等刀具圆弧半径补偿指令，掌握各指令加工的特点、适合的范围、使用方法、使用技巧以及使用过程中应注意的问题等。

◇ 熟悉各指令加工时的走刀路径。

◇ 掌握各指令的编程格式、各参数的含义、各参数的确定等。

◇ 通过本项目的学习与练习，在刀具刀尖是圆弧时，应能正确地运用刀具圆弧半径补偿指令对零件进行编程及加工。

七、项目拓展练习

1. 如图 7—13 所示的零件，工件材料选用 45# 钢，坯料选用 ϕ30mm 的棒料，要求对该零件进行技术分析，确定装夹方法，选择刀具，制定加工方案，运用刀尖圆弧半径补偿指令 G40、G41、G42 等进行加工程序的编制（精加工时考虑刀尖圆弧半径补偿），并加工检验。

2. 如图 7—14 所示的零件，工件材料选用 45# 钢，坯料选用 ϕ25mm 的棒料，要求对该零件进行技术分析，确定装夹方法，选择刀具，制定加工方案，运用刀尖圆弧半径补偿指令 G40、G41、G42 等进行程序的编制（精加工时考虑刀尖圆弧半径补偿），并加工检验。

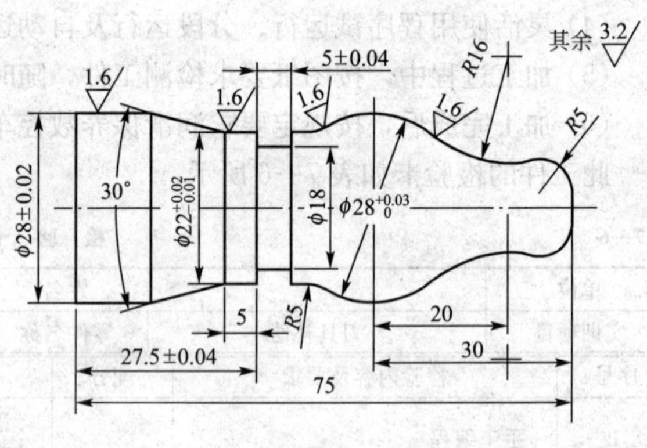

图 7—13

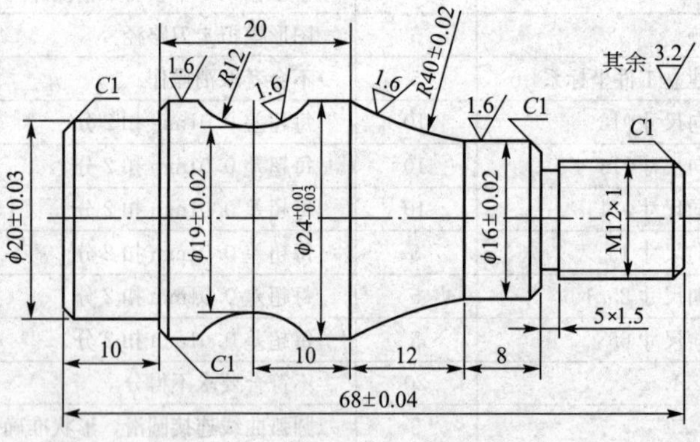

图 7—14

3. 如图 7—15 所示的零件，工件材料选用 45# 钢，坯料选用 ϕ35mm 的棒料，要求对该零件进行技术分析，确定装夹方法，选择刀具，制定加工方案，运用刀尖半径补偿指令 G40、G41、G42 等进行加工程序的编制（精加工时考虑刀尖圆弧半径补偿），并加工检验。

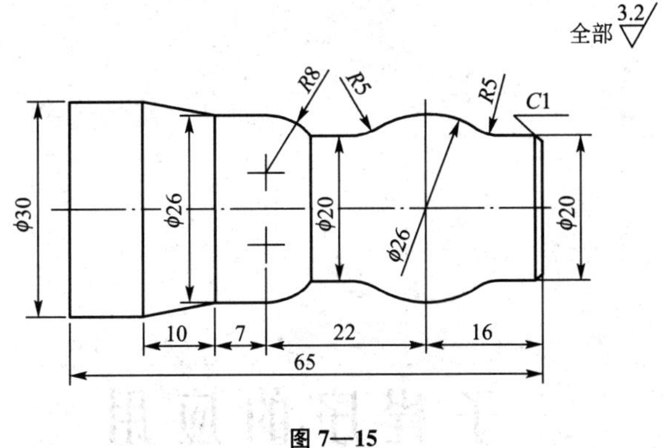

图 7—15

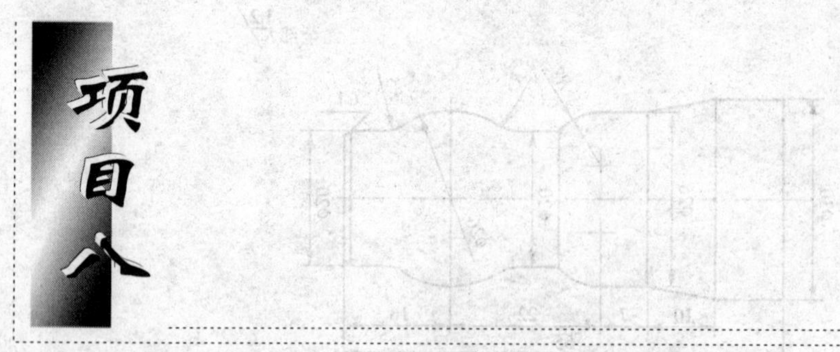

子程序的应用

一、项目内容

如图 8—1 所示为带有一系列槽的轴类零件，工件材料选用 45# 钢，坯料选用ϕ45mm 的棒料，要求对该零件进行技术分析、确定装夹方法、选择刀具、制定加工方案、运用调用子程序指令 M98 及返回主程序指令 M99 等进行加工程序的编制，并加工检验。

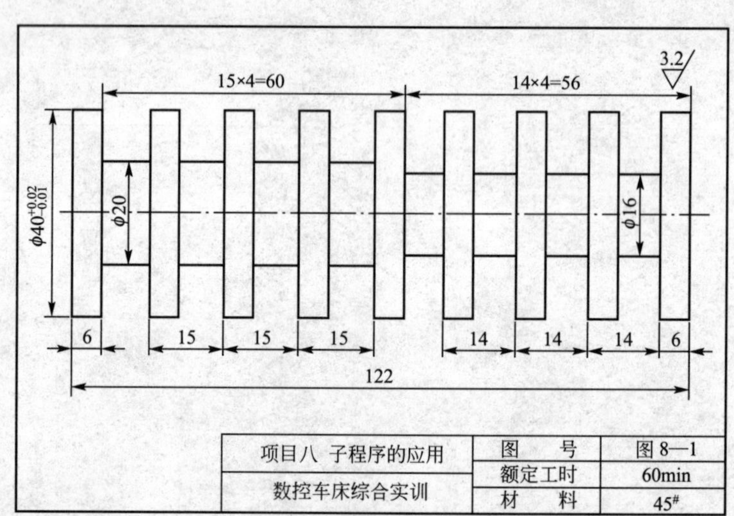

图 8—1

1. 技能目标

◆ 通过对简单轴类零件的加工，能熟练地操作数控车床，并熟悉操作面板的各功能键；

◆ 掌握应用子程序命令对零件进行程序的编制及加工；

◆ 能熟练地分析零件，制定零件的精加工工艺，确定加工方法及步骤。

2. 知识目标

◆ 掌握数控车床的基础知识、编程内容及基本功能；

◆ 掌握 M98、M99 等指令的功能、编程格式及特点；

◆ 掌握运用子程序对零件进行数控车削加工工艺的分析；

◆ 运用子程序相关指令对零件进行加工程序的编制。

二、相关知识

1. 子程序

程序分为主程序和子程序。通常 CNC 是按主程序的指示运动的，如果主程序中遇到有调用子程序的指令，则 CNC 按子程序运动，在子程序中遇到返回主程序的指令时，CNC 便返回主程序继续执行。

在 CNC 存储器内，可合计存储 63 个主程序或子程序（标准机能），选择其中一个主程序后，便可按其指示控制 CNC 车床工作。

（1）子程序的定义。

某些被加工的零件中，常常会出现几何形状完全相同的加工轨迹，在编制加工程序时，有一些固定顺序和重复模式的程序段，通常在几个程序中都会使用它。这个典型的加工程序段可以做成固定程序，并单独加以命名，这组程序段就称为子程序。也就是说把程序中某些固定顺序和重复出现的程序单独抽出来，按一定格式编写成一个程序供调用，这个程序就是子程序。

（2）子程序的作用。

使用子程序可以减少不必要的重复编程，从而达到简化编程的目的。子程序可以在纸带或存储器方式下调出使用，即主程序可以调用子程序，一个子程序也可以调用下一级的子程序。子程序必须在主程序结束指令后建立，它也是一个独立的程序，其作用相当于一个固定循环。

（3）子程序的调用。

如图 8—2 所示为子程序的调用与返回主程序的示意图。在主程序中，调用子程序的指令是一个程序段，由程序调用字、子程序号和调用次数组成。调用子程序的格式随具体的数控系统而定，FANUC 数控系统常用的子程序调用格式有“M98 P○○○○ L××××；”和“M98 P○○○○ ××××；”两种格式，而广州数控系统一般采用“M98 P○○××××；”这种格式。

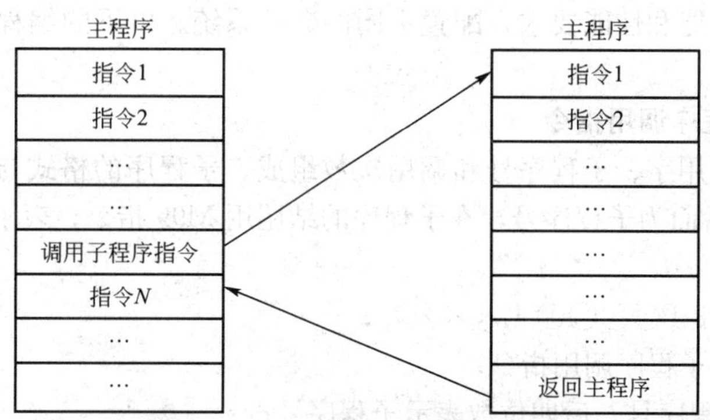

图 8—2　子程序的调用与返回主程序

（4）子程序的嵌套。

为了进一步简化程序，可以让子程序调用另一个子程序，称为子程序的嵌套。上一级子程序与下一级子程序的关系，与主程序与第一层子程序的关系相同。如图 8—3 所示是子程序的嵌套及执行顺序。从主程序调用的子程序称为嵌套1重子程序，总共可以嵌套4重子程序。

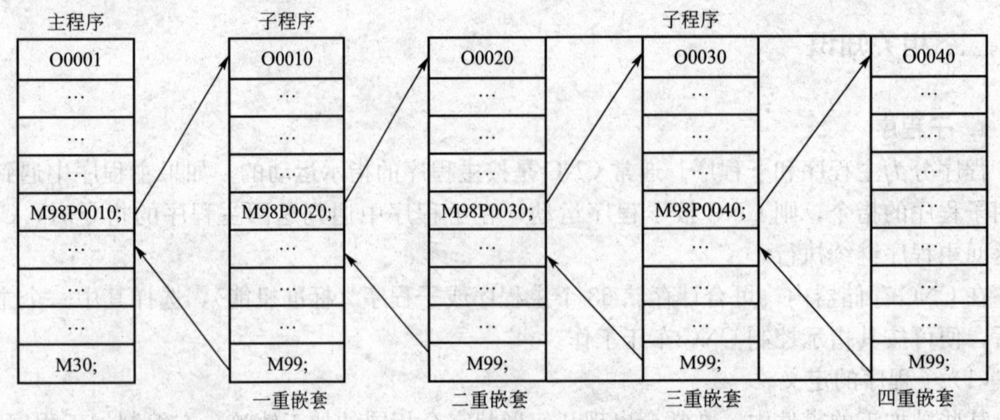

图 8—3　子程序的嵌套

2. 子程序编程格式

子程序的编程格式与主程序的格式基本上是一致的，在子程序的开头，在地址O后写上子程序号，在子程序的结尾用M99指令表示子程序结束返回主程序。

举例：

```
O0080                    ——→子程序号
N10 G00 W−15；           程序段1 ┐
N20 G01 U−8 F20；        程序段2 │
N30 G04 X1；             程序段3 ├中间为子程序内容
N40 G00 U8；             程序段4 │
……                       ……      ┘
N90 M99；                ——→子程序结束返回主程序
```

三、编程指令

数控车床根据功能和性能要求，配置不同的数控系统。以下的编程指令主要以广州数控系统为主。

1. M98——子程序调用指令

子程序由程序调用字、子程序号和调用次数组成。子程序的格式与主程序相同，在子程序的开头地址O后面为子程序号，在子程序的结尾用M99指令，表示子程序结束、返回主程序。

指令格式1：M98 P○○○○ L××××；

其中：M98——子程序调用指令；

P——子程序号，后四位数表示子程序号；

L——子程序重复调用次数，L省略时为调用一次，系统允许调用次数为9 999次。

如：M98 P0010 L2，表示两次调用程序号为O0010的子程序；

M98 P0020，表示程序号为O0020的子程序被调用1次。

指令格式2：M98 P○○××××；

其中：M98——子程序调用指令；

P——子程序号，后面前二位数为重复调用次数，省略时为调用一次，后四位数表示子程序号。

如：M98 P040010，表示4次调用程序号为O0010的子程序；

M98 P0020，表示程序号为O0020的子程序被调用1次。

2. M99——子程序结束返回主程序指令

指令格式1：M99；

说明：子程序最后一段M99表示子程序结束，直接返回到主程序M98的下一段继续执行。

指令格式2：M99 P××××；

说明：子程序返回到主程序中顺序号为N××××的程序段。如M99 P0010，表示返回到主程序N0010程序段。

注意

★ 编程时应注意子程序与主程序之间的衔接问题。

★ 在试切阶段，如果遇到应用子程序指令的加工程序，就应特别注意车床的安全问题。

★ 在编程时，子程序一般是用增量方式编程的，应注意程序是否闭合。

★ M99不一定要独立占用一个程序段，如G00 X_Z_M99，也可。

★ 子程序用M99来结束程序并返回主程序，如果子程序后没有M99，将不能返回主程序。

★ 使用G90/G91（绝对/相对）坐标转换的数控系统，要注意确定编程方式。子程序用相对坐标编程再返回主程序时则继续沿用相对坐标编程。如果用绝对坐标编程，则必须重新指定。

四、项目分析

1. 零件工艺性分析

（1）毛坯的选用。

依据所要加工的零件，选择切削加工性能较好的45#钢材料，棒料直径为φ45mm。

（2）技术要求分析。

如图8—1所示，该零件属于轴类零件，加工内容主要是一系列的槽，零件图尺寸标注完整，符合数控加工尺寸标注要求，轮廓描述清楚完整，无热处理和硬度要求。零件所有表面的粗糙度值都不大于$Ra3.2\mu m$，除零件外轮廓最大尺寸有公差要求外，其他所有的尺寸都无公差要求。

（3）确定装夹等方案。

用三爪自定心卡盘夹紧定位，保证工件伸出的长度为140mm，为了保证工件加工的稳定性，在工件的右端面（已加工）打中心孔，用顶针定位。

（4）选择刀具。

根据加工要求，选用两把刀具，T0100为90°外圆车刀，T0200为刀宽为4mm的切断刀，同时将两把刀安装在刀架上，对刀，切断刀以右刀尖对刀，把它们的刀补值输入相应的刀具寄存器中。

此工件的刀具卡（已对好刀）如表 8—1 所示，工具量具卡如表 8—2 所示。

表 8—1　　　　刀　具　卡

实训项目		子程序的应用	零件名称	零件 8	零件图号	8—1
序号	刀具号	刀具名称及规格	数量	加工内容	备注	
1	T0101	90°外圆精车刀	1	外轮廓	YT15	
2	T0202	刀宽 4mm 的切断刀	1	切断	高速钢（右刀尖对刀）	
编制		审核		批准		

表 8—2　　　　工具量具卡

实训项目	子程序的应用	零件名称	零件 8	零件图号	8—1
序号	名称	规格		数量	备注
1	游标卡尺	0～125mm（0.02mm）		1	
2	千分尺	0～25mm、25～50mm（0.01mm）		各 1	
3	百分表	0～10mm（0.01mm）		1	
4	磁性表座			1 套	
5	辅具	莫氏钻套、钻夹头、回转顶尖		各 1	
6	其他	铜棒、铜皮、毛刷等常用工具			选用
编制		审核		批准	

（5）制定加工方案。

此工件主要是多槽的加工，而槽的深度较大，零件左边四个槽的尺寸相同，槽的宽度为 10mm，深度为 10mm，右边四个槽的尺寸相同，槽的宽度为 8mm，深度为 12mm。由于工件的外形比较简单，槽的加工为避免程序的烦琐，可选用调用子程序的方式，所以此工件的加工步骤比较简单，其加工工序和操作步骤如表 8—3 所示。

表 8—3　　　　工　序　卡

实训项目	子程序的应用	零件名称	零件 8	零件图号	8—1	
数控系统	GSK980TA	材料	45#	工序号	080	
使用夹具	三爪卡盘、尾座	装夹方法	三爪卡盘、顶针	程序号	O0080	
序号	工步内容	G 指令	T 刀具	*S* 主轴转速（r/min）	*F* 进给速度（mm/min）	切削深度（mm）
1	粗车整个外轮廓	G90	T0101	600	100	2
2	精车整个外轮廓	G90	T0101	1000	50	0.25
3	调用子程序	M98	T0202	200	20	
4	加工右边四个槽	G95		200		
5	调用子程序	M98	T0202	200	20	
6	加工左边四个槽	G95		200		
7	切断	G01	T0202	200	20	
3	检测、校核					
编制		审核		批准、时间		

2. 编程说明

编程时，以工件右端面与轴线的交点为程序原点建立工件坐标系，加工起点（或换刀点）为 X 向距轴心线（程序原点）50mm，Z 向距程序原点 100mm 的位置。计算各基点的编程坐标值，径向尺寸以直径编程方式，编制此工件的加工程序单，如表 8—4 所示。

表 8—4　　程序单（供参考）

实训项目	子程序的应用	零件名称	零件 8	零件图号	8—1
使用夹具	三爪卡盘、尾座	装夹方法	三爪卡盘、顶针	程序号	O0080/O0081/O0082

程序号	程　　序	说　　明
O0080	加工工件的主程序	
N10	G50 X100 Z100;	建立工件坐标系，确定换刀点
N20	S600 M03;	主轴以 600r/min 转速正转
N30	T0101;	调用 1 号刀
N40	G00 X45 Z3;	快速定位，接近工件，到循环起点
N50	G90 X40.5 Z-128 F100;	运用单一固定循环指令 G90 粗加工外轮廓
N60	G00 X100 Z100 M05;	退刀，主轴停
N70	M00;	程序暂停，测量尺寸
N80	M03 S1000;	主轴以 1 000r/min 转速正转
N90	G00 X45 Z3;	快速定位
N100	G90 X40 Z-128 F50;	运用单一固定循环指令 G90 精加工外轮廓
N110	G00 X100 Z100 M05;	刀具快速返回换刀点，主轴停
N120	M00;	程序暂停，测量尺寸
N130	M03 S200;	主轴以 200r/min 转速正转
N140	T0202;	调用 2 号刀
N150	G00 X42 Z6;	快速定位
N160	M98 P4 0081;	调用子程序 O0081 四次
N170	G00 Z-62;	重新定位
N180	M98 P4 0082;	调用子程序 O0082 四次
N190	G00 Z-122;	重新定位
N200	G01 X-1 F20;	切断工件
N210	G00 X100;	X 方向退刀
N220	Z100;	Z 方向退刀
N230	M05;	主轴停
N240	T0100;	取消刀补
N250	M30;	程序结束
O0081	加工工件右端四槽的子程序	
N10	G75 R1;	
N20	G75 U-26 W-8 Q3500 P6000 F20;	运用复合循环指令 G75 加工右端槽

（续前表）

程序号	程　　序	说　　明
N30	G00 W－14；	
N40	M99；	返回主程序
O0082	加工工件左端四槽的子程序	
N10	G75 R1；	运用复合循环指令 G75 加工左端槽
N20	G75 U－22 W－10 Q3500 P5000 F20；	
N30	G00 W－15；	
N40	M99；	返回主程序

五、项目实施

1. 操作要点及注意事项

（1）严格按照数控车床的操作规程和安全规程进行操作。

（2）开机后，进行数控车床空载运行，检查车床各部分运行状况。

（3）选择刀尖时，注意刀具的尖角是否合理，加工过程中不能与工件发生干涉。

（4）对刀时，所有的切槽刀都以右刀尖做为编程的刀位点。

（5）正确使用游标卡尺、外径千分尺测量相关的尺寸。

（6）发生事故时，要沉着冷静、积极配合工作人员处理。

2. 操作步骤及质量检测

（1）准确快速地输入加工程序。

（2）通过数控系统图形仿真加工轨迹，进行程序的校验及修整。

（3）使用装夹具正确地安装刀具，进行对刀操作，建立工件坐标系。

（4）灵活使用程序试运行、分段运行及自动运行等运行方式对工件进行自动加工操作。

（5）加工过程中，按图纸要求检测工件，随时对工件进行误差与质量分析。

（6）加工完成后，按规定要求润滑保养数控车床。

此工件的检验卡如表 8—5 所示。

表 8—5　　检　验　卡

单位		姓名		考号	
实训项目	子程序的应用	零件名称	零件 8	零件图号	8—1

序号	检验内容及要求	配分	评分标准	检测结果	得分
1	手工编程	10	语法错误每处扣 2 分 数据错误每处扣 1 分		
2	程序输入	5	手工输入，不会者取消操作		
3	仿真加工轨迹	5	图形模拟走刀路径		
4	试切对刀、建立工件坐标系	10	不会者取消操作		
5	直径 $\phi 40$	20	每超差 0.01mm 扣 2 分		
6	右端四槽的尺寸	15	每超差 0.02mm 扣 2 分		

（续前表）

序号	检验内容及要求	配分	评分标准	检测结果	得分
7	左端四槽的尺寸	15	每超差 0.02mm 扣 2 分		
8	整体外形	5	形状准确		
9	表面粗糙度	10	不得大于 $Ra3.2\mu m$		
10	倒角、去毛刺等	5	按照 GB 1804—M 要求		
11	安全操作、文明生产		违章视情节轻重扣分，重大事故取消操作	扣分不超过 10 分	
额定工时		实际加工时间		总得分	
检测员		记录员		考评员	

六、项目总结

◇ 掌握子程序在加工中的作用与应用。

◇ 熟悉并掌握 M98、M99 等子程序的调用与返回指令，掌握各指令加工的特点、使用方法、使用技巧以及使用过程中应注意的问题等。

◇ 掌握各指令的编程格式。

◇ 通过本项目的学习与练习，能正确地运用子程序的调用与返回指令对零件中相同的形状进行编程及加工。

七、项目拓展练习

1. 如图 8—4 所示带槽类的零件，工件材料选用 45# 钢，坯料选用ϕ45mm 的棒料，要求对该零件进行技术分析、确定装夹方法、选择刀具、制定加工方案、要求运用调用子程序指令 M98 及返回主程序指令 M99 等进行加工程序的编制，并加工检验。

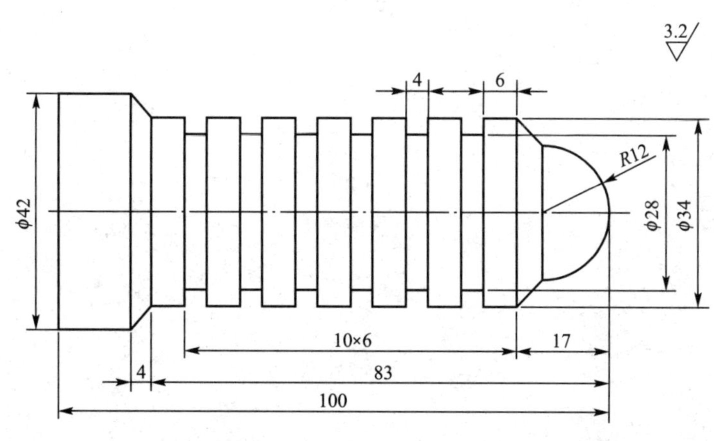

图 8—4

2. 如图 8—5 所示带槽类的零件，工件材料选用 45# 钢，坯料选用ϕ65mm 的棒料，要求对该零件进行技术分析、确定安装夹方法、选择刀具、制定加工方案、要求运用调用子程序指令 M98 及返回主程序指令 M99 等进行程序的编制，并加工检验。

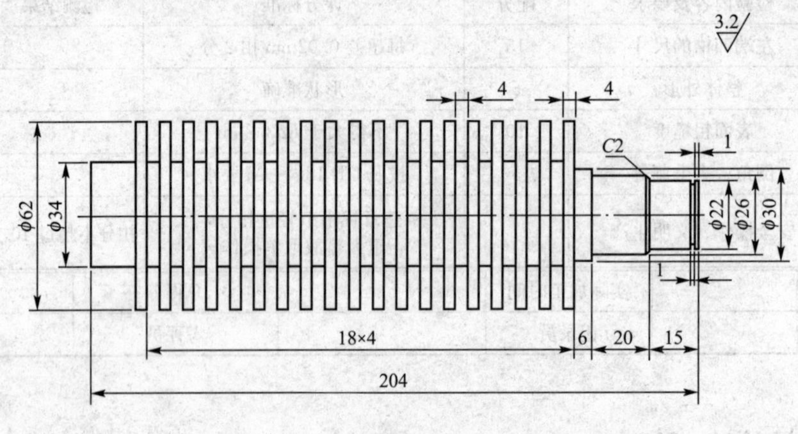

图 8—5

3．如图 8—6 所示为带槽类的零件，工件材料选用 45# 钢，坯料选用φ55mm 的棒料，要求对该零件进行技术分析、确定装夹方法、选择刀具、制定加工方案、运用调用子程序指令 M98 及返回主程序指令 M99 等进行加工程序的编制，并加工检验。

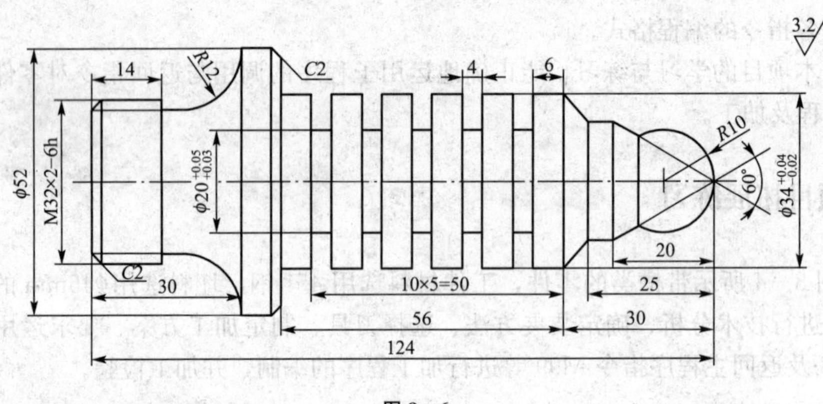

图 8—6

宏程序的应用

一、项目内容

如图 9—1 所示为非圆曲线组成的简单的轴类零件，其曲线轨迹为抛物线和椭圆，方程分别为 $Z=-X^2/40$ 和 $X^2/20^2+Z^2/30^2=1$，工件材料选用 45# 钢，要求对该零件进行技术分析、确定装夹方法、选择刀具、制定加工方案、运用宏程序对该零件进行精加工程序的编制，并加工检验。（注：精加工前已用 G73 指令粗加工去除余量，去除余量时，用圆弧进行拟合，每个节点处留单边 0.5mm 的精加工余量。）

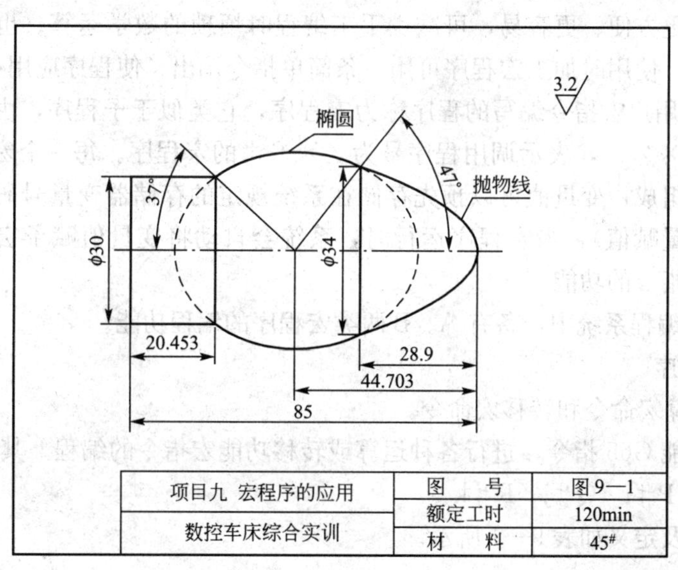

图 9—1

1. 技能目标

◆ 能运用宏程序编制椭圆、双曲线、抛物线、正弦曲线等非圆曲线类零件的加工程序；

◆ 能操作数控车床加工非圆曲线类的零件。

2. 知识目标

◆ 了解 A 类型宏程序的相关功能指令及格式；

◆ 掌握 B 类宏程序的运算符、调用指令等；

◆ 根据加工的零件能自如地运用宏程序进行加工程序的编制。

二、相关知识

1. 用户宏程序简介

一般情况下，数控系统只有直线和圆弧插补功能，对椭圆、双曲线、抛物线、正弦余弦曲线等非圆曲线进行加工，数控系统无法直接实现插补，需要经过一定的数学处理，即采用直线段或圆弧段去逼近非圆曲线。逼近线段与被加工曲线的交点称为节点，各几何要素之间的连接点称为基点。编程时节点的计算一般比较复杂，必须借助宏程序的转移和循环指令处理。

用户宏程序是提高数控车床性能的一种特殊功能，使用中，通常把能完成某一功能的一系列指令像子程序一样存入存储器，然后用一个总指令代表它们，使用时只需给出这个总指令就能执行其功能。在相类似工件的加工中巧用宏程序将起到事半功倍的效果。用户宏功能主体是一系列指令，相当于子程序体。

普通程序中，只能指定常量，常量之间不能运算，程序只能顺序执行，不能跳转，因此功能是固定的，不能变化。

★ 用户宏程序的特点：

在用户宏程序本体中，可以使用变量，可以给变量赋值，变量间可以运算，程序间可以跳转。用户宏程序由于允许使用变量算术、逻辑运算及条件转移，使得编制相同加工操作的程序更简单、更方便、更容易，可减少手工编程时烦琐的数学运算。也可将相同加工操作编为通用程序，使用时加工宏程序可用一条简单指令调出，使程序应用更加灵活、方便。

由 G 指令和用户宏指令编写的程序称为宏程序，它类似于子程序，由主程序调用后执行。如 M98 P××××，表示调用程序号为××××的宏程序。每一个宏指令都由不同的变量和运算符号组成，变量值可以预先存储在系统规定的存储器变量号码下，也可以由主程序赋值（给变量赋值），当宏程序运行时，系统会自动将变量值赋予宏指令的相应变量号，完成宏程序指令的功能。

在 FANUC 编程系统中，备有 A、B 两类宏程序的编程功能。

2. A 类宏程序

(1) 各种运算宏命令和转移宏命令。

运用准备功能 G65 指令，进行各种运算或转移功能宏指令的编程。其编程格式为：

G65　Hm　P#i　Q#j　R#k

各种宏指令及定义如表 9—1 所示。

表 9—1　　Hm 宏 指 令

宏指令	功能	举例	宏指令	功能	举例
H01	赋值	#i=#j	H05	除法	#i=#j÷#k
H02	加法	#i=#j+#k	H11	逻辑“或”	#i=#j·OR·#k
H03	减法	#i=#j−#k	H12	逻辑“与”	#i=#j·AND·#k
H04	乘法	#i=#j×#k	H13	异或	#i=#j·XOR·#k

（续前表）

宏指令	功能	举例	宏指令	功能	举例
H21	平方根	＃i＝$\sqrt{\#j}$	H33	正切	＃i＝＃j·TAN（＃k）
H22	绝对值	＃i＝|＃j|	H34	反正切	＃i＝＃j·ATAN（＃j/＃k）
H23	求余	＃i＝＃j·TRUNC（＃j/＃k）＃k	H80	无条件转移	GOTOn
H24	BCD码→二进制码	＃i＝BIN（＃j）	H81	无条件转移1	IF＃j＝＃k，GOTOn
H25	二进制码→BCD码	＃i＝BCD（＃j）	H82	无条件转移2	IF ＃j≠＃k，GOTOn
H26	复合乘/除	＃i＝(＃i×＃j)/＃k	H83	无条件转移3	IF＃j＞＃k，GOTOn
H27	复合平方根1	＃i＝$\sqrt{\#j^2+\#k^2}$	H84	无条件转移4	IF＃j＜＃k，GOTOn
H28	复合平方根2	＃i＝$\sqrt{\#j^2-\#k^2}$	H85	无条件转移5	IF＃j≥＃k，GOTOn
H31	正弦	＃i＝＃j·SIN（＃k）	H86	无条件转移6	IF＃j≤＃k，GOTOn
H32	余弦	＃i＝＃j·COS（＃k）	H99	产生P/S报警	产生500＋n号P/S报警

表9—1中：

◇ H01——变量的赋值和替换，＃i＝＃j

编程格式：G65 H01 P＃i Q＃j；

例：G65 H01 P＃200 Q－＃201；

说明：＃200＝－＃201，替换。

例：G65 H01 P＃202 Q100；

说明：＃202＝100，赋值。

◇ H02——变量的加法，＃i＝＃j＋＃k

编程格式：G65 H02 P＃i Q＃j R50；

例：G65 H02 P＃203 Q＃204 R50；

说明：＃204＝＃205＋50，结果存入＃204。

◇ H03——变量的减法，＃i＝＃j－＃k

编程格式：G65 H03 P＃i Q＃j R＃k；

例：G65 H03 P＃206 Q＃207 R＃208；

说明：＃206＝＃207－＃208，结果存入＃206。

◇ H04——变量的乘法，＃i＝＃j·＃k

编程格式：G65 H04 P＃i Q＃j R＃k；

例：G65 H04 P＃209 Q＃210 R＃211；

说明：＃209＝＃210·＃211，结果存入＃209。

◇ H05——变量的除法，＃i＝＃j/＃k

编程格式：G65 H05 P＃i Q＃j R＃k；

例：G65 H05 P＃212 Q＃213 R＃214；

说明：＃212＝＃213/＃214，结果存入＃212。

◇ H11——逻辑“或”，＃i＝＃j·OR·＃k

编程格式：G65 H11 P＃i Q＃j R＃k；

例：G65 H11 P＃215 Q＃216 R＃217；

说明：＃215＝＃216·OR·＃217，结果存入＃215。

◇ H12——逻辑“与”，＃i=＃j·AND·＃k

编程格式：G65 H12 P＃i Q＃j R＃k；

例：G65 H12 P＃218 Q＃219 R＃220；

说明：＃218=＃219·AND·＃220，结果存入＃218。

◇ H13——异或，＃i=＃j·XOR·＃k

编程格式：G65 H13 P＃i Q ＃j R＃k；

例：G65 H13 P＃220 Q＃221 R＃222；

说明：＃220=＃221·XOR·＃222，结果存入＃220。

◇ H21——平方根，$＃i=\sqrt{＃j}$

编程格式：G65 H13 P＃i Q＃j；

例：G65 H21 P＃223 Q＃224；

说明：$＃223=\sqrt{＃224}$，结果存入＃223。

◇ H22——绝对值，＃i=|＃j|

编程格式：G65 H22 P＃i Q＃j；

例：G65 H22 P＃225 Q＃226；

说明：＃225=|＃222|，结果存入＃225。

◇ H23——求余，＃i=＃j—TRUNC（＃j /＃k）·＃k

编程格式：G65 H23 P＃i Q＃j R＃k；

例：G65 H23 P＃227 Q＃228 R＃229；

说明：＃227=＃228－TRUNC（＃228/＃229）·＃229，结果存入＃227。

◇ H24——BCD码转换为二进制码，＃i=BIN（＃j）

编程格式：G65 H24 P＃i Q＃j；

例：G65 H24 P＃230 Q＃231；

说明：＃230=BIN（＃231），结果存入＃230。

◇ H25——二进制转换为BCD码，＃i=BCD（＃j）

编程格式：G65 H25 P＃i Q＃j；

例：G65 H25 P＃200 Q＃201；

说明：＃200=BCD（＃201），结果存入＃200。

◇ H26——复合乘/除，（＃i×＃j）/＃k

编程格式：G65 H26 P＃i Q＃j R＃k；

例：G65 H65 P＃202 Q＃203 R＃204；

说明：＃202=（＃202×＃203）/＃204，结果存入＃202。

◇ H27——复合平方根1，$＃i=\sqrt{＃j^2+＃k^2}$

编程格式：G65 H27 P＃i Q＃j R＃k；

例：G65 H27 P＃205 Q＃206 R＃207；

说明：$＃205=\sqrt{＃206^2+＃207^2}$，结果存入＃205。

◇ H28——复合平方根2，$＃i=\sqrt{＃j^2-＃k^2}$

编程格式：G65 H27 P＃i Q＃j R＃k；

例：G65 H27 P＃205 Q＃206 R＃207；

说明：＃205＝$\sqrt{＃206^2-＃207^2}$，结果存入＃205。

◇ H31——正弦函数，＃i＝＃j・SIN（＃k）

编程格式：G65 H31 P＃i Q＃j R＃k；

例：G65 H31 P＃208 Q＃209 R＃210；

说明：＃208＝＃209・SIN（＃217），结果存入＃208。

◇ H32——余弦函数，＃i＝＃j・COS（＃k）

编程格式：G65 H32 P＃i Q＃j R＃k；

例：G65 H32 P＃211 Q＃212 R＃213；

说明：＃211＝＃212・COS（＃213），结果存入＃211。

◇ H33——正切函数，＃i＝＃j・TAN（＃k）

编程格式：G65 H33 P＃i Q＃j R＃k；

例：G65 H33 P＃214 Q＃215 R＃216；

说明：＃214＝＃215・TAN（＃216），结果存入＃214。

◇ H34——反正切函数，＃i＝＃j・ATAN（＃k）

编程格式：G65 H34 P＃i Q＃j R＃k；

例：G65 H11 P＃217 Q＃218 R＃219；

说明：＃217＝＃218・ATAN（＃219），结果存入＃217。

◇ H80——无条件转移

编程格式：G65 H80 Pn；

例：G65 H80 P300；

说明：当程序运行到此段时，无条件转移到N300程序段。

◇ H81——条件相等时转移，＃j・EQ・＃k

编程格式：G65 H81 Pn Q ＃j R＃k；

例：G65 H81 P200 Q＃220 R＃221；

说明：当＃220＝＃221时，程序运行转移到N200程序段。

◇ H82——条件不相等时转移，＃j・NE・＃k

编程格式：G65 H82 Pn Q＃j R＃k；

例：G65 H82 P300 Q＃222 R＃223；

说明：当＃222≠＃223时，程序运行转移到N300程序段。

◇ H83——条件大于时转移，＃j・GT・＃k

编程格式：G65 H83 Pn Q＃j R＃k；

例：G65 H83 P100 Q＃224 R＃225；

说明：当＃224＞＃225时，程序运行转移到N100程序段。

◇ H84——条件小于时转移，＃j・LT・＃k

编程格式：G65 H84 Pn Q＃j R＃k；

例：G65 H84 P200 Q＃226 R＃227；

说明：当＃226＜＃227时，程序运行转移到N200程序段。

◇ H85——条件大于和等于时转移，＃j・GE・＃k

编程格式：G65 H85 Pn Q＃j R＃k；

例：G65 H85 P300 Q＃228 R＃229；

说明：当＃228≥＃229时，程序运行转移到N300程序段。

◇ H86——条件小于和等于时转移，＃j・LE・＃k

编程格式：G65 H86 Pn Q＃j R＃k；

例：G65 H85 P100 Q＃230 R＃231；

说明：当＃230≤＃231时，程序转移到N100程序段。

◇ H99——P/S报警

编程格式：G65 H99 Pi；（i＋500＝报警号）

例：G65 H99 P20；

说明：20＋500＝520（报警号）。

(2) 变量的使用方法。

用变量可以指令用户宏程序中的地址值，变量值可以由主程序赋值或由键盘输入设定，或者在执行用户宏程序本体时，赋给计算出的值。由于系统的编程功能不同，规定了不同用途的变量分类。现介绍GSK980T系统的使用方法。

1）变量的代号＃i：用＃号和变量号i表示变量，如＃i（i＝200，201，202，…），可设置＃201，＃205，…。

2）变量的引用。

用变量可以置换地址后的数值。如果程序中有“<地址>＃i”或者有“<地址>－＃i”，则表示把变量的值或者把变量的负值作为地址值。

如F＃203——当＃203＝15时，与F15指令是相同的；

Z—＃210——当＃210＝200时，与Z－200指令是相同的；

G＃230——当＃230＝03时，与G03指令是相同的。

注意

★ 地址O和N不能引用变量，不能用O＃230、N＃210编程。

★ 如果超过了地址所规定的最大指令值，不能使用。＃230＝120，M＃230超过了最大指令值。

★ 变量值的显示和设定：变量值可以显示在LCD画面上，也可以用按键给变量设定。

(3) 变量的种类。

按变量号可将变量分为公共变量和系统变量，其用途和性质是不同的。

1）公共变量＃200～＃231。

公用变量在主程序以及由主程序调用的各用户宏程序中是公用的。即某一用户宏程序中使用的变量＃i和其他宏程序使用的＃i是相同的。因此，某一宏程序中运算结果的公用变量＃i可以用于其他宏程序中。

注意

★ 公用变量的用途，系统中不规定，用户可以自由使用；

★ 公用变量＃200～＃231，切断电源后清除，电源接通时全部为0；

2）系统变量。

系统变量是指根据用途不同而被固定的变量。

接口输入信号＃1000～＃1015（选择机能——需配相应的选择件），系统读取到作为接口信号的系统变量＃1000～＃1015 的值后，便可知道接口输入信号的状态。

接口输出信号＃1100～＃1107（选择机能——需配相应的选择件），可以给系统变量＃1100～＃1107 赋值，以改变输出信号的状态。

4. B 类型的宏程序

（1）宏程序调用格式。

宏程序的调用是指在主程序中，宏程序可以被单个程序段单次调用。其编程格式为：

G65 P（宏程序号）L（重复次数）（引数赋值）

（2）运算符。

常见的 B 类型宏程序的运算符如表 9—2 所示。

表 9—2　　**常见的 B 类型宏程序的运算符**

运算符	功能	举　例	宏程序	功能	举　例
=	定义	＃i=＃j	TAN	正切	＃i=TAN（＃j）
+	加法	＃i=＃j+＃k	ATAN	反正切	＃i=ATAN（＃j）
−	减法	＃i=＃j-＃k	SPART	平方根	＃i=SPART（＃j）
*	乘法	＃i=＃j*＃k	ABS	绝对值	＃i=ABS（＃j）
/	除法	＃i=＃j/＃k	ROUND	舍入	＃i=ROUND（＃j）
SIN	正弦	＃i=SIN（＃j）	FIX	上取整	＃i=FIX（＃j）
ASIN	反正弦	＃i=ASIN（＃j）	FUP	下取整	＃i=FUP（＃j）
COS	余弦	＃i =COS（＃j）	LN	自然对数	＃i=LN（＃j）
ACOS	反余弦	＃i =ACOS（＃j）	EXP	指数对数	＃i=EXP（＃j）
OR	或运算	＃i=＃j·OR·＃k	BIN	十→二进制转换	＃i=BIN（＃j）
XOR	异或运算	＃i=＃j·XOR·＃k	BCD	二→十进制转换	＃i=BCD（＃j）
AND	与运算	＃i=＃j·AND·＃k			

（3）控制指令。

控制指令可以控制用户宏程序主体的程序流程。常用的控制指令有以下几种：

1）条件转移指令。

编程格式：IF［条件表达式］GOTOn；

若条件表达式成立时，从顺序号为 n 的程序段开始向下执行；若不成立，执行下一个程序段。条件表达式的种类见表 9—3。

表 9—3　　**条件表达式的种类**

变量	符号	变量	意义
＃j	EQ	＃k	=
＃j	NE	＃k	≠
＃j	GT	＃k	＞
＃j	LT	＃k	＜
＃j	GE	＃k	≥
＃j	LE	＃k	≤

2）循环语句指令。

编程格式：WHILE［条件表达式］DOm（m=1，2，3）

……

END m；

若条件表达式成立，从顺序号为 m 的程序段到 ENDm 的程序段重复执行；若不成立，则从 END m 的下一个程序段执行。

3）无条件转移指令。

编程格式：GOTOn；

例，GOTO10 表示转移到 N10 程序段去。

（4）引数赋值有以下两种形式。

1）引数赋值Ⅰ。

除去 G、L、N、O、P 地址符以外都可作为引数赋值的地址符，大部分无顺序要求，但对 I、J、K 则必须按字母顺序排列，对没有使用的地址可省略。引数赋值Ⅰ的地址和变量号码的对应关系如表 9—4 所示。

表 9—4　引数赋值Ⅰ的地址和变量号码的对应关系

Ⅰ的地址	宏程序中变量	Ⅰ的地址	宏程序中变量	Ⅰ的地址	宏程序中变量
A	#1	I	#4	T	#20
B	#2	J	#5	U	#21
C	#3	K	#6	V	#22
D	#7	M	#13	W	#23
E	#8	Q	#17	X	#24
F	#9	R	#18	Y	#25
H	#11	S	#19	Z	#26

2）引数赋值Ⅱ。

除了表 9—4 所示的引数外，I、J、K 作为一组引数，最多可指定 10 组。引数赋值Ⅱ所指定的地址和用户宏主体内所使用变量号码的对应关系如表 9—5 所示。

表 9—5　引数赋值Ⅱ的地址和变量号码的对应关系

Ⅱ的地址	宏程序中变量	Ⅱ的地址	宏程序中变量	Ⅱ的地址	宏程序中变量
A	#1	K_3	#12	J_7	#23
B	#2	I_4	#13	K_7	#24
C	#3	J_4	#14	I_8	#25
I_1	#4	K_4	#15	J_8	#26
J_1	#5	I_5	#16	K_8	#27
K_1	#6	J_5	#17	I_9	#28
I_2	#7	K_5	#18	J_9	#29
J_2	#8	I_6	#19	K_9	#30
K_2	#9	J_6	#20	I_{10}	#31
I_3	#10	K_6	#21	J_{10}	#32
J_3	#11	I_7	#22	K_{10}	#33

注：上表中的 I、J、K 的下标只表示顺序，并不写在实际命令中。

3）引数赋值Ⅰ、Ⅱ的混用。

在G65程序段的引数中，可以同时使用表9—4和表9—5中的两组引数赋值。但当对同一变量用Ⅰ、Ⅱ两组引数同时赋值时，只有后一引数赋值有效。

三、编程指令

1. G65——A类宏程序调用指令

指令格式：G65 Hm P＃i Q＃j R＃k；

其中：G65——A类宏程序调用指令；

Hm——各种宏指令，m的数值范围为01～99；

P＃i——运算结果存放处的变量名；

Q＃j——被操作的第一个变量名，也可以是一个常数；

R＃k——被操作的第二个变量名，也可以是一个常数。

2. G65——B类宏程序调用指令

指令格式：G65 P（宏程序序号）L（重复次数）（引数赋值）；

其中：G65——B类宏程序调用指令；

P（宏程序序号）——被调用的宏程序代号；

L（重复次数）——宏程序重复运行的次数，重复次数为1时，可省略不写，在地址L后可以指定1～9 999的重复次数；

（引数赋值）——宏程序中使用的变量赋值，是由地址符及数值构成的，由它给宏主体中所使用的变量赋予实际数值。

在实际工作中，加工如加工椭圆、双曲线、抛物线、正弦余弦曲线等零件时，就需要使用用户宏程序功能，如图9—2和9—3所示的零件。

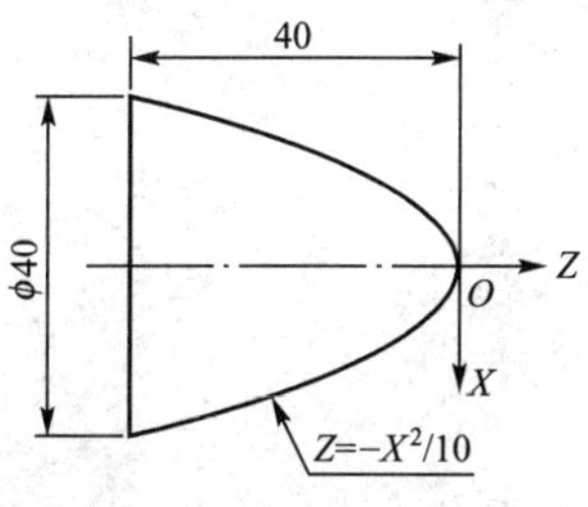

图9—2 抛物线类零件

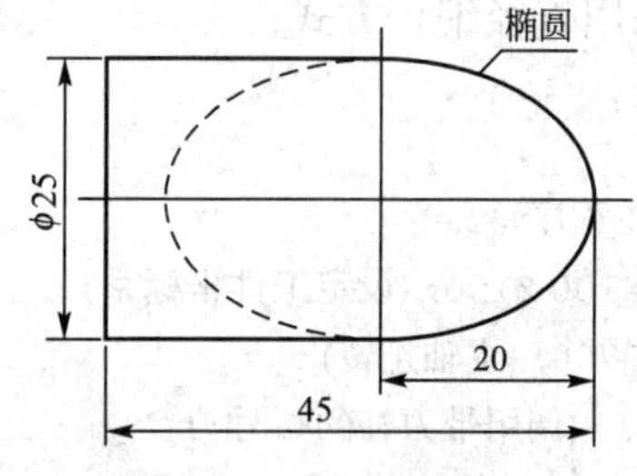

图9—3 椭圆类零件

例：如图9—2所示零件，运用A类宏程序，对零件进行精加工的编程。（注：精加工前已用G71指令粗加工去除余量，去除余量时，用圆弧进行拟合，每个节点外留单边0.3mm的精加工余量。）

分析：此零件的表面曲线是抛物线，为非圆曲线，只能采用直线逼近法加工，用多段直线来拟合抛物线，加工步距选择0.01mm。只要步距足够小，在零件上所形成的最大误差，就会小于所要求的最小误差，从而加工出符合要求的零件。编程时采用直径编程方式。

程序参考：

```
N10 G50 X100 Z100;
N20 M03 S700;
N30T0101;
N40 G00 X0 Z2;(快速靠近工件)
N50 G01 Z0 F80;(直线插补到Z=0 处)
N60 G65 H01 P#202 Q0;(赋值#202=0)
N70 G65 H02 P#201 Q#202 R0.01;(加工步距 0.01)
N80 G65 H05 P#201 Q#202 R2;(求半径X)
N90 G65 H04 P#203 Q#201 R#201;(求半径的平方X²)
N100 G65 H05 P#204 Q#203 R10;(求X²/10)
N110 G65 H01 P#205 Q-#204;(求-X²/10)
N120 G65 H04 P#201 Q#201 R2;(求 2X)
N130 G01 X#201 Z#205;(直线插补加工)
N140 G65 H01 P#202 Q#201;(变换动点)
N150 G65 H82 P70 Q#205 R-40;(若Z≠-40 转到 N70,若Z=-40,继续下步加工)
N160 G00 X100 Z100;
N170 T0100 M05;
N180 M30;
```

例：如图 9—3 所示零件，运用 B 类宏程序对零件进行精加工的编程。（注：精加工前先用 G71 指令粗加工去除余量，去除余量时，用圆弧进行拟合，每个节点处留单边 0.3mm 的精加工余量。）

分析：此零件的前表面曲线是椭圆曲线，后部分是圆柱，椭圆是非圆曲线，只能采用直线逼近法加工此零件，加工步距选择 0.01mm，用多段直线来拟合椭圆。只要步距足够小，在零件上所形成的最大误差，就会小于所要求的最小误差，从而加工出符合要求的零件。编程时采用直径编程方式。

程序参考：

```
O0001;(主程序)
N10 G50 X100 Z100;(设定工件坐标系)
N20 M03 S700;(主轴正转)
N30 T0101;(调用带刀补的 1 号刀)
N40 G00 X0 Z2;(快速移动接近工件)
N50 G01 Z0 F80;(直线插补到Z=0 处)
N60 G65 P0002 A0.01 B2.0 C10.0 D-40.0 E0 F80.0;(为宏程序中的变量赋值)
N70 G00 X100 Z100;(刀具退回换刀点)
N80 T0100 M05;(取消刀补,主轴停)
N90 M30;(程序结束)
O0002;(宏程序的子程序)
N10#6=#8;(赋初始值#6=0)
N20#10=#6+#1;(加工步距 0.01)
N30#11=#10/#2;(求半径X)
N40#15=# 11*#11;(求半径的平方X²)
```

```
N50#20=#15/#3;(求X²/10)
N60#25=-#20;(求-X²/10)
N70#12=#11*#2;(求2X)
N80 G01 X#12 Z#25 F80;(直线插补加工)
N90#6=#10;(变换动点)
N100 IF[#25 GT#7]GOTO 80;(若Z>-40转到N70,若Z<-40,继续下步加工)
N110 M99;(子程序返回主程序)
```

注意

★ 在A类宏程序指令中，若不赋值给运算必须的Q或R，则该值以“0”计算。

★ 在A类宏程序指令中，当H99转移地址的顺序号指定为正值时，开始是顺序方向检索，然后是逆序方向检索；指定为负值时，则相反。

★ 在A类宏程序指令中，也可以用变量指定顺序号。

★ 在B类宏程序指令中，当对同一个变量用Ⅰ、Ⅱ两组引数同时赋值时，只有后一引数赋值有效。建议在实际编程时，使用自变量赋值Ⅰ进行赋值。

★ 在各运算中，小数部分全部舍去，因此在连续运算时，要先乘后除，以提高计算精度。运算的先后顺序是：括号的运算、函数的运算、乘除的运算、加减的运算。

四、项目分析

1. 零件工艺性分析

(1) 毛坯的选用。

根据所要加工的零件，选择切削加工性能较好的45#钢材料，棒料直径为ϕ45mm。

(2) 技术要求分析。

如图9—1所示，该零件属于轴类零件，加工内容主要是抛物线曲面、椭圆曲面、圆柱面及切断的加工，零件图尺寸标注完整，符合数控加工尺寸标注要求，轮廓描述清楚完整，无热处理和硬度要求，其他表面要求不大于$Ra3.2\mu m$，尺寸无公差要求。

(3) 确定装夹等方案。

用三爪自定心卡盘夹紧棒料的一端，保证工件伸出的长度为95mm。

(4) 选择刀具。

根据上面的技术要求分析，选用两把刀具，T0100为硬质合金右偏55°外圆刀，T0200为刀宽为4mm的高速钢切断刀。同时将两把刀安装在刀架上，对刀，把它们的刀补值输入相应的刀具寄存器中，切断刀以右刀尖做为对刀点。

此工件的刀具卡（已对好刀）如表9—6所示，工具量具卡如表9—7所示。

表9—6　　刀具卡

实训项目	宏程序的应用		零件名称	零件9		零件图号	9—1
序号	刀具号	刀具名称及规格	数量	加工内容		备注	
1	T0101	55°右偏外圆刀	1	抛物曲面、椭圆曲面、圆柱面		YT15	
2	T0202	刀宽4mm切断刀	1	圆柱面及切断		高速钢（右刀尖对刀）	
编制		审核			批准		

表 9—7　　工具量具卡

实训项目	宏程序的应用	零件名称	零件 9	零件图号	9—1
序号	名称	规格		数量	备注
1	游标卡尺	0～125mm（0.02mm）		1	
2	千分尺	25～50mm（0.01mm）		1	
3	百分表	0～10mm（0.01mm）		1	四爪卡盘装夹时使用
4	磁性表座			1套	同上
5	辅具	莫氏钻套、钻夹头、回转顶尖		各1	选用
6	其他	铜棒、铜皮、毛刷等常用工具			选用
编制		审核		批准	

（5）制定加工方案。

该零件结构比较简单，主要由非圆曲面组成，加工过程中要考虑用宏程序编程，所以加工步骤比较复杂，此工件的加工工序和操作步骤如表 9—8 所示。

表 9—8　　工序卡

实训项目	刀具补偿	零件名称	零件 9	零件图号	9—1
数控系统	GSK980TA	材料	45#	工序号	090
使用夹具	三爪卡盘装夹	装夹方法	三爪定心	程序号	O0090

工序号	工步内容	G 指令	T 刀具	S 主轴转速（r/min）	F 进给速度（mm/min）	切削深度（mm）
1	夹住棒料一头，留出长度大约 95mm，车端面，对刀，找 G50 运行主程序 O0090		T0101	600	100	2
2	调用加工抛物曲面的宏程序 O0091	G65	T0101	600	100	1.5
3	调用加工椭圆曲面的宏程序 O0092	G65	T0101	600	80	1.5
4	切断工件	G01	T0202	200	20	0.5
5	检测、校核					
编制		审核		批准、时间		

2. 编程说明

编程时，以工件右端尖与轴线的交点为程序原点建立工件坐标系，加工起点（或换刀点）设为 X 向距程序原点 50mm，Z 向距程序原点 100mm 的位置。曲线轨迹为椭圆和抛物线，方程分别为 $X^2/20^2+Z^2/30^2=1$ 和 $Z=-X^2/40$，编程时采用线段逼近法，步距为 0.01mm，以直径方式编程。椭圆及抛物线方程转换成 $X=\left(\sqrt{1-\frac{Z^2}{30^2}}\right)/20$ 和 $X=\sqrt{-40Z}$，计算各节点的编程坐标值。

编制此工件的加工程序单，如表 9—9 所示。

表 9—9 程序单（供参考）

实训项目	宏程序的应用	零件名称	零件 9	零件图号	9—1
使用夹具	三爪卡盘装夹	装夹方法	三爪定心	程序号	O0090

程序号	程　序	说　明
O0090	加工主程序	
N10	G50 X100 Z100；	建立工件坐标系，确定换刀点
N20	S600 M03；	主轴以 600r/min 转速正转
N30	T0101；	调用外圆粗车刀
N40	G00 X0 Z3；	快速定位，接近工件
N50	G01 Z0 F100；	
N60	G65 P0091 A0.01 B2.0 C40.0 D-28.9 E0 F100；	调用加工抛物线的子程序 O0091
N70	G65 P0092 H0.01 I20.0 J30.0 M30 Q-28.9 F80；	调用加工椭圆的子程序 O0092
N80	G01 Z-85 F100；	直线加工
N90	G00 X100 Z100 M05；	
N100	M03 S200；	
N110	T0202；	
N120	G00 Z-85；	
N130	X32；	
N140	G01 X-1 F20；	
N150	G00 X100；	
N160	Z100 M05；	
N170	M30；	重新定位
O0091	加工抛物线曲面的子程序	
N10	＃6＝＃8；	赋初始值＃6＝0
N20	＃10＝＃6＋＃1；	加工步距 0.01
N30	＃11＝＃10/＃2；	求半径 X
N40	＃15＝＃11＊＃11；	求半径的平方（X^2）
N50	＃20＝＃15/＃3；	求 $X^2/40$
N60	＃23＝－＃20；	求 $-X^2/40$
N70	＃12＝＃11＊＃2；	求 $2X$
N80	G01X＃12Z＃23 F＃9；	直线插补加工
N90	＃6＝＃10；	变换动点
N100	IF［＃23 GT＃7］GOTO 20；	若 $Z>-28.9$ 转到 N20，若 $Z<-28.9$，继续下步加工
N110	M99；	返回主程序
O0092	加工椭圆曲面的子程序	
N10	＃14＝＃ 17；	赋初始值＃17＝17
N20	＃16＝＃14＋＃11；	赋初始值＃17＝17
N30	＃18＝＃16＊＃16；	加工步距 0.01
N40	＃19＝＃4＊＃4；	平方（Z^2）
N50	＃21＝＃18/＃19；	平方（20^2）

（续前表）

程序号	程　序	说　明
N60	＃22＝1－＃21；	求［$1-(Z^2/20^2)$］
N70	＃24＝SPART［＃22］；	求 SQRT［$1-(Z^2/20^2)$］
N80	＃25＝2＊＃5＊＃24；	求 2＊30＊SQRT［$1-(Z^2/20^2)$］
N90	G01 X＃25 Z＃16 F＃ 9；	直线插补加工
N100	IF［＃25 GT＃13］GOTO 20；	若 $X>30$，转到 N20，若 $X<30$，继续下步加工
N110	M99；	返回主程序

五、项目实施

1. 操作要点及注意事项

（1）严格按照数控车床的操作规程和安全规程进行操作。

（2）开机后，进行数控车床空载运行，检查车床各部分运行状况。

（3）选择尖刀时，注意刀具的尖角是否合理，加工过程中不能与工件发生干涉。

（4）对刀时，切槽刀以右刀尖做为编程的刀位点。

（5）正确使用游标卡尺、外径千分尺测量相关的尺寸。

（6）发生事故时，要沉着冷静、积极配合工作人员处理。

2. 操作步骤及质量检测

（1）准确快速地输入加工程序。

（2）通过数控系统图形仿真加工轨迹，进行程序的校验及修整。

（3）使用装夹具正确地安装刀具，进行对刀操作，建立工件坐标系。

（4）灵活使用程序试运行、分段运行及自动运行等运行方式对工件进行自动加工操作。

（5）加工过程中，按图纸要求检测工件，随时对工件进行误差与质量分析。

（6）加工完成后，按规定要求润滑保养数控车床。

此工件的检验卡如表 9—10 所示。

表 9—10　　检　验　卡

单位		姓名		考号	
实训项目	宏程序的应用	零件名称	零件 9	零件图号	9—1

序号	检验内容及要求	配分	评分标准	检测结果	得分
1	手工编程	20	语法错误每处扣 2 分 数据错误每处扣 1 分		
2	程序输入	10	手工输入，不会者取消操作		
3	仿真加工轨迹	10	图形模拟走刀路径		
4	试切对刀、建立工件坐标系	5	不会者取消操作		
5	径向尺寸 $\phi 30$	10	每超差 0.02mm 扣 2 分		
6	径向尺寸 $\phi 85$	10	每超差 0.02mm 扣 2 分		
7	整体外形	10	圆弧曲线连接圆滑，形状准确		

（续前表）

序号	检验内容及要求	配分	评分标准	检测结果	得分
8	表面粗糙度	20	不得大于 $Ra3.2\mu m$		
9	倒角、去毛刺等	5	按照 GB 1804—M 要求		
10	安全操作、文明生产		违章视情节轻重扣分，重大事故取消操作	扣分不超过 10 分	

额定工时		实际加工时间		总得分	
检测员		记录员		考评员	

六、项目总结

◇ 熟悉宏程序的运用，了解 A 类型宏程序宏指令及格式，变量的种类及用途。

◇ 掌握 B 类型宏程序的相关运算符、调用指令、调用指令的格式，以及引数赋值的运用等相关知识。

◇ 掌握运用宏程序对椭圆、双曲线、抛物线、正弦曲线等非圆曲线进行相关的编程、加工及检验等操作。

七、项目拓展练习

1. 如图 9—4 所示为非圆曲线组成的简单的轴类零件，其曲线轨迹为椭圆，工件材料选用 45# 钢，坯料选用φ30mm 的棒料，要求对该零件进行技术分析、确定装夹方法、选择刀具、制定加工方案、运用宏程序对该零件进行精加工程序的编制，并加工检验。

2. 如图 9—5 所示为非圆曲线组成的简单的轴类零件，其曲线轨迹为两个周期的正弦曲线，工件材料选用 45# 钢，坯料选用φ45mm 的棒料，要求对该零件进行技术分析，确定装夹方法、选择刀具、制定加工方案、运用宏程序对该零件进行精加工程序的编制、加工并检验。

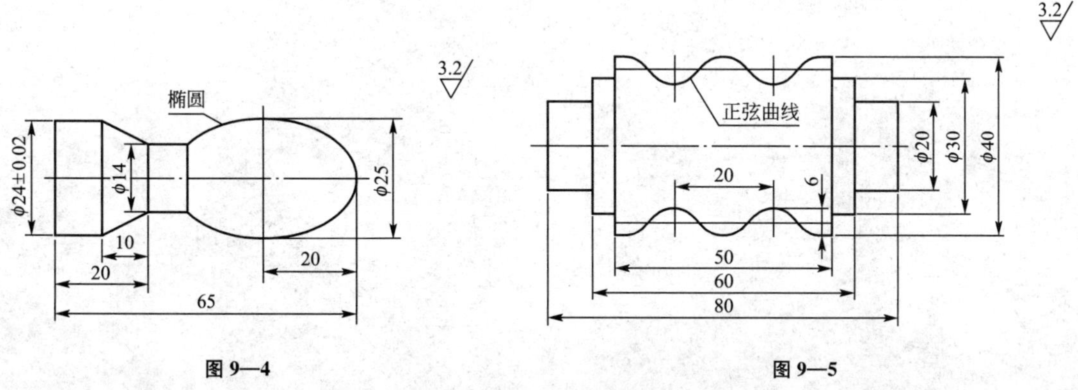

图 9—4　　图 9—5

3. 如图 9—6 所示为前端为椭圆的非圆曲线组成的轴类零件，工件材料选用 45＃钢，坯料选用φ50mm 的棒料，要求对零件进行技术分析、确定装夹方法、选择刀具、制定加工方案、运用宏程序对该零件进行加工程序的编制，并加工检验。

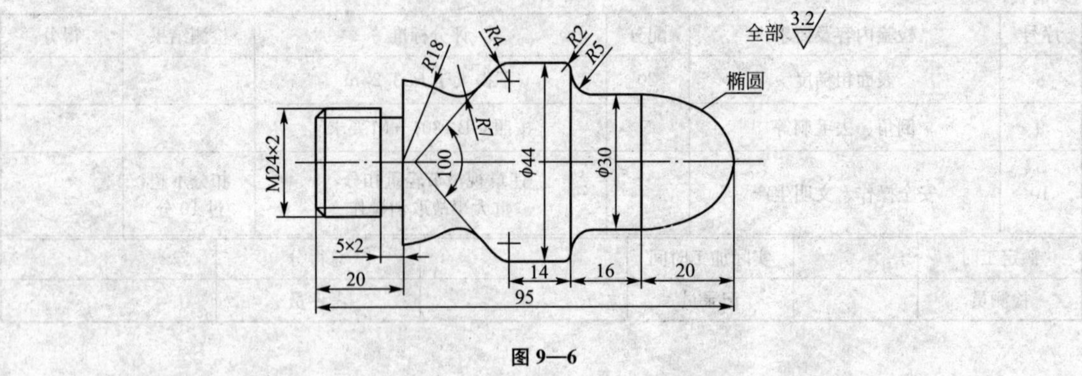

图 9—6

综合类零件的加工

一、项目内容

如图 10—1 所示为综合性轴类零件，工件材料选用 45# 钢，坯料选用ϕ45mm 的棒料，对该零件进行技术分析、确定装夹方法、选择刀具、制定加工方案、进行加工程序的编制，并加工检验。

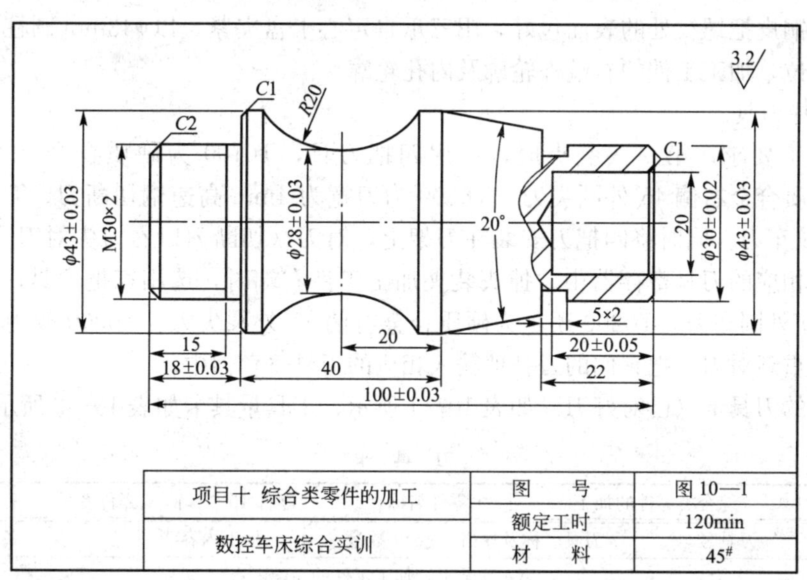

图 10—1

1. 技能目标

◆ 能熟练地分析零件，确定合理的装夹方案，选择加工刀具、量具等，制定最佳的加工工艺步骤，进行编程计算，编制加工程序；

◆ 熟练地操作数控车床对零件进行加工、进行尺寸检测，并控制尺寸。

2. 知识目标

◆ 掌握数控车床的基础知识、编程内容及基本功能；

◆ 掌握综合类零件的基本加工工艺的相关知识；

◆ 掌握数控编程方法，能熟练地对综合类零件进行编程。

二、项目分析

1. 零件工艺性分析

(1) 毛坯的选用。

依据所要加工的零件，此工件可选择切削加工性能较好的 45# 钢材料，棒料的直径为 ϕ45mm。

(2) 技术要求分析。

如图 10—1 所示，该零件属于一个综合类轴类零件，既有外轮廓的加工，又有内轮廓的加工。外轮廓主要由轴锥面、圆弧面、圆柱面、螺纹等表面组成，内轮廓包括一个圆柱面和倒角。整个零件图尺寸标注完整，符合数控加工尺寸标注要求，轮廓描述清楚完整，无热处理和硬度要求，零件所有表面粗糙度值不大于 $Ra3.2\mu m$，其中多个径向尺寸与轴向尺寸有较高的尺寸精度。

(3) 确定装夹等方案。

此工件必须两次装夹才能完成，第一次用三爪自定心卡盘夹紧棒料的一端，保证工件伸出的长度为 120mm，为了保证工件加工的稳定性，在工件的左端面（已加工）打中心孔，利用车床尾座用顶针定位顶紧。先从工件的左端往右端进行外轮廓的加工，包括凹圆弧部分和锥面，然后加工螺纹，最后切断工件。掉头进行第二次装夹，为保护已加工的表面，需要用铜皮把螺纹处的表面包好，用三爪自定心卡盘夹紧，以 ϕ43mm 圆柱的左端面为定位基准定位，加工工件的右端外轮廓及内孔轮廓。

(4) 选择刀具。

根据加工要求，第一次装夹时，选用四把刀具，T0100 为硬质合金 90°外圆车刀，T0200 为硬质合金右偏 45°外圆尖刀，T0300 为刀宽为 4mm 高速钢切断刀，T0400 为硬质合金 60°螺纹车刀。同时将四把刀安装在刀架上，对刀（切断刀以右刀尖对刀），把它们的刀补值输入相应的刀具寄存器中。掉头装夹加工工件右端时，选用三把刀具，T0100 还是硬质合金 90°外圆车刀，T0200 还是为硬质合金右偏 45°外圆尖刀，T0300 改为硬质合金的内孔车刀，重新对刀，把它们的刀补值输入相应的刀具寄存器中。

此工件的刀具卡（已对好刀）如表 10—1 所示，工具量具卡如表 10—2 所示。

表 10—1　　刀　具　卡

实训项目	综合类零件的加工	零件名称	零件 10	零件图号	10—1
序号	刀具号	刀具名称及规格	数量	加工内容	备注
第一次装夹，加工工件的左端					
1	T0101	90°外圆车刀	1	外轮廓	YT15
2	T0202	右偏 45°外圆尖刀	1	凹圆弧轮廓	YT15
3	T0303	刀宽 4mm 的切断刀	1	切断	高速钢（右刀尖对刀）
4	T0404	60°螺纹车刀	1	螺纹	YT15
装夹在已加工好的螺纹处，加工工件的右端					
1	T0101	90°外圆车刀	1	外轮廓	YT15
2	T0202	右偏 45°外圆尖刀	1	凹圆弧轮廓	YT15
3	T0303	内孔车刀	1	内孔轮廓	YT15
编制		审核		批准	

表 10—2　　工具量具卡

实训项目	综合类零件的加工	零件名称	零件 10	零件图号	10—1
序号	名称	规格		数量	备注
1	游标卡尺	0～125mm (0.02mm)		1	
2	千分尺	0～25mm、25～50mm (0.01mm)		各 1	
3	百分表	0～10mm (0.01mm)		1	
4	中心钻	A 型		1	
5	麻花钻	ϕ10mm、ϕ18mm		各 1	
6	螺纹量规	M30×2 止通套规		1 套	测量外螺纹
7	游标万能角度尺			1	测量角度
8	顶针			1	
9	磁性表座			1 套	
10	辅具	莫氏钻套、钻夹头、回转顶尖		各 1	
11	其他	铜棒、铜皮、毛刷等常用工具			选用
编制		审核		批准	

(5) 制定加工方案。

制定加工方案时应考虑加工顺序按由粗到精、由近到远的原则确定，在一次装夹中应尽可能加工出较多的工件表面。结合本工件的结构特点，也考虑到加工效率，先不考虑工件中部的凹圆弧结构和尾部的圆柱，那么整个外轮廓的形状符合 G71 指令的加工规律，可以选择用 G71 循环指令加工工件最左端的螺纹面及整个外轮廓，中部的凹圆弧结构可以选择 G73 循环加工指令进行粗加工，它们精加工时的刀具走刀路径示意图如图 10—2 所示。然后运用复合循环指令 G76 粗精加工外螺纹，用切断刀把尾部的槽用直线插补方式加工出来，最后切断工件。

倒头装夹后，要进行内孔加工时，要先对零件进行钻孔，再使用内孔刀具进行相应的加工操作，即首先用中心钻在工件的右端面上打一中心孔，为后面的钻孔起到自动定心的作用，然后用ϕ10mm 的麻花钻钻孔，保证孔的深度为 20mm，最后用ϕ18mm 的钻头把孔扩大到接近要加工的尺寸，同样保证孔的深度为 20mm。按照先内后外、内外交叉的加工原则，工件右端的内孔轮廓的形状尺寸符合复合循环指令 G71 的加工规律，运用其进行粗加工，再运用指令 G70 进行精加工。外轮廓直接运用单一循环指令 G90 进行粗加工，再运用直线插补指令 G01 进行精加工，控制好尺寸。刀具精加工时的走刀路径示意图如图 10—3 所示。

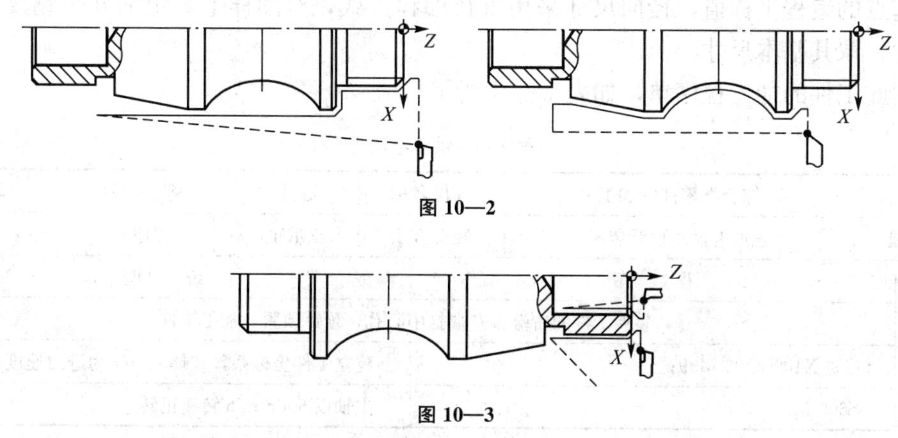

图 10—2

图 10—3

此工件的加工工序卡如表 10—3 所示。

表 10—3　　　　工　序　卡

实训项目	综合类零件的加工	零件名称	零件 10	零件图号	10—1
数控系统	GSK980TA	材料	45 #	工序号	100
使用夹具	三爪卡盘及顶针装夹	装夹方法	三爪定心及顶针	程序号	O0100

序号	工步内容	G 指令	T 刀具	S 主轴转速 (r/min)	F 进给速度 (mm/r)	切削深度 (mm)
第一次装夹，加工工件的左端						
1	粗车左端外轮廓	G71	T0101	600	0.15	1.5
2	精车左端外轮廓	G70	T0101	1 000	0.06	0.25
3	粗车中间凹圆弧轮廓	G73	T0202	500	0.15	
4	精车中间凹圆弧轮廓	G70	T0202	800	0.06	
5	加工螺纹	G76	T0404	400		
6	加工 5×2 槽	G01	T0303	200	0.05	
7	切断	G01	T0303	200	0.05	
8	检测、校核					
装夹在已加工好的螺纹处，加工工件的右端						
1	打中心孔	手动	中心钻	300		
2	钻孔 ϕ10mm	手动	麻花钻	300	0.15	
3	扩孔 ϕ18mm	手动	麻花钻	300	0.15	
4	粗车右端内孔轮廓	G71	T0303	500	0.12	1
5	粗车右端外轮廓	G90	T0101	600	0.15	1.5
6	精车右端内孔轮廓	G70	T0303	800	0.06	0.2
7	精车右端外轮廓	G01	T0202	1 000	0.06	
8	检测、校核					
编制		审核		批准、时间		

2. 编程说明

编程时，第一次装夹以工件的已加工的左端面与轴线的交点为程序原点建立工件坐标系，掉头装夹时，以工件的右端面与轴线的交点为程序原点建立工件坐标系，那么加工起点（或换刀点）为 X 向距轴心线（或程序原点）50mm，Z 向距程序原点 100mm 的位置。计算各基点的编程坐标值，径向尺寸采用直径编程方式，对图样上给定的几个精度要求较高的尺寸，取其基本尺寸。

编制此工件的加工程序单，如表 10—4 所示。

表 10—4　　　　程序单（供参考）

实训项目	综合类零件的加工	零件名称	零件 10	零件图号	10—1
使用夹具	三爪卡盘及顶针装夹	装夹方法	三爪定心	程序号	O0100

程序号	程　序	说　明
O0101	装夹工件的右端，左端打中心孔，顶针顶紧，加工工件	
N10	G50 X100 Z100 M99；	建立工件坐标系，选择 mm/r 为进刀速度
N20	S600 M03；	主轴以 600r/min 转速正转

（续前表）

程序号	程　　序	说　　明
N30	T0101；	调用1号刀
N40	G00 X47 Z3；	快速定位，接近工件
N50	G71 U1.5 R0.5；	方法一：运用复合固定循环指令G71加工
N60	G71 P70 Q130 U0.5 F0.15；	径向尺寸留0.5mm的精加工余量
N70	G00 X26；	描述零件精加工轨迹第一段程序
N80	G01 Z0 F0.06；	
N90	X30 Z-2；	
N100	Z-18；	
N110	X41；	
N120	X43 Z-19；	
N130	Z-85；	描述零件精加工轨迹最后一段程序
	G90 X43.5 Z-83 F0.15；	方法二：运用单一固定循环指令加工
	X41 Z-18；	
	X39；	
	X37；	
	X35；	
	X33；	
	X31；	
	X30.5；	径向尺寸留0.5mm的精加工余量
N140	G00 X100 Z100 M05；	
N150	M00；	
N160	M03 S1000；	主轴以1 000r/min转速正转
N170	G00 X47 Z3；	快速定位到循环起点
N180	G70 P70 Q130；	方法一：运用G70指令精加工G71指令的走刀轨迹
	G01 X26 F0.06；	方法二：运用G01指令精加工G90指令的走刀轨迹
	Z0；	
	X30 Z-2；	
	Z-18；	
	X47；	
N190	G00 X100 Z100 M05；	退刀，主轴停
N200	M00；	程序暂停，主轴停
N210	M03 S500；	主轴以500r/min转速正转
N220	T0202；	调用2号刀
N230	G00 X45 Z-16；	快速定位
N240	G73 U7.5 R0.008；	运用复合固定循环指令加工$R20$的圆弧及斜面
N250	G73 P260 Q350 U0.4 F0.15；	径向尺寸留0.4mm的精加工余量

（续前表）

程序号	程　序	说　明
N260	G00 X41；	描述零件精加工轨迹第一段程序
N270	G01 Z－18 F0.06；	
N280	X43 Z－19；	
N290	W－3.38；	
N300	G02 X28 Z－38 R20；	
N310	X43 W－15.612 R20；	
N320	G01 W－4.388；	
N330	X35.947 W－20；	
N340	W－5；	
N350	X45；	描述零件精加工轨迹最后一段程序
N360	G00 X100 Z100 M05；	快速退刀，主轴停
N370	M00；	程序暂停
N380	M03 S800；	主轴以 800r/min 转速正转
N390	G00 X45 Z－16；	快速移动，定位
N400	G70 P260 Q350；	运用 G70 指令精加工
N410	G00 X100 Z100 M05；	退刀，主轴停
N420	M00；	程序暂停，测量尺寸
N430	M03 S400；	主轴以 400r/min 转速正转
N440	T0404；	调用 4 号刀
N450	G00 X34 Z4；	快速定位到循环起点
N460	G76 P010060 Q20 R0.02；	运用复合循环指令 G76 加工螺纹
N470	G76 X27.4 Z－15 P1300 Q250 F2；	
N480	G00 X100 Z100 M05；	快速退刀，主轴停
N490	M00；	程序暂停
N500	M03 S200；	主轴以 200r/min 转速正转
N510	T0303；	调用 3 号刀
N520	G00 X45 Z－81；	快速定位
N530	G01 X26 F0.05；	加工 5×2 的退刀槽
N540	G00 X45；	退刀
N550	W－2；	第二次进刀定位
N560	G01 X26 F0.05；	加工 5×2 的退刀槽
N570	G00 X50；	退刀
N580	Z－100；	重新定位到切断处
N590	G01 X－1 F0.05；	切断工件
N600	G00 X100；	*X* 向退刀
N610	Z100 M05；	*Z* 方向退刀，主轴停
N620	M30；	程序结束

(续前表)

程序号	程　　序	说　　明
O0102	掉头加工工件	
N10	G50 X100 Z100 M99;	建立工件坐标系，选择 mm/r 为进刀速度
N20	M03 S500;	主轴以 500r/min 转速正转
N30	T0303;	调用 3 号刀
N40	G00 X16 Z2;	快速定位
N50	G71 U1.5 R0.5;	运用复合固定循环指令 G71 加工 ϕ20 的孔
N60	G71 P70 Q100 U－0.4 W0 F0.12;	
N70	G00 X22;	描述零件精加工轨迹第一段程序
N80	G01 Z0 F0.06;	
N90	X20 Z－1;	
N100	Z－20;	描述零件精加工轨迹最后一段程序
N110	G00 X100 Z100 M05;	快速退刀
N120	M00;	程序暂停，测量尺寸
N130	M03 S600;	主轴以 600r/min 转速正转
N140	T0101;	调用 1 号刀
N150	G00 X47 Z2;	快速定位
N160	G90 X43 Z－18 F0.15;	运用单一固定循环指令加工
N170	X41;	
N180	X39;	
N190	X37;	
N200	X35;	
N210	X33;	
N220	X31;	
N230	X30.5;	径向尺寸留 0.5mm 的精加工余量
N240	G00 X100 Z100 M05;	快速退刀，主轴停
N250	M00;	程序暂停，测量尺寸
N260	M03 S800;	主轴以 800r/min 转速正转
N270	T0303;	调用内孔车刀
N280	G00 X16 Z2;	快速定位
N290	G70 P70 Q100;	进行内孔的精加工
N300	G00 X100 Z100 M05;	退刀，主轴停
N310	M00;	
N320	M03 S1000;	主轴以 1 000r/min 转速正转
N330	T0202;	调用 2 号刀
N340	G00 X32 Z2;	快速定位
N350	G01 X28 F0.06;	运用 G01 精加工
N360	Z0;	
N370	X30 W－1;	倒角
N380	Z－18;	
N390	G00 X100 Z100 M05;	快速退刀，主轴停
N400	M00;	程序暂停，测量尺寸
N410	M30;	程序结束

三、项目实施

1. 操作要点及注意事项

(1) 严格按照操作规程和安全规程操作。

(2) 开机后，进行车床空载运行，检查车床各部分运行状况。

(3) 选择尖刀时，注意刀具的尖角是否合理，加工过程中不能与工件发生干涉。

(4) 对刀时，所有的切槽刀都以右刀尖对刀为编程的刀位点。

(5) 正确使用游标卡尺、外径千分尺、游标万能角度尺、螺纹量规、螺纹中径千分尺等量具测量相关的尺寸。

(6) 工件装夹时，夹持部分不能太短，要注意伸出长度，调头装夹时，不要夹伤已加工表面，注意工件的校正。

(7) 钻孔、扩孔采用手动完成，没有编制加工程序。

(8) 为了保证长度尺寸公差，零件第一次装夹切断时都可留 0.5mm 的加工余量，掉头装夹后，根据实际情况保证长度尺寸。

(9) 在加工既有内表面，又有外表面的零件时，应先安排进行内外表面粗加工，后进行内外表面精加工，先内后外，交叉进行加工，这样易控制其内外表面的尺寸精度、形位公差和表面粗糙度。

(10) 为保证零件尺寸的准确性，可分半精加工和精加工两个步骤加工尺寸要求高的外轮廓，或通过修改刀补的方法来保证零件的尺寸要求。

(11) 发生事故时，要沉着冷静，积极配合工作人员进行处理。

2. 操作步骤及质量检测

(1) 准确快速地输入加工程序。

(2) 通过数控系统图形仿真加工轨迹，进行程序校验及修整。

(3) 使用装夹具正确安装刀具，进行对刀操作，建立工件坐标系。

(4) 灵活使用程序试运行、分段运行及自动运行等方式对工件进行自动加工操作。

(5) 加工过程中，要注意中间按图纸要求检测工件质量，随时对工件进行误差与质量分析与处理。

(6) 零件需要掉头加工时，注意掉头后的对刀和端面找准。

(7) 加工完后，清理数控车床，按规定润滑保养数控车床。

此工件的检验卡如表 10—5 所示。

表 10—5　　检　验　卡

单位		姓名		考号	
实训项目	综合类零件的加工	零件名称	零件 10	零件图号	10—1

序号	检验内容及要求	配分	评分标准	检测结果	得分
1	手工编程	10	语法错误每处扣 2 分 数据错误每处扣 1 分		
2	程序输入	5	手工输入，不会者取消操作		
3	仿真加工轨迹	5	图形模拟走刀路径		

(续前表)

序号	检验内容及要求	配分	评分标准	检测结果	得分
4	试切对刀、建立工件坐标系	10	不会者取消操作		
5	带公差的径向尺寸ϕ43	10	每超差 0.01mm 扣 2 分		
6	带公差的径向尺寸ϕ30	10	每超差 0.01mm 扣 2 分		
7	带公差的径向尺寸ϕ28	5	每超差 0.01mm 扣 2 分		
8	带公差的轴向尺寸 100	5	每超差 0.02mm 扣 2 分		
9	带公差的轴向尺寸 20	5	每超差 0.02mm 扣 2 分		
10	带公差的轴向尺寸 18	5	每超差 0.02mm 扣 2 分		
11	M30×2	15	不符合要求不得分		
12	整体外形	2	形状准确		
13	表面粗糙度	10	不得大于 Ra3.2μm		
14	倒角、去毛刺等	3	按照 GB 1804－M 要求		
15	安全操作、文明生产		违章视情节轻重扣分，重大事故取消操作	扣分不超过 10 分	

额定工时		实际加工时间		总得分	
检测员		记录员		考评员	

四、项目总结

◇ 掌握数控编程的基本知识，数控编程的相关指令的功能、作用、使用范围，指令的编程格式、编程参数的含义及选用。

◇ 掌握数控加工工艺相关的知识，包括能正确地分析加工零件，合理地选择装夹方案，选择刀具、量具，制定出最佳的加工方案，能计算编程所需的尺寸，编制加工的程序等。

◇ 能熟练地操作数控车床，掌握加工中如何正确地测量零件的尺寸，并根据实际测量的数值与理想的尺寸做比较，掌握通过修改程序、刀补或通过分半精加工与精加工的操作更好地控制尺寸等。

五、项目拓展练习

1. 如图 10—4 所示综合类的轴类零件，工件材料选用 45# 钢，坯料选用ϕ45mm 的棒料，要求对该零件进行技术分析、确定装夹方法、选择刀具、制定加工方案、进行加工程序的编制，并加工检验。

2. 如图 10—5 所示综合类的轴类零件，工件材料选用 45# 钢，坯料选用ϕ40mm 的棒料，要求对该零件进行技术分析、确定装夹方法、选择刀具、制定加工方案、进行加工程序的编制，并加工检验。

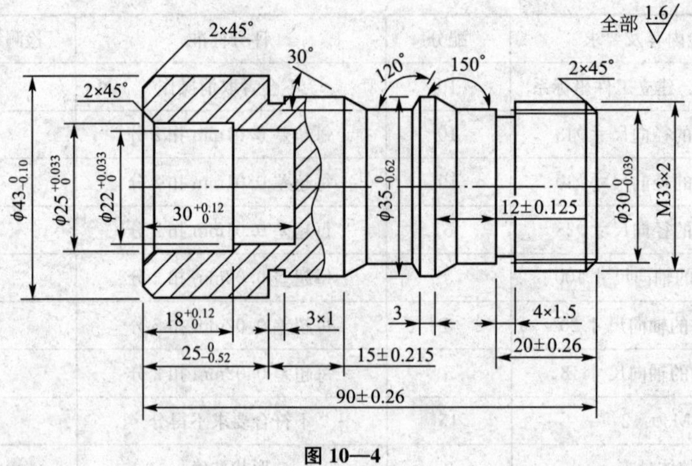

全部 1.6
2×45°
30°
120°
150°
2×45°
2×45°
φ43 0 −0.10
φ25 +0.033 0
φ22 +0.033 0
30 +0.12 0
φ35 0 −0.62
12±0.125
φ30 0 −0.039
M33×2
18 +0.12 0
3×1
3
4×1.5
25 0 −0.52
15±0.215
20±0.26
90±0.26

其余 3.2
30
20
1.6
1.6
E
F
G
R5
1.6
1.6
1.6
1.6
φ26 +0.04 0
M24×2
Sφ32±0.02
φ36±0.02
4
φ20 +0.04 0
10°±2′
M24×2
φ38 0 −0.03
A
C
B
D
4×1.5
20
R5
R5
R2
1.5×45°
10
35
52
30
90±0.04

图 10—4

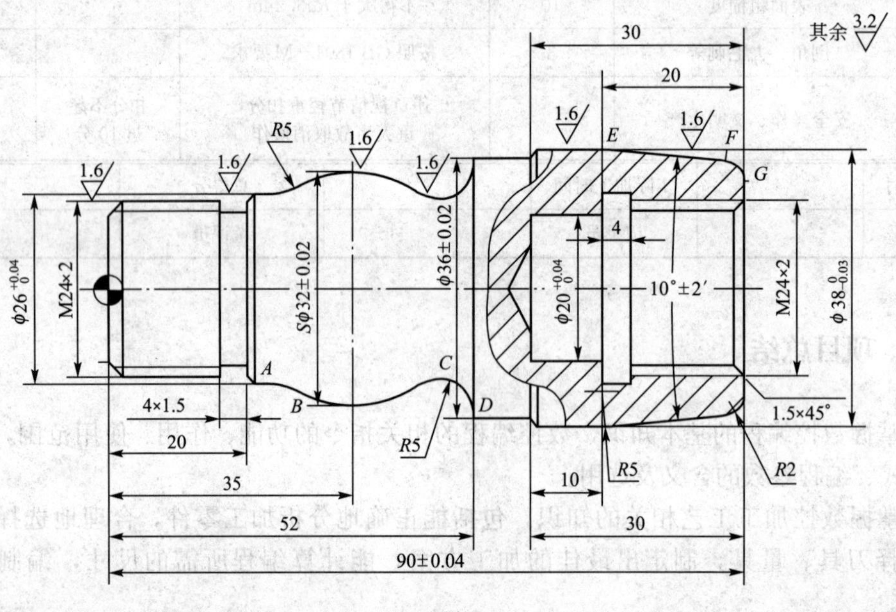

图 10—5

中级工考证零件的加工

一、项目内容

如图 11—1 所示为数控中级工考证的一个轴类零件，工件材料选用 45[#] 钢，坯料选用 ϕ30mm 的棒料，要求对该零件进行技术分析、确定装夹方法、选择刀具、制定加工方案、进行加工程序的编制，并加工检验。

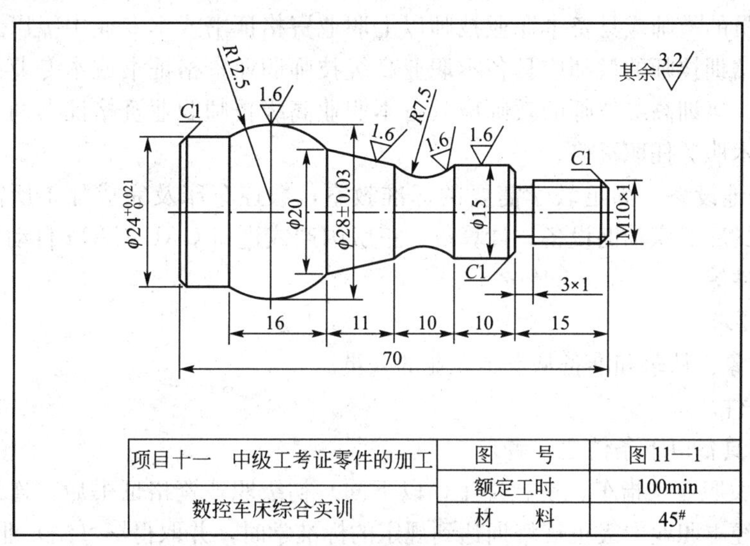

图 11—1

1. 技能目标

◆ 能够读懂零件图，明确加工要求；能够制定正确、合理的加工方案；

◆ 能够编写零件的数控加工程序；

◆ 能够操作数控车床进行零件的数控加工；

◆ 会使用测量仪器进行零件的检测。

2. 知识目标

◆ 了解数控加工工艺的相关知识，包括刀具与夹具的选择、走刀路线的确定、切削用量的选用等；

◆ 掌握数控车床的编程技巧等。

二、数控车床操作工职业标准

1. 数控车床操作工职业概况

(1) 职业名称：数控车床操作工。

(2) 职业定义：操作数控车床，进行工件车削加工的人员。

(3) 职业等级：本职业共设四个等级，分别为中级（相当于国家职业资格四级）、高级（相当于国家职业资格三级）、技师（相当于国家职业资格二级）、高级技师（相当于国家职业资格一级）。

(4) 职业环境：室内、常温。

(5) 职业能力特征：具有较强的计算能力、空间感、形体知觉及色觉，手指、手臂灵活，动作协调。

(6) 基本文化程度：高中毕业（含同等学力）。

(7) 培训要求。

1) 培训期限：全日制职业学校教育，根据其培养目标和教学计划确定。晋级培训期限：中级不少于 400 标准学时；高级不少于 300 标准学时。

2) 培训教师：基础理论课教师应具备本科及本科以上学历，具有一定的教学经验；培训中、高级人员的教师应具备本职业技师以上职业资格证书或本专业中级以上专业技术职务任职资格；培训技师的教师应具备本职业高级技师职业资格证书或本专业高级专业技术职务任职资格；培训高级技师的教师应具备本职业高级技师职业资格证书两年以上或本专业高级专业技术职务任职资格。

3) 培训场地设备：满足教学需要的标准教室，数控车床及完成加工所需的工件、刀具、夹具、量具和机床辅助设备，计算机，正版国产或进口 CAD/CAM 自动编程软件和数控加工仿真软件等。

(8) 鉴定要求。

1) 适用对象：从事和准备从事本职业的人员。

2) 申报条件。

① 中级（具备以下条件之一者）：

◇ 取得相关职业（指车、铣、镗工，以下同）初级职业资格证书后，连续从事相关职业 3 年以上，经本职业中级正规培训达到规定的标准学时，并取得毕（结）业证书。

◇ 取得相关职业中级职业资格证书后，且连续从事相关职业 1 年以上，经本职业中级正规培训达到规定的标准学时数，并取得毕（结）业证书。

◇ 取得中等职业学校数控加工技术专业或大专以上（含大专）相关专业毕业证书。

② 高级（具备以下条件之一者）：

◇ 取得本职业中级职业资格证书后，连续从事本职业 4 年以上，经本职业高级正规培训达到规定的标准学时数，并取得毕（结）业证书。

◇ 取得本职业中级职业资格证书后，连续从事本职业工作 7 年以上。

◇ 取得高级技工学校或经劳动保障行政部门审核认定的、以高级技能为培养目标的高等职业学校本专业毕业证书。

◇ 具有相关专业大专学历，并取得本职业中级职业资格证书后，连续从事本职业工作 2 年以上。

3）鉴定方式：分为理论知识考试、软件应用考试和技能操作考核三部分。理论知识考试采用闭卷笔试方式。软件应用考试采用上机操作方式，根据考题的要求，完成零件的几何造型、加工参数设置、刀具路径与加工轨迹的生成、代码生成与后置处理和数控加工仿真。技能操作考核在配置数控机床的现场采用实际操作方式，按图纸要求完成试件加工。

4）考评员和考生的配备：理论知识考核每标准考场配备两名监考员；技能考试每台设备配备两名监考人员；每次鉴定组成 3～5 人的考评小组。

5）成绩评定：由考评小组负责，三项考试均采用百分制，皆达到 60 分以上者为合格。理论知识与软件应用由考评员根据评分标准统一阅卷、评分与计分。操作技能的成绩由现场操作规范和试件加工质量两部分组成，其中操作规范成绩根据现场实际操作表现，按照评分标准，依据考评员的现场纪录，由考评小组集体评判；试件加工质量依据评分标准，根据检测设备的实际检测结果，进行客观评判、计分。

6）鉴定时间：各等级理论知识考试和软件应用考试时间均为 120 分钟。各等级技能操作考核时间：中级不少于 300 分钟，高级不少于 360 分钟，技师不少于 420 分钟，高级技师不少于 240 分钟。

7）鉴定场所、设备：理论知识考试在标准教室进行；软件应用考试在标准机房进行，使用正版国产或进口 CAD/CAM 自动编程软件和数控加工仿真软件；技能操作考核设备为数控车床、工件、夹具、量具、刀具、机床附件及计算机等必备仪器设备，具体技术指标可参考表 11—1 所示的要求。

表 11—1　　数控车床技术指标要求

项　　目	参　　数
床身上最大工件回转直径	≥ϕ200mm
最大工件长度	≥500mm
主轴转速范围，无级变速	≥50r/min
定位精度	X：0.025mm　Z：0.03mm（GB/T 16462—1996）
重复定位精度	X：0.008mm　Z：0.01mm（GB/T 16462—1996）
回转刀架工位数	≥4

◇ 切削刀具：每台数控车床配备 6 把以上相应刀具和规定数量的刀片，部分刀具为焊接刀具，要求自行刃磨。

◇ 测量工具：每台数控车床配备检验试件加工精度和表面粗糙度所需的量具。

2. 数控车床操作工的职业要求

（1）中级数控车床操作工的职业要求。

1）熟悉数控车床的基本操作、日常维护及保养：

◇ 熟悉常用卧式数控车床的名称、型号、规格、性能、结构、主要组成部分（传动系统和数控系统）及作用；

◇ 掌握数控车床的开机、关机；

◇ 掌握机床控制面板各功能键的作用及使用方法；

◇ 掌握切削液系统的使用；

◇ 掌握常用夹具（液压卡盘、顶尖、数控车床专用夹具和组合夹具）、量具（游标卡尺、外径千分尺、内径百分表、内径千分表）及机床附件（对刀仪、磁盘驱动器等）的名称、规格、构造、用途、使用和调整规则；

◇ 掌握常用数控刀具（种类、材料、牌号、性能、尺寸等）的选择方法，能修磨各种非标准刀具的几何形状、角度；

◇ 掌握刀具的装夹、更换，刀具的预调及其参数的输入和修改的基本操作；

◇ 掌握工件的定位、装夹、找正；

◇ 掌握对刀、设置工件原点输入工件坐标系；

◇ 掌握刀具长度补偿和半径补偿的使用方法，加工参数的选择、计算、输入及修改等项目的基本操作；

◇ 掌握数控加工程序的输入、输出、检查、调试及执行；

◇ 根据工件的技术要求，能够确定简单工艺路线，进行首件试切；

◇ 掌握加工过程中切削用量的调整方法；

◇ 掌握按工艺规程完成工件的加工及工件简单尺寸的现场测量；

◇ 掌握数控车床的日常维护与保养；

◇ 爱岗敬业，遵章守纪，严格、正确执行数控车床安全操作规程。

2）能够进行简单数控工艺设计与程序编制：

◇ 按照工艺文件的要求，能够完成简单工件的加工；

◇ 能够编制简单工件的工艺路线；

◇ 能够手工编制简单的加工程序并执行。

（2）高级数控车床操作工的职业要求。

1）掌握较复杂数控工艺设计与程序编制：

◇ 按照工艺文件的要求，能够完成较复杂工件的加工；

◇ 能够编制较复杂工件的工艺路线；

◇ 能够手工编制较复杂的加工程序并执行；

◇ 能够应用 CAD/CAM 软件编程并加工。

2）能够进行现场技术问题的分析处理：

◇ 进行加工状态的监控及紧急情况的处理；

◇ 进行加工的中断及恢复；

◇ 阅读数控车床各类报警信息，能够处理一般报警故障；

◇ 能够分析工件加工中产生废品的原因并解决。

3. 数控车床操作工基本要求

（1）职业道德。

1）职业道德基本知识。

2）职业守则：

◇ 爱岗敬业，忠于职守。

◇ 努力钻研业务，刻苦学习，勤于思考，善于观察。

◇ 工作认真负责，严于律己，吃苦耐劳。

◇ 遵守操作规程，坚持安全生产。

◇ 着装整洁，爱护设备，保持工作环境的清洁有序，做到文明生产。

（2）基础知识。

1）基础理论知识：

◇ 识图知识。

◇ 公差与配合。

◇ 常用金属材料及热处理知识。

◇ 常用非金属材料知识。

2）机械加工基础知识：

◇ 机械传动知识。

◇ 机械加工常用设备知识（分类、用途）。

◇ 金属切削常用刀具知识。

◇ 典型零件（主轴、箱体、齿轮等）的加工工艺。

◇ 设备润滑及切削液的使用知识。

◇ 工具、夹具、量具的使用与维护知识。

3）钳工基础知识：

◇ 划线知识。

◇ 钳工操作知识（錾、锉、锯、钻、绞孔、攻螺纹、套螺纹）。

4）电工知识：

◇ 通用设备常用电器的种类及用途。

◇ 电力拖动及控制原理基础知识。

◇ 安全用电知识。

5）安全文明生产与环境保护知识：

◇ 现场文明生产要求。

◇ 安全操作与劳动保护知识。

◇ 环境保护知识。

6）质量管理知识：

◇ 企业的质量方针。

◇ 岗位的质量要求。

◇ 岗位的质量保证措施与责任。

7）相关法律、法规知识：

◇ 劳动法相关知识。

◇ 合同法相关知识。

8）数控应用技术基础知识：

◇ 数控原理与机床基本知识（组成结构、插补原理、控制原理、伺服原理等）。

◇ 数控编程技术（含手工编程和自动编程，内容包括程序格式、指令代码、子程序、固定循环、宏程序等）。

◇ CAD/CAM 软件使用方法（零件几何造型、刀具轨迹生成、后置处理等）。

◇ 机械加工工艺原理（切削工艺、切削用量、夹具选择和使用、刀具的选择等）。

9）安全文明生产与环境保护知识：

◇ 安全操作规程。

◇ 事故防范、应变措施及记录。

◇ 环境保护（车间粉尘、噪声、强光、有害气体的防范）。

10）质量管理、相关法律、法规知识：

◇ 企业的质量方针。

◇ 岗位的质量要求。

◇ 岗位的质量保证措施与责任。

◇ 劳动法相关知识。

◇ 合同法相关知识。

4. 数控车床操作工工作要求

本标准以国家职业标准《车工》中关于数控中级工、高级工、技师、高级技师的工作要求为基础，以国家高技能人才培训工程——数控工艺培训考核大纲和职业院校数控技术应用专业领域技能型紧缺人才培养培训指导方案为补充，适当增加新技术、新技能等相关知识形成。各等级的知识和技能要求依次递进，高级别包括低级别的要求。

（1）对于中级数控车床操作工，其技能与知识要求见表 11—2。

表 11—2　　中级数控车床操作工的技能与知识要求

职业功能	工作内容	技能要求	相关知识
工艺准备	读图与绘图	1. 能读懂主轴、蜗杆、丝杠、偏心轴、两拐曲轴、齿轮等中等复杂程度的零件工作图 2. 能读懂零件的材料、尺寸公差、形位公差、表面粗糙度及其他技术要求 3. 能手工绘制轴、套、螺钉、圆锥体等简单零件的工作图 4. 能读懂车床主轴、刀架、尾座等简单机构的装配图 5. 能用 CAD 软件绘制简单零件的工作图	1. 复杂零件的表达方法 2. 零件材料、尺寸公差、形位公差、表面粗糙度等的基本知识 3. 简单零件工作图的画法 4. 简单机构装配图的画法 5. 计算机绘制简单零件工作图的基本方法
	制定加工工艺	1. 能正确选择加工零件的工艺基准 2. 能决定工步顺序、工步内容及切削参数 3. 能编制台阶轴类和法兰盘类零件的车削工艺卡	1. 数控车床的结构特点及其与普通车床的区别 2. 台阶轴类、法兰盘类零件的车削加工工艺知识 3. 数控车床工艺编制方法
	工件定位与夹紧	1. 使用、调整三爪自定心卡盘、尾座顶尖及液压高速动力卡盘并配置软爪	1. 定位、夹紧的原理及方法 2. 三爪自定心卡盘、尾座顶尖及液压高速动力卡盘的使用、调整方法
编程技术	手工编程	1. 正确运用数控系统的指令代码，编制带有台阶、内外圆柱面、锥面、螺纹、沟槽等轴类、法兰盘类中等复杂程度零件的加工程序 2. 能手工编制含直线插补、圆弧插补二维轮廓的加工程序	1. 几何图形中直线与直线、直线与圆弧、圆弧与圆弧的交点的计算方法 2. 机床坐标系及工件坐标系的概念 3. 直线插补与圆弧插补的意义及坐标尺寸的计算 4. 手工编程的各种功能代码及基本代码的使用方法 5. 刀具补偿的作用及计算方法 6. 主程序与子程序的意义及使用方法
	自动编程	1. CAD/CAM 软件编制中等复杂程度零件程序，包括粗车、精车、打孔、换刀等程序	1. CAD 线框造型和编辑 2. 刀具定义 3. CAM 粗精、切槽、打孔编程 4. 能够解读及修改软件的后置配置，并生成代码

（续前表）

职业功能	工作内容	技能要求	相关知识
编程技术	数控加工仿真	1. 数控仿真软件基本操作和显示操作 2. 仿真软件模拟装夹、刀具准备、输入加工代码、加工参数设置 3. 模拟数控系统面板的操作 4. 模拟机床面板的操作 5. 实施仿真加工过程以及加工代码检查 6. 利用仿真软件手工编程	1. 常见数控系统面板操作和使用知识 2. 常见机床面板操作方法和使用知识 3. 三维图形软件的显示操作技术 4. 数控加工手工编程
基本操作与维护	基本操作	1. 能正确阅读数控车床操作说明书 2. 能按照操作规程启动及停止机床 3. 能正确使用操作面板上的各种功能键 4. 能通过操作面板手动输入加工程序及有关参数，能进行机外程序传输 5. 能进行程序的编辑、修改 6. 能设定工件坐标系 7. 能正确调入调出所选刀具 8. 能正确修正刀补参数 9. 能使用程序试运行、分段运行及自动运行等切削运行方式 10. 能进行加工程序试切削并做出正确判断 11. 能正确使用程序图形显示、再启动功能 12. 能正确操作机床完成简单零件外圆、孔、台阶、沟槽等加工	1. 数控车床操作说明书 2. 操作面板的使用方法 3. 手工输入程序的方法及外部计算机自动输入加工程序的方法 4. 程序的编辑与修改方法 5. 机床坐标系与工件坐标系的含义及其关系 6. 相对坐标系、绝对坐标系的含义 7. 程序试切削方法 8. 程序各种运行方式的操作方法 9. 程序图形显示、再启动功能的操作方法
	日常维护	1. 能进行加工前机、电、气、液、开关等常规检查 2. 能在加工完毕后，清理机床及周围环境 3. 能进行数控车床的日常保养	1. 数控车床安全操作规程 2. 日常保养的方法与内容
工件加工	盘、轴类零件	能加工盘、轴类零件，并达到以下要求： 1. 尺寸公差等级：IT7 2. 形位公差等级：IT8 3. 表面粗糙度：$Ra3.2\mu m$	1. 内外径的车削加工方法与测量方法 2. 孔加工方法
	等节距螺纹加工	能加工单线和多线等节距的普通三角螺纹、T形螺纹、锥螺纹，并达到以下要求： 1. 尺寸公差等级：IT7 2. 形位公差等级：IT8 3. 表面粗糙度：$Ra3.2\mu m$	1. 常用螺纹的车削加工方法 2. 螺纹加工中的参数计算
	沟、槽加工	能加工内径槽、外径槽和端面槽，并达到以下要求： 1. 尺寸公差等级：IT8 2. 形位公差等级：IT8 3. 表面粗糙度：$Ra3.2\mu m$	内径槽、外径槽和端面槽的加工方法
精度检验	高精度轴向尺寸测量	1. 能用量块和百分表测量零件的轴向尺寸 2. 能测量偏心距及两平行非整圆孔的孔距	1. 量块的用途及使用方法 2. 偏心距的检测方法 3. 两平行非整圆孔孔距的检测方法
	内外圆锥检验	能用正弦规检验锥度	正弦规的使用方法及测量计算方法
	等节距螺纹检验	能进行单线和多线等节距螺纹的检验	单线和多线等节距螺纹的检验方法

（2）对于高级数控车床操作工，技能和知识要求见表 11—3。

表 11—3　　高级数控车床操作工的技能与知识要求

职业功能	工作内容	技能要求	相关知识
工艺准备	读图与绘图	1. 读懂多线蜗杆、减速器壳体、三拐以上曲轴等复杂畸形零件的工作图 2. 能手工绘制偏心轴、蜗杆、丝杠、两拐曲轴的零件工作图 3. 能绘制简单零件的轴测图 4. 能读懂车床主轴箱、进给箱的装配图 5. 能用 CAD 软件绘制零件图	1. 复杂畸形零件图的画法 2. 简单零件轴测图的画法 3. 读车床主轴箱、进给箱装配图的方法 4. 计算机绘图的基本方法
	制定加工工艺	1. 编制典型零件的加工工艺规程 2. 能制定复杂畸形零件的车削加工顺序 3. 能对零件的车削工艺进行合理性分析，并提出改进建议	1. 典型零件工艺规程的制定方法 2. 复杂畸形零件车削加工顺序的制定方法 3. 车削工艺方案合理性的分析方法及改进措施
	工件定位与夹紧	1. 能合理使用四爪单动卡盘、花盘及弯扳装夹外形较复杂的简单箱体工件 2. 能合理选择和正确使用车床组合夹具及调整专用夹具 3. 能正确装夹薄壁、细长、偏心类工件 4. 能分析计算车床夹具的定位误差	1. 复杂外形工件的装夹方法 2. 组合夹具及调整专用夹具的种类、结构、用途和特点以及调整方法 3. 车削时防止工件变形的方法 4. 夹具定位误差的分析与计算方法
	刀具准备	1. 正确选择刀架上的常用刀具 2. 能依据切削条件和刀具条件估算具体刀具的使用寿命	1. 刀具参数的设定方法 2. 延长刀具寿命的方法
编程技术	手工编程	1. 编制带有二维圆弧曲面复杂零件的车削加工程序 2. 能够运用固定循环、子程序进行零件的加工程序编制	1. 复杂圆弧与圆弧的交点的计算方法 2. 主程序与子程序的意义及使用方法 3. 固定循环和子程序的编程方法
	自动编程	1. CAD/CAM 软件编制复杂混合轮廓类零件程序，包括粗车、精车、螺纹车削、打孔、换刀等混合程序	1. CAD/CAM 粗精车、螺纹、切槽、打孔编程 2. 代码反读仿真、校核、编辑
工件加工	盘、轴类零件	能加工盘、轴类零件，并达到以下要求： 1. 尺寸公差等级：IT6 2. 形位公差等级：IT7 3. 表面粗糙度：$Ra1.6\mu m$	
	偏心与薄壁零件加工	1. 偏心距公差等级：IT9 2. 轴径公差等级：IT6 3. 孔径公差等级：IT7 4. 形位公差等级：IT8 5. 表面粗糙度：$Ra1.6\mu m$	1. 薄壁孔加工的特点及装夹、车削方法 2. 偏心件加工的特点及装夹、车削方法
	较复杂零件的加工	能加工带有二维圆弧曲面的较复杂零件	在数控车床上利用多重复合循环加工带有二维圆弧曲面的较复杂零件的方法
	组合零件的加工	能对三件以上的复杂套件进行零件加工和组装，并保证装配图上的技术要求	复杂套件的加工方法

（续前表）

<table>
<tr><th>职业功能</th><th>工作内容</th><th>技 能 要 求</th><th>相 关 知 识</th></tr>
<tr><td rowspan="2">精度检验及误差分析</td><td>复杂、畸形零件的精度检验</td><td>1. 能对复杂、畸形机械零件进行精度检验
2. 能间接测量一般理论交点尺寸
3. 能用量棒、钢球间接测量内、外锥体</td><td>1. 复杂、畸形机械零件精度的检验方法
2. 空间坐标系交点尺寸的计算与测量方法
3. 利用量棒、钢球间接测量内、外锥体的方法与计算方法</td></tr>
<tr><td>精度分析</td><td>1. 能根据测量结果分析产生车削加工误差的主要原因，并提出改进措施
2. 能够通过修正刀具补偿值和修正程序来减少加工误差</td><td>1. 车削加工中影响加工精度的主要因素和提高加工精度的措施
2. 机床精度的检验方法</td></tr>
<tr><td rowspan="2">机床维护</td><td>常规维护</td><td>能够根据说明书内容完成机床定期及不定期维护保养</td><td>1. 数控车床维护保养的方法
2. 液压油、润滑油的使用知识
3. 数控车床液压原理及常用液压元件</td></tr>
<tr><td>故障排除</td><td>能够阅读各类报警信息，排除编程错误、超程、欠压、缺油、急停等一般故障</td><td>数控车床各类报警信息的内容及解除方法</td></tr>
<tr><td rowspan="2">管理工作</td><td>生产管理</td><td>1. 能组织有关人员协同作业
2. 能协助部门领导进行计划、调度及人员管理</td><td>生产管理基本知识</td></tr>
<tr><td>质量管理</td><td>1. 能在本职工作中认真贯彻各项质量标准
2. 能应用全面质量管理知识，实现操作过程的质量分析与控制</td><td>1. 相关质量标准
2. 质量分析与控制方法</td></tr>
</table>

5. 数控车床操作工技能鉴定比重

（1）理论知识的鉴定如表 11—4 所示。

表 11—4 中、高级工理论知识鉴定表

<table>
<tr><th colspan="2">项　目</th><th>中级工</th><th>高级工</th></tr>
<tr><td rowspan="2">基本要求</td><td>一、职业道德</td><td>5</td><td>5</td></tr>
<tr><td>二、基本知识</td><td>25</td><td>15</td></tr>
<tr><td rowspan="7">相关知识</td><td>一、工艺准备</td><td>20</td><td>25</td></tr>
<tr><td>二、编制程序</td><td>20</td><td>25</td></tr>
<tr><td>三、机床维护</td><td>5</td><td>5</td></tr>
<tr><td>四、工件加工</td><td>15</td><td>15</td></tr>
<tr><td>五、精度检验</td><td>10</td><td>10</td></tr>
<tr><td>六、培训指导</td><td></td><td></td></tr>
<tr><td>七、管理工作</td><td></td><td></td></tr>
<tr><td colspan="2">合　计</td><td>100</td><td>100</td></tr>
</table>

（2）技能操作的鉴定如表 11—5 所示。

表 11—5 中、高级工技能操作鉴定表

<table>
<tr><th colspan="2">项　目</th><th>中级工</th><th>高级工</th></tr>
<tr><td rowspan="2">工作要求</td><td>一、工艺准备</td><td>10</td><td>10</td></tr>
<tr><td>二、编制程序</td><td>15</td><td>20</td></tr>
</table>

（续前表）

项　目		中级工	高级工
工作要求	三、机床维护	10	5
	四、工件加工	60	60
	五、精度检验	5	5
合　计		100	100

三、项目分析

1. 零件工艺性分析

（1）毛坯的选用。

根据图 11—1 所示的零件，毛坯选择切削加工性能较好的 45# 钢材料，棒料直径为 ϕ30mm。

（2）技术要求分析。

如图 11—1 所示，该零件的轮廓比较复杂，外轮廓主要由圆柱、外圆凹圆弧、外圆凸圆弧及螺纹等表面组成。其中多个径向尺寸与轴向尺寸有较高的尺寸精度，整个工件的表面粗糙度要求也较高，大部分的表面粗糙度为 $Ra1.6\mu m$，其余的也不能超过 $Ra3.2\mu m$。零件图尺寸标注完整，符合数控加工尺寸标注要求，零件轮廓描述清楚完整，无热处理和硬度要求。

（3）确定装夹等方案。

此工件只需一次装夹即可，用三爪自定心卡盘夹住棒料的一端，以棒料的轴心线为定位基准，校正，夹紧，保证工件伸出的长度为 80mm，为了保证工件加工的稳定性，在工件已加工的右端面打一个中心孔，用顶针顶紧定位。

（4）选择刀具等。

根据加工要求，选用四把刀具，T0100 为硬质合金 90°外圆粗车刀，T0200 为硬质合金右偏 55°精加工尖刀，T0300 为高速钢材料、刀宽为 4mm 的切断刀，T0400 为硬质合金尖角为 60°的外螺纹刀。同时将四把刀安装在刀架上，对刀，把它们的刀补值输入相应的刀具寄存器中。

此工件的刀具卡（已对好刀）如表 11—6 所示，工具量具卡如表 11—7 所示。

表 11—6　　刀　具　卡

实训项目	中级考证零件的加工		零件名称	零件 11	零件图号	11—1
序号	刀具号	刀具名称及规格	数量	加工内容	备注	
1	T0101	90°外圆粗车刀	1	外轮廓	YT15	
2	T0202	右偏 55°精加工尖刀	1	外轮廓	YT15	
3	T0303	刀宽 4mm 的切断刀	1	螺纹槽、切断	高速钢（右刀尖对刀）	
4	T0404	60°外螺纹车刀	1	螺纹	YT15	
编制		审核		批准		

表 11—7 工具量具卡

实训项目	中级考证零件的加工	零件名称	零件 11	零件图号	11—1

序号	名称	规格	数量	备注
1	游标卡尺	0～125mm(0.02mm)	1	
2	千分尺	0～25mm、25～50mm(0.01mm)	各 1	
3	百分表	0～10mm(0.01mm)	1	
4	螺纹量规	M10×1 止通套规	1 套	测量外螺纹
5	磁性表座		1 套	
6	辅具	莫氏钻套、钻夹头、回转顶尖	各 1	
7	其他	铜棒、铜皮、毛刷等常用工具		选用

编制		审核		批准	

(5) 制定加工方案。

此工件只有外轮廓，但外轮廓的大小变化却没有明显的规律性，工件的轮廓从右到左先是从螺纹 X 坐标（直径）开始变大，到了 $R7.5$ 凹圆弧处 X 轴坐标（直径）开始变小，到达了圆弧底部后 X 轴坐标（直径）又开始由小变大并一直到工件最大点 $R12.5$ 凸圆弧处，X 轴坐标（直径）在过了该圆弧最大点后又开始逐渐变小，直到最后。

方案一：此工件的轮廓不是单调递增或递减的，可以把其分成三个部分，分别是 $R7.5$ 凹圆弧处、$R12.5$ 凸圆弧及 $\phi 24$mm 圆柱。如果 $R7.5$ 凹圆弧以及 $R12.5$ 凸圆弧左边及 $\phi 24$mm 圆柱部分先不加工，即先忽略，那么轮廓就是一个单调性的轮廓，对于这个轮廓可以运用复合循环指令 G71 进行粗加工，为了保证 $R12.5$ 圆弧处的连接光滑，剩下部分以及整个轮廓的精加工可以用尖刀进行加工，走刀路径示意图如图 11—2 所示。在完成主要轮廓的粗加工和精加工后，再用切刀加工螺纹退刀槽，用螺纹刀加工螺纹，最后切断，整个工件加工完成。

方案二：先不考虑螺纹退刀槽和 $R7.5$ 凹圆弧，可以运用复合循环指令 G71 粗加工 $R12.5$ 凸圆弧右边的轮廓，再运用复合循环指令 G72 粗加工 $R12.5$ 凸圆弧左边的轮廓，为了保证 $R12.5$ 圆弧处的连接光滑，利用一把尖刀把整个轮廓（包括 $R7.5$ 凹圆弧）精车一次，走刀路径示意图如图 11—3 所示。在完成主要轮廓的粗加工和精加工后，加工螺纹退刀槽和螺纹，最后切断，加工完成。

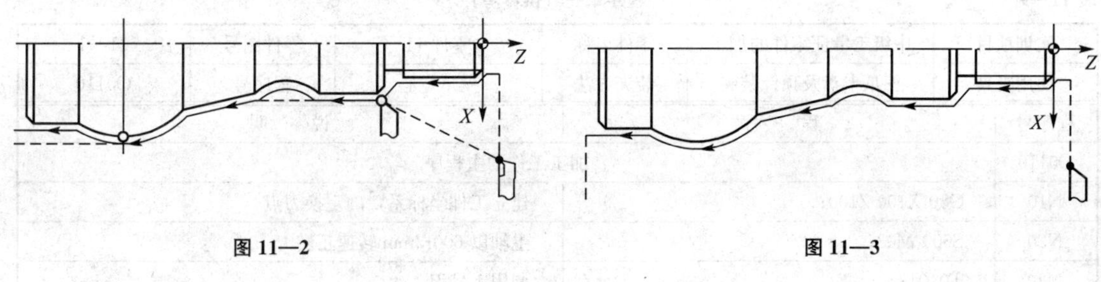

图 11—2 图 11—3

加工工序和操作步骤如表 11—8 所示。

表 11—8　　工　序　卡

实训项目	中级工考证零件的加工	零件名称	零件 11	零件图号	11—1
数控系统	GSK980TA	材料	45#	工序号	011
使用夹具	三爪卡盘及顶针装夹	装夹方法	三爪定心及顶针	程序号	O0110

序号	工步内容	G 指令	T 刀具	S 主轴转速 (r/min)	F 进给速度 (mm/min)	切削深度 (mm)
方案一：						
1	粗车整个外轮廓	G71	T0101	600	100	1.5
2	精车螺纹外的尺寸	G70	T0101	600	50	0.2
3	粗、精车整个外轮廓	G01、G02、G03	T0202	1 000	50	0.25
4	精车整个外轮廓	G70	T0202	1 000	50	0.25
5	切螺纹退刀槽	G01	T0303	200	20	
6	加工外螺纹	G92 或 G76	T0404	400		
7	切断	G01	T0303	200	20	
8	检测、校核					
方案二：						
1	粗车 *R*12.5 前段轮廓	G71	T0101	600	100	1.5
2	粗车 *R*12.5 后段轮廓	G72	T0303	200	40	
3	粗车 *R*7.5 凹圆弧	G73	T0202	500	80	
4	精车整个外轮廓	G70	T0202	800	40	0.25
5	切螺纹退刀槽	G01	T0303	200	20	
6	加工外螺纹	G92 或 G76	T0404	400		
7	切断	G01	T0303	200	20	
8	检测、校核					
编制		审核		批准、时间		

2. 编程说明

编程时，以工件已加工好的右端面与轴线的交点为程序原点建立工件坐标系，如图 11—2 所示，加工起点（或换刀点）设在 *X* 向距程序原点 50mm，*Z* 向距程序原点 100mm 的位置上。

计算各基点的坐标值，径向以直径方式编程，图样上给定的几个精度要求较高的尺寸，因公差值较小，编程时取其基本尺寸，其中轮廓上的一基点的绝对坐标为 *A*（28，−55.18）。

编制此工件的加工程序单，如表 11—9 和表 11—10 所示。

表 11—9　　程序单一（供参考）

实训项目	中级工考证零件的加工	零件名称	零件 11	零件图号	11—1
使用夹具	三爪卡盘及顶针装夹	装夹方法	三爪定心	程序号	O0110

程序号	程　序	说　明
O0110	加工工件的主程序	
N10	G50 X100 Z100;	建立工件坐标系，确定换刀点
N20	S600 M03;	主轴以 600r/min 转速正转
N30	T0101;	调用 1 号刀

（续前表）

程序号	程　　序	说　　明
N40	G00 X30 Z3；	快速定位，接近工件
N50	G71 U2 R0.5；	运用复合固定循环指令加工外轮廓
N60	G71 P70 Q160 U1 F100；	径向尺寸留 0.5mm 的精加工余量
N70	G00 X8；	描述零件精加工程序的第一段
N80	G01 Z0 F50；	
N90	X9.9 Z-1；	
N100	Z-15；	
N110	X13；	
N120	X15 W-1；	
N130	Z-35；	
N140	X20 Z-46；	
N150	G03 X28 W-8.46 R12.5；	
N160	G01 Z-75；	描述零件精加工轨迹的最后一段程序
N170	G70 P70 Q120；	对 N70 到 N120 程序段进行精加工
N180	G00 X100 Z100 M05；	快速退刀到换刀点，主轴停
N190	M00；	程序暂停，测量尺寸，检查处理
N200	M03 S500；	主轴以 500r/min 转速正转
N210	T0202；	调用 2 号刀，在刀补 X 方向退 0.5mm 的加工余量
N220	G00 X30 Z-12；	快速定位
N230	G00 X15；	沿工件的外轮廓走刀
N240	G01 Z-25；	
N250	G02 Z-35 R7.5；	
N260	G01 X20 Z-46；	
N270	G03 X24 Z-62 R12.5；	
N280	G01 Z-75；	
N290	G00 X100；	X 方向退刀
N300	Z100 M05	Z 方向退刀，主轴停
N310	M00；	程序暂停，测量尺寸，刀补进行适当的调整
N320	M03 S800；	主轴以 800r/min 转速正转
N330	G00 X30 Z-12；	快速定位
N340	G70 P230 Q280；	精加工 N230 到 N280 段的程序
N350	G00 X100 Z100 M05；	快速退刀到换刀点，主轴停
N360	M00；	程序暂停，测量尺寸，检查处理
N370	M03 S200；	主轴以 200r/min 转速正转
N380	T0303；	调用 3 号刀
N390	G00 X17 Z-15；	快速定位
N400	G01 X8 F20；	直线插补螺纹退刀槽
N410	G04 X1；	暂停
N420	G00 X100；	X 方向退刀
N430	Z100 M05；	Z 方向退刀，主轴停
N440	M03 S400；	主轴以 400r/min 转速正转

（续前表）

程序号	程　序	说　明
N450	T0404；	调用 4 号刀
N460	G00 X12 Z5；	快速定位
N470	G92 X9.5 Z－13 F1；	方法一：运用 G92 指令加工螺纹
N480	X9.2；	
N490	X9；	
N500	X8.9；	
N510	X8.8；	
	G76 P010060 Q30 R0.01；	方法二：运用 G76 指令加工螺纹
	G76 X8.8 Z－13 P650 Q200 F1；	
N510	G00 X100 Z100 M05；	快速退刀到换刀点，主轴停
N520	M00；	程序暂停，测量尺寸，检查处理
N530	M03 S200；	主轴以 200r/min 转速正转
N540	T0303；	调用 3 号刀
N550	G00 X30 Z－71；	快速定位
N560	G01 X20 F20；	直线插补
N570	G00 X30；	
N580	W1；	
N590	G01 X28 F20；	
N600	U－2 W－1；	倒角 1×45°
N610	X0；	切断工件
N620	G00 X100；	*X* 方向退刀
N630	Z100 M05；	*Z* 方向退刀，主轴停
N640	M30；	程序结束

表 11—10　　程序单二（供参考）

实训项目	中级工考证零件的加工	零件名称	零件 11	零件图号	11—1
使用夹具	三爪卡盘及顶针装夹	装夹方法	三爪定心	程序号	O0110

程序号	程　序	说　明
O0110	加工工件的主程序	
N10	G50 X100 Z100；	建立工件坐标系，确定换刀点
N20	S600 M03；	主轴以 600r/min 转速正转
N30	T0101；	调用 1 号刀
N40	G00 X32 Z3；	快速定位，接近工件
N50	G71 U2 R0.5；	运用复合循环指令 G71 加工外轮廓
N60	G71 P70 Q160 U0.5 F100；	径向尺寸留 0.5mm 的精加工余量
N70	G00 X8；	描述零件精加工轨迹的第一段程序
N80	G01 Z0 F50；	
N90	X9.9 Z－1；	
N100	Z－15；	
N110	X13；	

（续前表）

程序号	程　序	说　明
N120	X15 W－1；	
N130	Z－35；	
N140	X20 Z－46；	
N150	G03 X28 W－8.46 R12.5；	
N160	G01 Z－75；	描述零件精加工轨迹的最后一段程序
N170	G00 X100 Z100 M05；	快速退刀到换刀点，主轴停
N180	M03 S200；	主轴以 200r/min 转速正转
N190	T0303；	调用 3 号刀
N200	G00 X16 Z－12；	快速定位
N210	G01 X8 F20；	直线插补螺纹退刀槽
N220	G04 X1；	刀具暂停
N230	G00 X30；	重新定位
N240	Z－70；	
N250	G01 X20 F20；	直线插补
N260	G00 X30；	定位到循环起点
N270	G72 W2.5 R0.5；	运用复合循环指令 G72 粗加工
N280	G72 P290 Q330 U0.5 W0 F30；	径向尺寸留 0.5mm 的精加工余量
N290	G00 Z－55.18；	描述零件精加工轨迹的第一段程序
N300	G01 X28 F20；	
N310	G03 X24.01 Z－62 R12.5；	
N320	G01 Z－69；	
N330	X22 Z－70；	描述零件精加工轨迹的最后一段程序
N340	G00 X100 Z100 M05；	快速退刀到换刀点，主轴停
N350	M03 S500；	主轴以 500r/min 转速正转
N360	T0202；	调用 2 号刀
N370	G00 X32 Z3；	快速定位
N380	G73 U1.9 R0.003；	运用 G73 复合循环指令
N390	G73 P400 Q510 U0.2 W0 F80；	径向尺寸留 0.2mm 的精加工余量
N400	G00 X8；	描述零件精加工轨迹的第一段程序
N410	G01 Z0 F40；	
N420	X9.9 Z－1；	
N430	Z－15；	
N440	X13；	
N450	X15 W－1；	
N460	Z－35；	
N470	X20 Z－46；	
N480	G03 X24 W－16 R12.5；	
N490	G01 Z－69；	
N500	X22 Z－70；	

（续前表）

程序号	程　　序	说　　明
N510	X32；	描述零件精加工的最后一段程序
N520	G00 X100 Z100 M05；	快速退刀到换刀点，主轴停
N530	M00；	程序暂停，测量尺寸，检查处理
N540	M03 S800；	主轴以 800r/min 转速正转
N550	G00 X32 Z3；	快速定位
N560	G70 P400 Q510；	运用 G70 指令进行精加工
N570	G00 X100 Z100 M05；	快速退刀到换刀点，主轴停
N580	M00；	程序暂停，测量尺寸，检查处理
N590	M03 S400；	主轴以 400r/min 转速正转
N600	T0404；	调用 4 号刀
N610	G00 X12 Z5；	快速定位
N620	G92 X9.5 Z-13 F1；	方法一：运用单一循环指令 G92 进行螺纹加工
N630	X9.2；	
N640	X9；	
N650	X8.9；	
N660	X8.8；	
	G76 P010060 Q30 R0.01； G76 X8.8 Z-13 P650 Q200 F1；	方法二：运用复合循环指令 G76 进行螺纹加工
N670	G00 X100 Z100 M05；	快速退刀到换刀点，主轴停
N680	M00；	程序暂停，测量尺寸，检查处理
N690	M03 S200；	主轴以 200r/min 转速正转
N700	T0303；	调用 3 号刀
N710	G00 X30 Z-71；	快速定位
N720	G01 X20 F20；	直线插补
N730	G00 X30；	
N740	W1；	
N750	G01 X28 F20；	
N760	U-2 W-1；	倒角 1×45°
N770	X0；	切断工件
N780	G00 X100；	X 方向退刀
N790	Z100 M05；	Z 方向退刀，主轴停
N800	M30；	程序结束

四、项目实施

1. 操作要点及注意事项

（1）严格按照操作规程和安全规程操作。

（2）开机后，进行车床空载运行，检查车床各部分运行状况。

（3）选择尖刀时，注意刀具的尖角是否合理，加工过程中不能与工件发生干涉。

（4）对刀时，所有的切槽刀都以右刀尖做为编程的刀位点。

(5) 正确使用游标卡尺、外径千分尺、螺纹量规、螺纹中径千分尺等测量相关的尺寸。

(6) 为保证零件尺寸的准确性，可分半精加工和精加工两步骤加工外轮廓，或通过修改刀补的方法来执行。

(7) 发生事故时，要沉着冷静、积极配合工作人员处理。

2. 操作步骤及质量检测

(1) 准确快速地输入加工程序。

(2) 通过数控系统图形仿真加工轨迹，进行程序校验及修整。

(3) 使用装夹具正确地安装刀具，进行对刀操作，建立工件坐标系。

(4) 灵活使用程序试运行、分段运行及自动运行等方式对工件进行自动加工操作。

(5) 加工过程中，按图纸要求检测工件，随时对工件进行误差与质量分析。

(6) 加工完后，按规定润滑保养数控车床。

此工件的检验卡如表 11—11 所示。

表 11—11　　检　验　卡

单位		姓名		考号	
实训项目	中级工考证零件的加工	零件名称	零件 11	零件图号	11—1

序号	检验内容及要求	配分	评分标准	检测结果	得分
1	手工编程	10	语法错误每处扣 2 分 数据错误每处扣 1 分		
2	程序输入	5	手工输入，不会者取消操作		
3	仿真加工轨迹	5	图形模拟走刀路径		
4	试切对刀、建立工件坐标系	10	不会者取消操作		
5	带公差的径向尺寸ϕ28	15	每超差 0.01mm 扣 2 分		
6	带公差的径向尺寸ϕ24	15	每超差 0.01mm 扣 2 分		
7	M10×1	15	每超差 0.01mm 扣 2 分		
8	整体外形	10	形状准确		
9	表面粗糙度	10	不得大于 $Ra3.2\mu m$		
10	倒角、去毛刺等	5	按照 GB 1804—M 要求		
11	安全操作、文明生产		违章视情节轻重扣分，重大事故取消操作	扣分不超过 10 分	

额定工时		实际加工时间		总得分	
检测员		记录员		考评员	

五、项目总结

◇ 通过本项目的学习，主要目的是让学习者了解数控车床中、高级操作工考证的相关内容，了解职业定义、职业等级、职业能力特征、职业等级相应的要求等内容。

◇ 对于中级数控车床操作工而言，应掌握较复杂数控工艺设计与程序编制，掌握现场技术问题的分析及处理的基本技能，以及职业道德、基础知识、安全文明生产相关的一些基本要求。

◇ 通过本项目的实训，能对工件进行工艺分析、编程及加工，了解中级数控车床操作工的职业技能（工艺准备、编程技术、工件加工、精度检验及误差分析、机床维护、管理工作等)、工作内容和相关要求等。

六、项目拓展练习

1. 如图 11—4 所示数控中级工考证的轴类零件，工件材料选用 45# 钢，坯料选用 ϕ55mm 的棒料，要求对该零件进行技术分析、确定装夹方法、选择刀具、制定加工方案、进行加工程序的编制，并加工检验。

2. 如图 11—5 所示数控中级工考证的轴类零件，工件材料选用 45# 钢，坯料选用 ϕ40mm 的棒料，要求对该零件进行技术分析、确定装夹方法、选择刀具、制定加工方案、进行加工程序的编制，并加工检验。

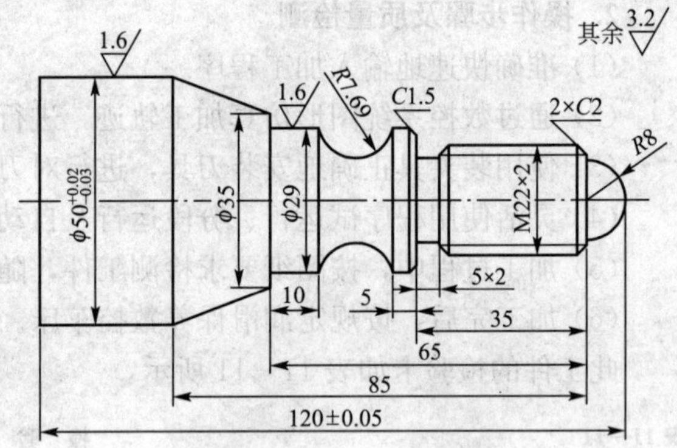

图 11—4

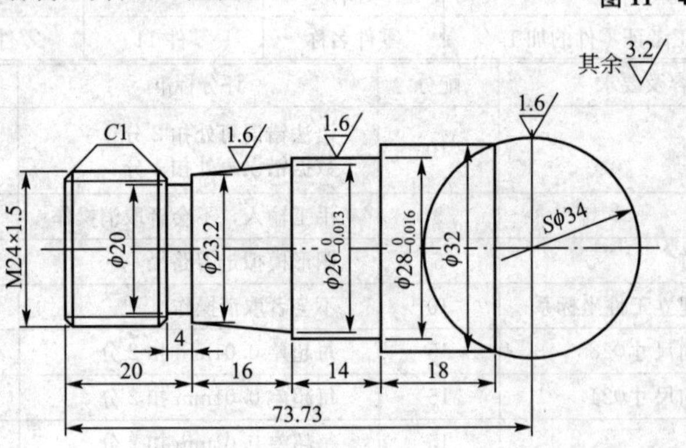

图 11—5

3. 如图 11—6 所示数控中级工考证的轴类零件，工件材料选用 45# 钢，坯料选用 ϕ30mm 的棒料，要求对该零件进行技术分析、确定装夹方法、选择刀具、制定加工方案、进行加工程序的编制，并加工检验。

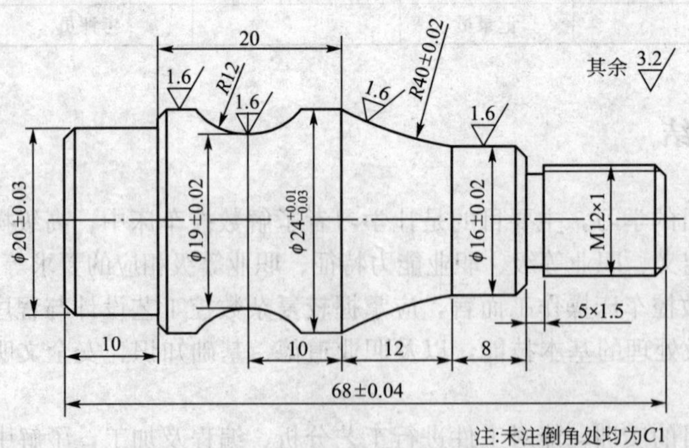

图 11—6

项目十二

高级工考证零件的加工

一、项目内容

如图 12—1 所示为数控高级工考证的一个轴类零件，工件材料选用 45# 钢，坯料选用 ϕ30mm 的棒料，对该零件进行综合分析，制定加工方案，进行程序的编制，并加工检验。

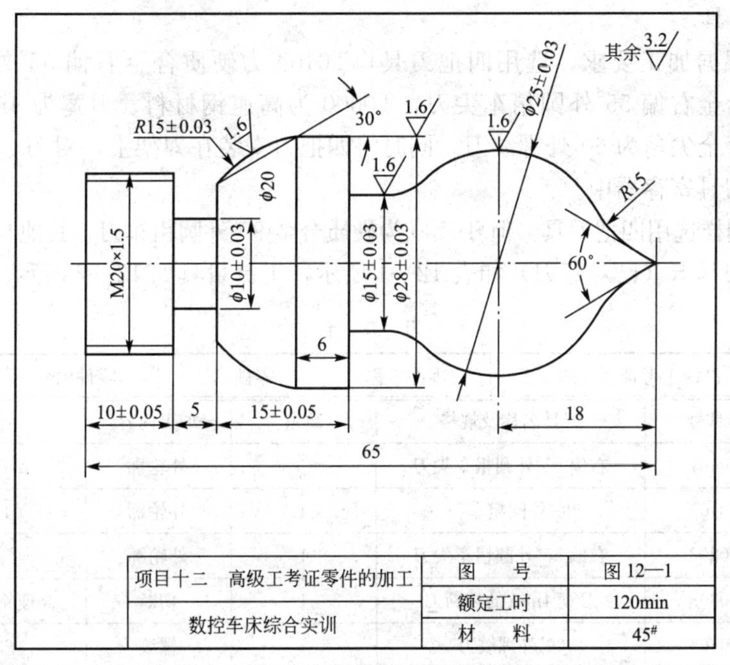

图 12—1

1. 技能目标

◆ 能够读懂零件图，明确加工要求，能够制定正确、合理的加工方案；

◆ 能够编写零件的数控加工程序，能操作数控车床进行零件的数控加工；

◆ 能够使用测量仪器进行零件的检测。

2. 知识目标

◆了解数控加工工艺的相关知识，包括刀具与夹具的选择、走刀路线的确定、切削用量的选用等；

◆ 掌握数控车床的编程技巧等。

二、项目分析

1. 零件工艺性分析

（1）毛坯的选用。

依据图 12—1 所示的零件，此零件加工的棒料选择切削加工性能较好的 45# 钢棒料，棒料直径为 ϕ50mm。

（2）技术要求分析。

如图 12—1 所示，该零件属于轴类零件，外轮廓主要由轴锥面、顺逆圆弧面、圆柱面、螺纹等表面组成，其中多个径向尺寸与轴向尺寸有较高的尺寸精度，整个工件的表面粗糙度要求也较高，大部分的表面粗糙度是 $Ra1.6\mu m$，其余的也不能超过 $Ra3.2\mu m$。零件图尺寸标注完整，符合数控加工尺寸标注要求，轮廓描述清楚完整，无热处理和硬度要求。

（3）确定装夹等方案。

此工件只需一次装夹即可，用三爪自定心卡盘夹紧棒料的一端，以工件轴心线为定位基准，校正，夹紧，保证工件的伸出长度为 75mm。

（4）选择刀具。

方案一：根据加工要求，选用四把刀具，T0100 为硬质合金右偏 55°外圆粗车尖刀，T0200 为硬质合金右偏 55°外圆精车尖刀，T0300 为高速钢材料、刀宽为 4mm 的切断刀，T0400 为硬质合金尖角为 60°外螺纹刀。同时将四把刀安装在刀架上，对刀，把它们的刀补值输入相应的刀具寄存器中。

方案二：同样选用四把刀具，但 T0100 为硬质合金 90°外圆粗车刀，其他与方案一相同。

此工件的刀具卡（已对好刀）如表 12—1 所示，工具量具如 12—2 所示。

表 12—1　　刀　具　卡

实训项目	高级工考证零件的加工	零件名称	零件 12	零件图号	12—1
序号	刀具号	刀具名称及规格	数量	加工内容	备注
1	T0101	右偏 55°外圆粗车尖刀		外轮廓	YT15（方案一）
	T0101	90°外圆粗车刀	1	外轮廓	YT15（方案二）
2	T0202	右偏 55°外圆精车尖刀	1	外轮廓	YT15
3	T0303	刀宽 4mm 的切断刀	1	切断	高速钢（右刀尖对刀）
4	T0404	60°外螺纹刀	1	螺纹	YT15
编制		审核		批准	

表 12—2　　工具量具卡

实训项目	高级考证零件的加工	零件名称	零件 12	零件图号	12—1
序号	名称	规　格		数量	备注
1	游标卡尺	0～125mm（0.02mm）		1	
2	千分尺	0～25mm、25～50mm（0.01mm）		各 1	

（续前表）

序号	名称	规　格	数量	备注
3	螺纹量规	M20×1.5 止通套规	1套	测量外螺纹
4	游标万能角度尺		1	测量角度
5	百分表	0～10mm（0.01mm）	1	四爪卡盘装夹时使用
6	磁性表座及表夹		1套	四爪卡盘装夹时使用
7	辅具	莫氏钻套、钻夹头、回转顶尖	各1	
8	其他	铜棒、铜皮、毛刷等常用工具		选用
编制		审核	批准	

（5）制定加工方案。

方案一：整个工件的尺寸变化较大，零件右边 X 的尺寸由零开始逐渐变大到圆弧尺寸 ϕ25mm，又逐渐变小到 ϕ15mm 的槽，然后又变大到 ϕ28mm，在一段圆柱面后，又逐渐变小，至 ϕ10mm 的退刀槽，然后为最左端的外螺纹。对于该类零件，零件轮廓不是单调递增或单调递减的，考虑到工件的外形，我们选择运用仿形走刀，即利用复合固定循环指令 G73 对工件进行仿形粗加工，运用 G70 指令进行精加工，刀具精加工时的走刀路线如图 12—2 所示。然后加工螺纹退刀槽，运用复合循环指令对螺纹进行粗精加工（或运用单一循环指令 G92 对螺纹进行加工）。

方案二：对于该图中零件的轮廓来说，可以把工件分成几个部分，分别是圆弧尺寸 ϕ25 处前段、圆弧尺寸 ϕ25 处后段及 ϕ15 槽、ϕ28 的圆柱面、R15 圆弧及 ϕ10 槽、M20×1.5 的螺纹。如果考虑到加工时的效率，那么对于刀路的安排，可以这样考虑：运用复合循环指令 G71 对圆弧尺寸 ϕ25 处前段及 ϕ28 的圆柱面的进行粗加工，如图 12—3 所示；圆弧尺寸 ϕ25 处的后段及 ϕ15 槽、R15 圆弧及 ϕ10 槽、M20×1.5 的螺纹三部分运用 G75 及 G72 复合循环指令进行粗加工，如图 12—4 所示；最后考虑工件的整体外形，利用尖刀对整个外轮廓进行精加工，如图 12—5 所示。用切刀加工螺纹退刀槽，用螺纹刀加工螺纹，然后是切断，加工完成。

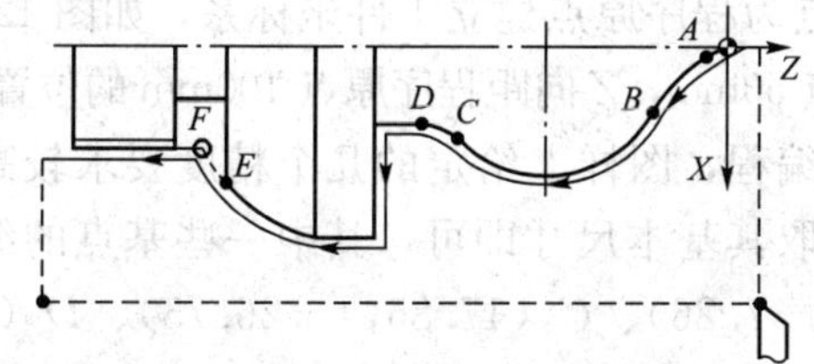

图 12—2　运用 G73 粗加工的加工轨迹

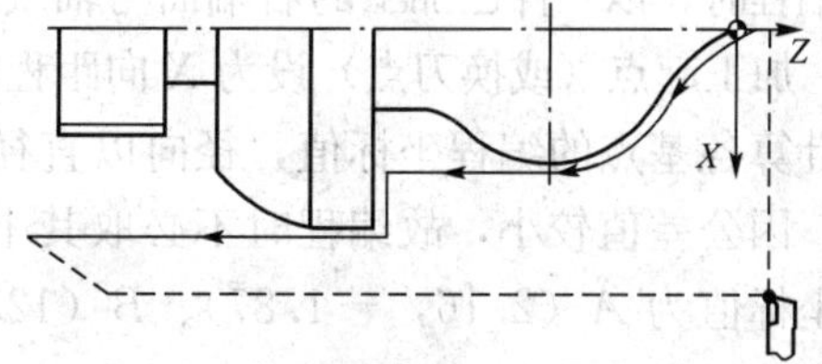

图 12—3　运用 G71 粗加工的加工轨迹

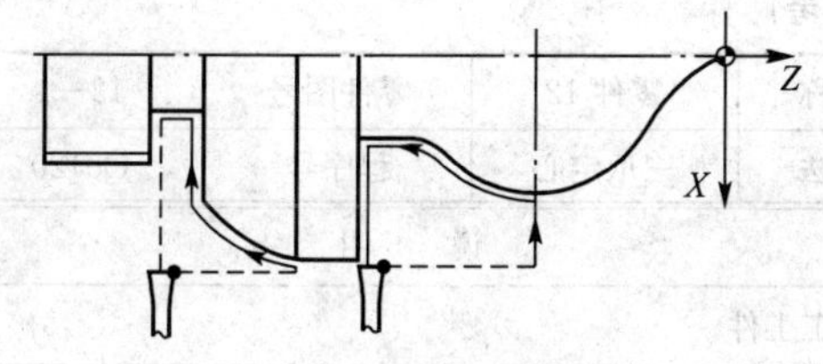

图 12—4　运用 G72 粗加工的加工轨迹

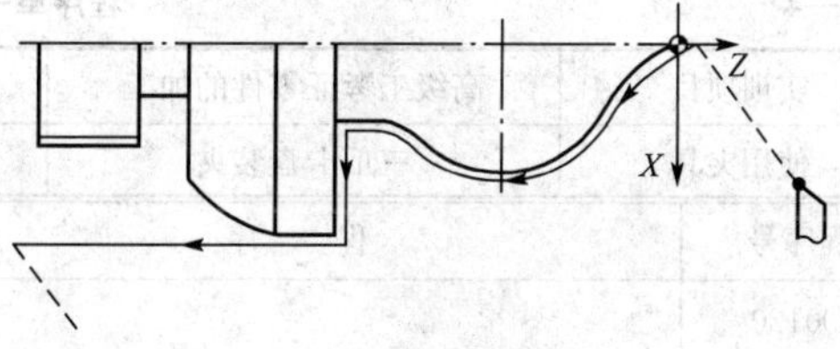

图 12—5　直接精加工轨迹

其加工工序和操作步骤如表 12—3 所示。

表 12—3 工 序 卡

实训项目	高级工考证零件的加工	零件名称	零件 12	零件图号	12—1
数控系统	GSK980TA	材料	45#	工序号	120
使用夹具	三爪卡盘装夹	装夹方法	三爪定心	程序号	O0120

序号	工步内容	G 指令	T 刀具	*S* 主轴转速 (r/min)	*F* 进给速度 (mm/min)	切削深度 (mm)
方案一：						
1	粗车整个外轮廓	G73	T0101	600	80	1.5
2	精车整个外轮廓	G70	T0202	1 000	40	0.25
3	切 ϕ10 的槽	G01	T0303	200	20	
4	加工螺纹	G92 或 G76	T0404	400		
5	切断	G01	T0303	200	20	
6	检测、校核					
方案二：						
1	粗车 ϕ25 处前段轮廓	G71	T0101	600	100	1.5
2	ϕ15 槽	G75	T0303	200	20	
3	粗车 ϕ25 处后段轮廓	G72	T0303	200	40	
4	*R*15 圆弧的最低点	G75	T0303	200	20	
5	*R*15 圆弧的外轮廓	G72	T0303	200	40	
6	M20×1.5 的外径	G75	T0303	200	20	
7	整个工件的外轮廓	G01、G02、G03	T0202	1 000	60	0.25
8	加工螺纹	G92 或 G76	T0404	400		
9	切断	G01	T0303	200	20	
10	检测、校核					
编制		审核		批准、时间		

2. 编程说明

编程时，以工件已加工的右端面与轴线的交点为程序原点建立工件坐标系，如图 12—2 所示，加工起点（或换刀点）设为 *X* 向距程序原点 50mm，*Z* 向距程序原点 100mm 的位置。

计算各基点的编程坐标值，径向以直径方式编程，图样上给定的几个精度要求较高的尺寸，因公差值较小，故编程时不必取其中值，取其基本尺寸即可，其中一些基点的编程绝对坐标值为 *A*（2.16，－1.87）、*B*（12.79，－7.26）、*C*（17.86，－26.75）、*D*（15，－30.25）、*E*（27.3，－50）、*F*（19.8，－52.28）。

按照方案一和方案二编制此工件的加工程序单，分别如表 12—4 和表 12—5 所示。

表 12—4 **程序单一（供参考）**

实训项目	高级工考证零件的加工	零件名称	零件 12	零件图号	12—1
使用夹具	三爪卡盘装夹	装夹方法	三爪定心	程序号	O0120

程序号	程 序	说 明
O0120	加工工件	
N10	G50 X100 Z100；	建立工件坐标系，确定换刀点

（续前表）

程序号	程　序	说　明
N20	S600 M03；	主轴以 600r/min 转速正转
N30	T0101；	调用 1 号车刀
N40	G00 X30 Z3；	快速定位，接近工件
N50	G73 U15 R0.015；	运用复合循环指令 G73 对外轮廓进行粗加工
N60	G73 P70 Q180 U0.5 F80；	径向尺寸留 0.5mm 的精加工余量
N70	G00 X0；	描述零件精加工轨迹的第一段程序
N80	G01 Z0 F40；	
N90	X2.16 Z-1.87；	
N100	G02 X12.79 Z-7.26 R15；	
N110	G03 X17.86 Z-26.75 R12.5；	
N120	G02 X15 Z-30.25 R5；	
N130	G01 Z-35；	
N140	X28；	
N150	Z-41；	
N160	G03 X19.8 Z-52.28 R15；	
N170	G01 Z-70；	
N180	X30；	描述零件精加工轨迹的最后一段程序
N190	G00 X100 Z100 M05；	快速退刀到换刀点，主轴停
N200	M00；	程序暂停，测量尺寸
N210	M03 S1000；	主轴以 1 000r/min 转速正转
N220	T0202；	调用 2 号刀
N230	G00 X30 Z3；	快速定位
N240	G70 P70 Q180；	运用 G70 指令精加工 G73 指令的程序段
N250	G00 X100 Z100 M05；	快速退刀到换刀点，主轴停
N260	M00；	程序暂停
N270	M03 S200；	主轴以 200r/min 转速正转
N280	T0303；	调用 3 号刀
N290	G00 X30 Z-50；	快速定位到 ϕ10 螺纹退刀槽处
N300	G01 X10 F20；	直线插补槽的第一刀
N310	G00 X30；	
N320	W-1；	
N330	G01 X10 F20；	直线插补槽的第二刀
N340	G00 X100；	X 向退刀
N350	Z100 M05；	Z 向退刀，主轴停
N360	M03 S400；	主轴以 400r/min 转速正转
N370	T0404；	调用 4 号刀
N380	G00 X30 Z-52.5；	快速定位
N390	G01 X22 F50；	定位

（续前表）

程序号	程　　序	说　　明
N400	G76 P010060 Q50 R0.02；	运用 G76 复合循环指令加工螺纹
N410	G76 X18.2 Z－66 P900 Q300 F1.5；	
N420	G00 X100；	X 向退刀
N430	Z100 M05；	Z 向退刀，主轴停
N440	M03 S200；	主轴以 200r/min 转速正转
N450	T0303；	调用 3 号刀
N460	G00 X30 Z－65；	快速定位
N470	X22；	接近工件
N480	G01 X－1 F20；	切断工件
N490	G00 X100；	X 向退刀
N500	Z100 M05；	Z 向退刀，主轴停
N510	M30；	程序结束

表 12—5　　　　　　　　　　程序单二（供参考）

实训项目	高级工考证零件的加工	零件名称	零件 12	零件图号	12—1
使用夹具	三爪卡盘装夹	装夹方法	三爪定心	程序号	O0120

程序号	程　　序	说　　明
O0120	加工工件	
N10	G50 X100 Z100；	建立工件坐标系，确定换刀点
N20	S600 M03；	主轴以 600r/min 转速正转
N30	T0101；	调用外圆车刀
N40	G00 X32 Z3；	快速定位，接近工件
N50	G71 U2 R0.5；	运用 G71 复合循环指令粗加工
N60	G71 P70 Q140 U0.5 W0.2 F100；	径向与轴向尺寸分别留 0.5mm 和 0.2mm 的精加工余量
N70	G00 X0；	描述零件精加工轨迹的第一段程序
N80	G01 Z0 F50；	
N90	X2.16 Z－1.87；	
N100	G02 X12.79 Z－7.26 R15；	
N110	G03 X25 Z－18 R12.5；	
N120	G01 Z－35；	
N130	X28；	
N140	Z－70；	描述零件精加工轨迹的最后一段程序
N150	G00 X100 Z100 M05；	快速退刀到换刀点，主轴停
N160	M00；	
N170	M03 S200；	主轴以 200r/min 转速正转
N180	T0202；	调用 2 号刀

（续前表）

程序号	程　序	说　明
N190	G00 X30 Z-31；	快速定位
N200	G75 R1；	运用 G75 复合固定循环指令加工ϕ15 的槽
N210	G75 X15 W1 P4000 Q1000 F20；	
N220	G72 W3 R1；	运用 G72 复合固定循环指令加工
N230	G72 P240 Q270 U0.5 W-0.2 F30；	径向轴向尺寸分别留 0.5mm、0.2mm 的精加工余量
N240	G00 Z-18；	描述零件精加工轨迹的第一段程序
N250	G01 X25；	
N260	G03 X17.86 Z-26.75 R12.5；	
N270	G02 X15 Z-30.25 R5；	描述零件精加工轨迹的最后一段程序
N280	G00 X30 Z-50；	重新定位
N290	G75 R1；	运用 G75 复合固定循环指令加工到ϕ10 的尺寸
N300	G75 X10 W-1 P4000 Q1000 F20；	
N310	G72 W3 R1；	运用 G72 复合固定循环指令加工
N320	G72 P330 Q350 U0.5 W-0.2 F30；	径向轴向尺寸分别留 0.5mm、0.2mm 的精加工余量
N330	G01 Z-40；	描述零件精加工轨迹的第一段程序
N340	X28；	
N350	G03 X16.45 Z-50 R15；	描述零件精加工轨迹的最后一段程序
N360	G00 X100 Z100 M05；	快速退刀到换刀点，主轴停
N370	M00；	程序暂停
N380	M03；	主轴重新起动
N390	G00 X30 Z-50；	快速定位
N400	G70 P330 Q350；	运用 G70 指令精加工 N330 到 N350 程序段
N410	G00 X100 Z100 M05；	快速退刀到换刀点，主轴停
N420	M00；	程序暂停
N430	M03；	主轴重新起动
N440	G00 X30 Z-65；	快速定位
N450	G75 R1；	运用复合循环指令 G75 加工ϕ20 的螺纹外径
N460	G75 X19.8 W10 P2000 Q3000 F20；	
N470	G00 X100 Z100 M05；	快速退刀到换刀点，主轴停
N480	M00；	暂停
N490	M03 S1000；	主轴以 1 000r/min 转速正转
N500	T0303；	调用 3 号刀
N510	G00 X0 Z3；	快速定位
N520	G01 Z0 F50；	直线圆弧插补精加工 G71 及 G72 指令的精加工余量
N530	X2.16 Z-1.87；	
N540	G02 X12.79 Z-7.26 R15；	
N550	G03 X17.86 Z-26.75 R12.5；	
N560	G02 X15 Z-30.25 R5；	
N570	G01 Z-35；	

（续前表）

程序号	程　序	说　明
N580	X28；	
N590	G01 W－10；	
N600	G00 X100 Z100 M05；	快速退刀到换刀点，主轴停
N610	M00；	程序暂停
N620	M03 S400；	主轴以 400r/min 转速正转
N630	T0404；	调用 4 号刀
N640	G00 X22 Z－51.5；	快速定位
N650	G76 P010060 Q50 R0.01；	运用复合循环指令 G76 加工外螺纹
N660	G76 X18.3 Z－67 P850 Q300 F1.5；	
N670	G00 X100；	X 向退刀
N680	Z100 M05；	Z 向退刀，主轴停
N690	N03 S200；	主轴以 200r/min 转速正转
N700	T0202；	调用 2 号刀
N710	G00 X32 Z－65；	快速定位
N720	G75 R1；	运用复合循环指令 G75 切断工件
N730	G75 X－1 P2000 F20；	
N740	G00 X100；	X 向退刀
N750	Z100 M05；	Z 向退刀，主轴停
N760	M30；	程序结束

三、项目实施

1. 操作要点及注意事项

（1）严格按照操作规程和安全规程操作。

（2）开机后，进行车床空载运行，检查车床各部分运行状况。

（3）选择尖刀时，注意刀具的尖角是否合理，加工过程中不能与工件发生干涉。

（4）对刀时，所有的切槽刀都以右刀尖做为编程的刀位点。

（5）正确使用游标卡尺、外径千分尺、游标万能角度尺、螺纹量规、螺纹中径千分尺等测量相关的尺寸。

（6）为保证零件尺寸的准确性，可分半精加工和精加工两个步骤加工外轮廓，或通过修改刀补的方法来执行。

（7）发生事故时，要沉着着冷静、积极配合工作人员处理。

2. 操作步骤及质量检测

（1）准确快速地输入加工程序。

（2）通过数控系统图形仿真加工轨迹，进行程序校验及修整。

（3）使用装夹具正确地安装刀具，进行对刀操作，建立工件坐标系。

（4）灵活使用程序试运行、分段运行及自动运行等方式对工件进行自动加工操作。

(5) 加工过程中，按图纸要求检测工件，随时对工件进行误差与质量分析。

(6) 加工完后，按规定润滑保养数控车床。

此工件的检验卡如表 12—6 所示。

表 12—6　　　　检　验　卡

单位		姓名		考号	
实训项目	高级工考证零件的加工	零件名称	零件 12	零件图号	12—1

序号	检验内容及要求	配分	评分标准	检测结果	得分
1	手工编程	10	语法错误每处扣 2 分 数据错误每处扣 1 分		
2	程序输入	5	手工输入，不会者取消操作		
3	仿真加工轨迹	5	图形模拟走刀路径		
4	试切对刀、建立工件坐标系	10	不会者取消操作		
5	带公差的径向尺寸ϕ25	5	每超差 0.01mm 扣 2 分		
6	带公差的径向尺寸ϕ28	10	每超差 0.01mm 扣 2 分		
7	带公差的径向尺寸ϕ10	5	每超差 0.01mm 扣 2 分		
8	带公差的径向尺寸ϕ15	5	每超差 0.01mm 扣 2 分		
9	带公差的轴向尺寸 10	5	每超差 0.02mm 扣 2 分		
10	带公差的轴向尺寸 5	5	每超差 0.01mm 扣 2 分		
11	带公差的轴向尺寸 15	5	每超差 0.01mm 扣 2 分		
12	M20×1.5 的螺纹	10	每超差 0.02mm 扣 2 分		
13	整体外形	10	形状准确		
14	表面粗糙度	5	不得大于 $Ra3.2\mu m$		
15	倒角、去毛刺等	5	按照 GB 1804—M 要求		
16	安全操作、文明生产		违章视情节轻重扣分，重大事故取消操作	扣分不超过 10 分	

额定工时		实际加工时间		总得分	
检测员		记录员		考评员	

四、项目总结

◇ 对于高级数控车床操作工而言，应掌握较复杂的数控工艺设计与程序编制，掌握现场技术问题的分析及处理的基本技能，以及职业道德、基础知识、安全文明生产相关的一些基本要求。

◇ 通过本项目的实训，能对工件进行工艺分析、编程及加工，了解高级数控车床操作工的职业技能（工艺准备、编程技术、工件加工、精度检验及误差分析、机床维护、管理工作等）、工作内容和相关要求等。

五、项目拓展练习

1. 如图 12—6 所示数控高级工考证的轴类零件，工件材料选用 45# 钢，坯料选用ϕ50mm

的棒料，要求对该零件进行技术分析、确定装夹方法、选择刀具、制定加工方案、进行加工程序的编制，并加工检验。

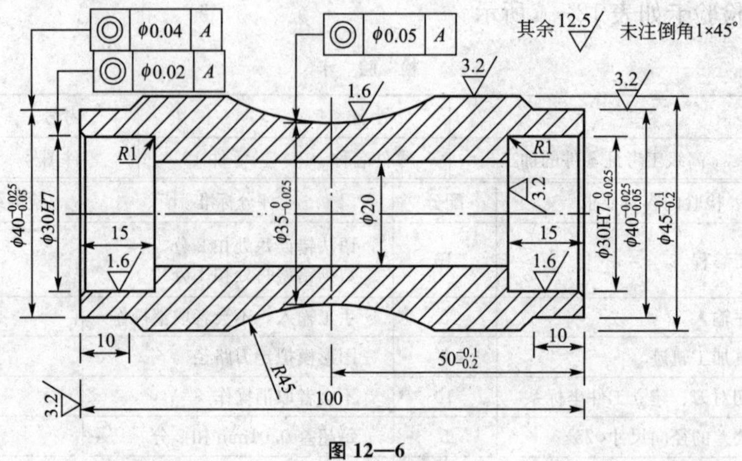

图 12—6

2. 如图 12—7 所示数控高级工考证的轴类零件，工件材料选用 45# 钢，坯料选用 φ65mm 的棒料，要求对该零件进行技术分析、确定装夹方法、选择刀具、制定加工方案、进行加工程序的编制，并加工检验。

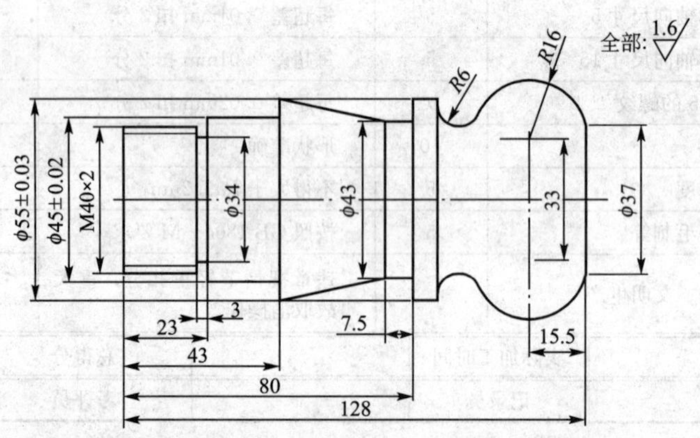

图 12—7

3. 如图 12—8 所示数控高级工考证的轴类零件，工件材料选用 45# 钢，坯料选用 φ55mm 的棒料，要求对该零件进行技术分析、确定装夹方法、选择刀具、制定加工方案、进行加工程序的编制，并加工检验。

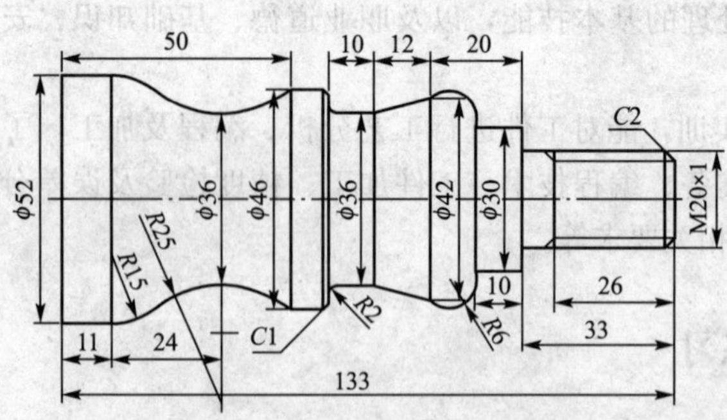

图 12—8

配合件零件的加工之一

一、项目内容

如图 13—1 和 13—2 所示为配合的两个零件，配合图如图 13—3 所示，要求对两零件分别进行技术分析、确定装夹方法、选择加工刀具、制定加工方案、进行加工程序的编制，并加工检验。

1. 技能目标

◆ 能够读懂零件图、装配图，明确具有装配关系的加工要求；

◆ 能够制定正确、合理的加工方案，能够编写零件的数控加工程序；

◆ 在零件的数控加工中掌握装配尺寸的控制；会使用测量仪器进行零件的检测。

2. 知识目标

◆ 掌握数控加工工艺的相关知识，包括刀具与夹具的选择、走刀路线的确定、切削用

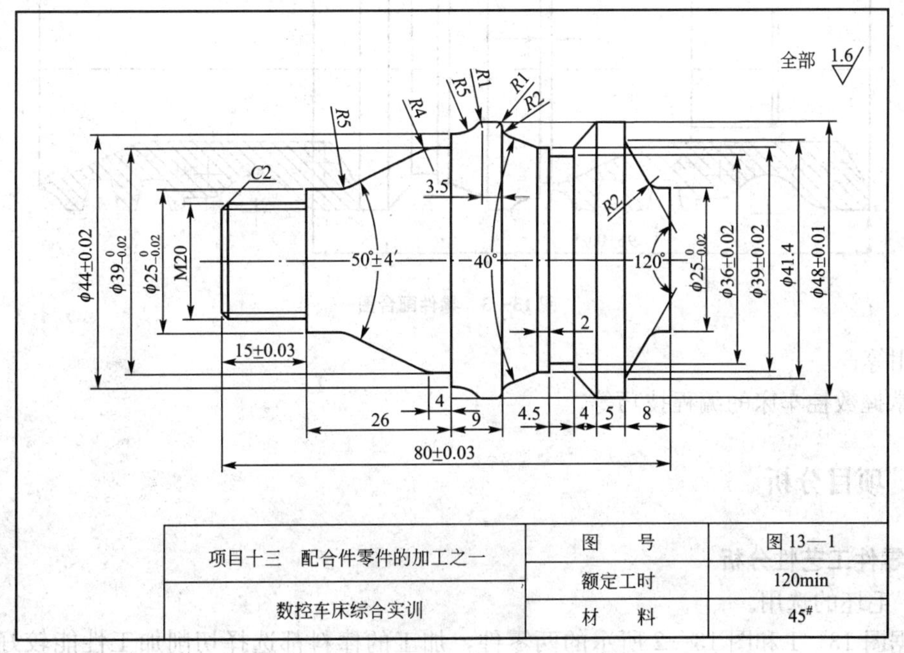

图 13—1

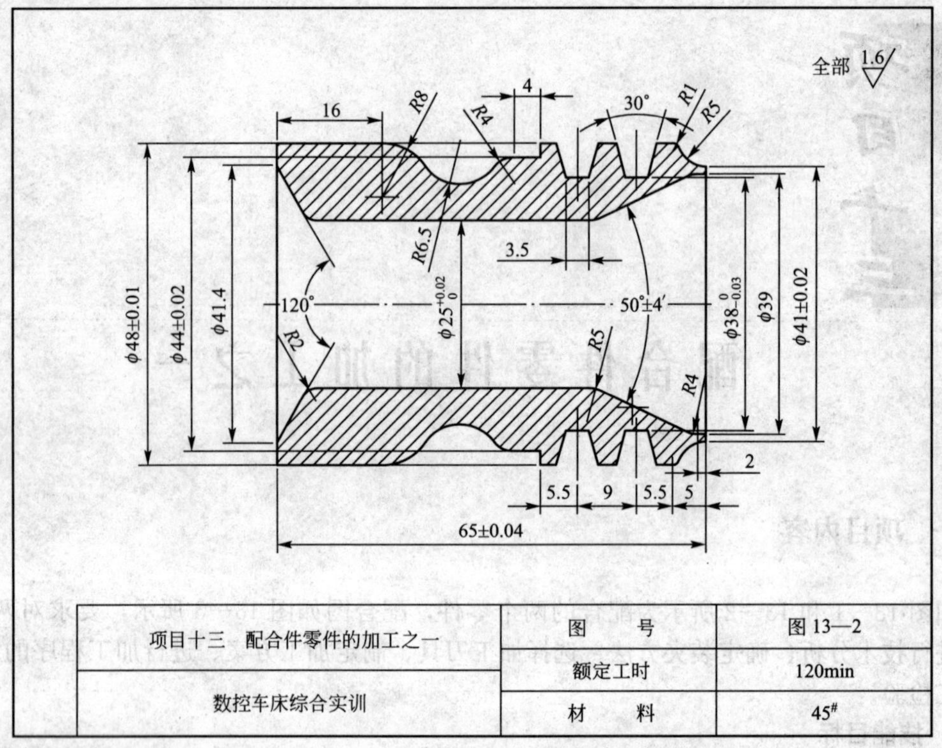

图 13—2

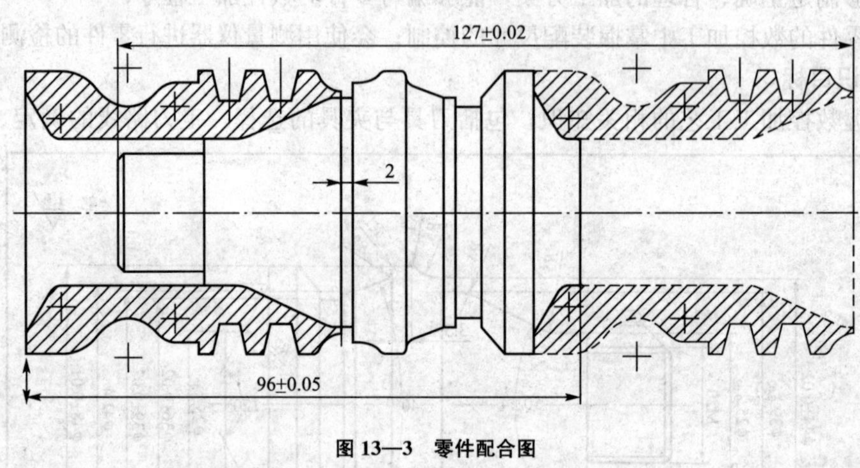

图 13—3　零件配合图

量的选用等；

◆ 掌握数控车床的编程技巧等。

二、项目分析

1. 零件工艺性分析

(1) 毛坯的选用。

依据图 13—1 和图 13—2 所示的两零件，加工的棒料都选择切削加工性能较好的 45# 钢材料，棒料直径为φ50mm。

(2) 技术要求分析。

零件 13 (1)：如图 13—1 所示，此工件的外表面由螺纹、圆柱、圆锥、圆弧、槽等表面组成，其中多个径向尺寸与轴向尺寸有较高的尺寸精度，整个工件的表面粗糙度要求也较高，粗糙度不能超过 $Ra1.6\mu m$。零件图尺寸标注完整，符合数控加工尺寸标注要求，轮廓描述清楚完整，无热处理和硬度要求。

零件 13 (2)：如图 13—2 所示，此工件的外表面由圆锥、圆柱、圆弧等表面组成，内表面主要由圆锥及圆柱等表面组成，其中多个径向尺寸与轴向尺寸有较高的尺寸精度，整个工件的表面粗糙度要求也较高，粗糙度不能超过 $Ra1.6\mu m$。零件图尺寸标注完整，符合数控加工尺寸标注要求，轮廓描述清楚完整，无热处理和硬度要求。

(3) 确定装夹等方案。

零件 13 (1)：此工件只需要一次装夹即可，用三爪自定心卡盘夹紧棒料的一端，以工件轴心线为定位基准，保证工件伸出的长度，为了保证工件加工的稳定性，在工件的已加工的左端面上打一个中心孔，用顶针定位顶紧工件。

零件 13 (2)：第一次装夹，用三爪自定心卡盘夹紧棒料的一端，以工件轴心线为定位基准，保证工件伸出的长度，从右往左加工；加工完后，工件掉头，三爪自定心卡盘装夹在工件右端用铜皮包好的外圆 ϕ48mm 处，以已加工的 ϕ48mm 圆柱面为定位基准，进行校正，夹紧工件。

(4) 选择刀具。

零件 13 (1)：一次装夹，选用四把刀具，T0100 为硬质合金 90°外圆粗车刀，T0200 为硬质合金 90°外圆精车刀，T0300 为高速钢材料、刀宽为 3mm 的切断刀，T0400 为硬质合金，尖角为 60°外螺纹车刀。同时将四把刀安装在刀架上，对刀，把它们的刀补值输入相应的刀具寄存器中。

零件 13 (1) 的刀具卡（已对好刀）如表 13—1 所示。

表 13—1　　　　**刀　具　卡**

实训项目	配合件零件的加工之一		零件名称	零件 13 (1)	零件图号	13—1
序号	刀具号	刀具名称及规格	数量	加工内容	备注	
一次装夹即可，从左端往右端进行加工						
1	T0101	90°外圆粗车刀	1	外轮廓	YT15	
2	T0202	90°外圆精车刀	1	外轮廓	YT15	
3	T0303	刀宽 3mm 的切断刀	1	切槽、切断	高速钢、右刀尖对刀	
4	T0404	60°外螺纹车刀	1	外螺纹	YT15	
编制		审核		批准		

零件 13 (2)：第一次装夹，从右端往左端进行加工时，选用三把刀具，T0100 为硬质合金 90°外圆车刀，T0200 为硬质合金内孔车刀，T0300 为高速钢材料、刀宽为 3mm 的切断刀，同时将三把刀安装在刀架上，对刀，把它们的刀补值输入相应的刀具寄存器中。工件掉头加工时，T0100 为硬质合金 90°外圆车刀，T0200 为硬质合金内孔车刀，T0400 为硬质合金右偏 40°外圆尖刀，重新对刀，把它们的刀补值输入相应的刀具寄存器中。

零件 13 (2) 的刀具卡（已对好刀）如表 13—2 所示。

表 13—2　　刀具卡

实训项目	配合件零件的加工之一	零件名称	零件 13（2）	零件图号	13—2
序号	刀具号	刀具名称及规格	数量	加工内容	备注
第一次装夹，从右端往左端进行加工					
1	T0101	90°外圆车刀	1	外轮廓	YT15
2	T0202	内孔车刀	1	内轮廓	YT15
3	T0303	刀宽 3mm 的切断刀	1	外圆槽、切断	高速钢、右刀尖对刀
掉头加工，装夹在外圆尺寸为 ϕ48mm 处					
1	T0101	90°外圆车刀	1	外轮廓	YT15
2	T0202	内孔车刀	1	内轮廓	YT15
3	T0404	右偏 40°外圆尖刀	1	外圆弧面	YT15
编制		审核		批准	

配合件两零件的工具量具卡如表 13—3 所示。

表 13—3　　工具量具卡

实训项目	配合件零件的加工之一	零件名称	零件 13	零件图号	13—1、2
序号	名称	规格		数量	备注
1	游标卡尺	0～125mm（0.02mm）		1	
2	千分尺	0～25mm、25～50mm（0.01mm）		各 1	
3	百分表	0～10mm（0.01mm）		1	
4	中心钻	A 型		1	
5	麻花钻	ϕ12mm、ϕ24mm		各 1	
6	螺纹量规	M20 止通套规		1 套	测量外螺纹
7	游标万能角度尺			1	测量角度
8	百分表	0～10mm（0.01mm）		1	四爪卡盘装夹时使用
9	磁性表座及表夹			1 套	同上
10	辅具	莫氏钻套、钻夹头、回转顶尖		各 1	选用
11	其他	铜棒、铜皮、毛刷等常用工具			选用
编制		审核		批准	

（5）制定加工方案。

零件 13（1）：加工顺序按由粗到精、由近到远的原则，从左往右进行加工。如果不考虑工件中间段的凹槽结构和尾部的结构，那么此工件的轮廓从左到右的 X 轴坐标（直径）是逐渐增大的，编程加工时可以运用复合循环指令 G71 进行粗加工，运用指令 G70 进行精加工，精加工时的走刀路径如图 13—4 所示。考虑到加工螺纹时的受力情况，先调用螺纹刀运用复合循环指令 G76 或单一循环指令 G92 对螺纹进行加工。工件中间段的凹槽结构考虑到其中间小，两边大的特点，可以分两次运用复合循环指令 G72 分别对两边的结构进行粗加工，然后运用 G70 指令进行精加工。尾部的结构也运用 G72 指令对进行粗加工，然

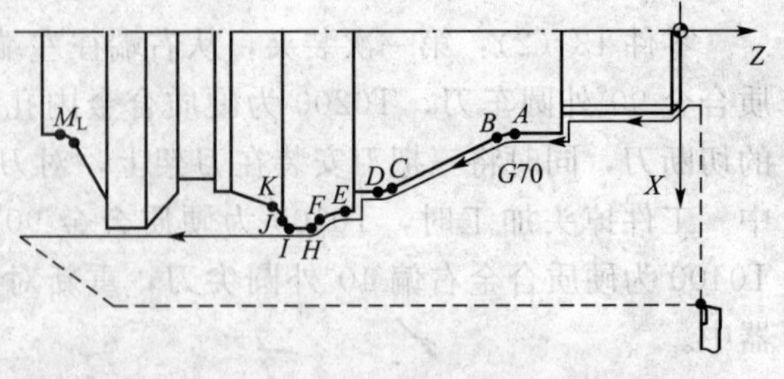

图 13—4　用 G70 指令精加工时的走刀路径

后运用 G70 指令进行精加工；最后切断工件。

零件 13（1）的加工工序和操作步骤如表 13—4 所示。

表 13—4　　　　　　　　　　**工　序　卡**

实训项目	配合件零件的加工之一	零件名称	零件 13（1）	零件图号	13—1
数控系统	GSK980TA	材料	45#	工序号	131
使用夹具	三爪卡盘及顶针装夹	装夹方法	三爪定心及顶针	程序号	O0131

序号	工步内容	G 指令	T 刀具	S 主轴转速 (r/min)	F 进给速度 (mm/min)	切削深度 (mm)
装夹棒料，从左端往右端进行加工，程序号为 O0131						
1	粗车整个外轮廓	G71	T0101	600	100	1.5
2	精车整个外轮廓	G70	T0202	1 000	50	0.25
3	加工螺纹	G76（G92）	T0404	400		
4	粗车中间槽的左轮廓	G72	T0303	200	30	
5	粗车中间槽的右轮廓	G72	T0303	200	30	
6	精车中间槽的左轮廓	G72	T0303	200	20	
7	精车中间槽的右轮廓	G72	T0303	200	20	
8	粗车后段槽轮廓	G72	T0303	200	30	
9	精车后段槽轮廓	G72	T0303	200	20	
10	切断	G01	T0303	200	20	
11	检测、校核					

编制		审核		批准、时间		

零件 13（2）：内孔加工时要先对零件进行钻孔，然后再使用内孔刀具进行相应的加工操作。第一次装夹后，首先用 A 型中心钻在工件的右端面上打一个 ϕ2mm 的中心孔，为后面的钻孔起到自动定心的作用，然后用 ϕ12mm 的麻花钻钻孔，保证孔的深度为 66mm，再用 ϕ24mm 的钻头把孔扩大到接近工件加工的尺寸，同样保证孔的深度为 66mm。

加工顺序按由粗到精、由近到远、先内后外、内外交叉的原则确定。第一次装夹，从工件的右端往左走刀加工，内孔轮廓的形状适合运用 G71 进行粗加工，先运用复合循环指令 G71 粗加工工件的内轮廓，内外轮廓的精加工都运用 G70 指令执行，精加工时的走刀路径如图 13—5 所示。掉头装夹加工时，刀具也是按加工原则先加工工件的内轮廓，然后加工外轮廓，内孔轮廓的形状适合运用 G71 指令进行粗加工，外轮廓的粗加工运用复合循环指令 G73 进行，内外轮廓的精加工都运用 G70 指令来执行，精加工时的走刀路径如图 13—6 所示。

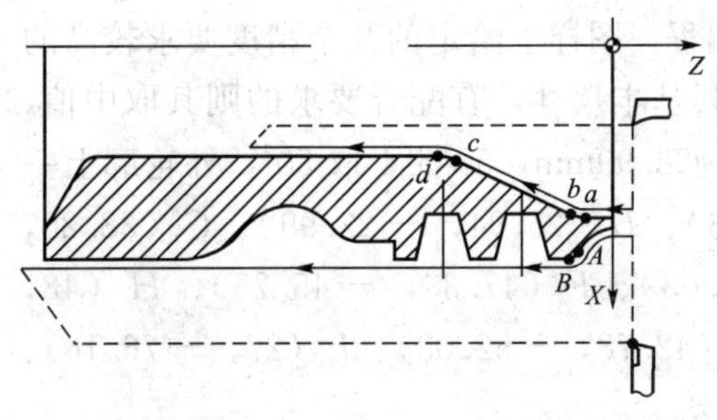

图 13—5　刀具加工时走刀路径

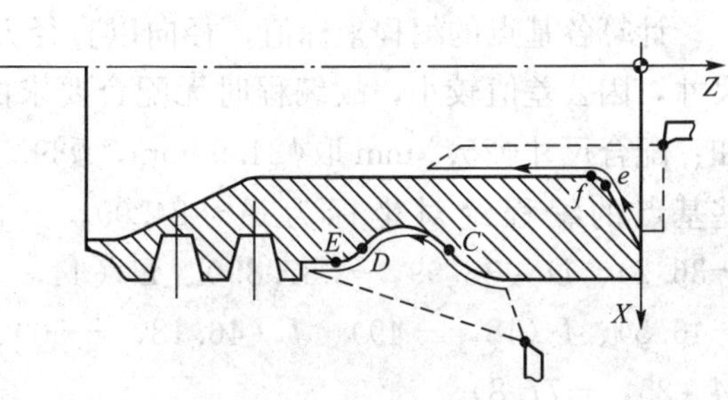

图 13—6　刀具加工时走刀路径

零件 13（2）的工件加工工序和操作步骤如表 13—5 所示。

2. 编程说明

零件 13（1）：编程时，以工件已加工的左端面与轴线的交点为程序原点建立工件坐标系，如图 16—4 所示，加工起点（或换刀点）为 X 向距程序原点 50mm，Z 向距程序原点 100mm 的位置。

表 13—5　　　　　　　　　　　工　序　卡

实训项目	配合件零件的加工之一	零件名称	零件 13（2）	零件图号	13—2
数控系统	GSK980TA	材料	45#	工序号	132/133
使用夹具	三爪卡盘装夹	装夹方法	三爪定心	程序号	O0132/O0133

序号	工步内容	G 指令	T 刀具	S 主轴转速 (r/min)	F 进给速度 (mm/min)	切削深度 (mm)
第一次装夹，加工程序号为 O0132						
1	打中心孔	手动	中心钻	300	20	
2	钻孔 ϕ10mm	手动	麻花钻	300	40	
3	扩孔 ϕ24mm	手动	麻花钻	300	40	
4	粗车工件内孔	G71	T0303	500	80	1
5	粗车整个外轮廓	G71	T0101	500	100	1.5
6	精车工件内孔	G70	T0202	800	40	0.2
7	精车整个外轮廓	G70	T0303	800	50	0.25
8	切两梯形槽	G01	T0404	200	20	
9	切断	G01	T0404	200	20	
掉头加工，装夹在外圆尺寸为 ϕ48mm 处，加工程序号为 O0133						
1	加工端面保证长度	G94	T0101	600	100	
2	粗车工件内孔	G71	T0303	500	80	1
3	粗车工件外轮廓	G73	T0202	500	60	1
4	精车工件内孔	G70	T0303	800	40	0.2
5	精车工件外轮廓	G73	T0202	800	30	0.2
6	检测、校核					
编制		审核		批准、时间		

计算各基点的编程坐标值，径向以直径方式编程，图样上给定的几个精度要求较高的尺寸，因公差值较小，故编程时无配合要求的取其基本尺寸，有配合要求的则其取中值，如：配合尺寸 $\phi25_{0.02}^{0}$mm 取 ϕ24.99mm，$\phi39_{-0.02}^{0}$ 取 ϕ28.99mm，50°±4′取 50°，外轮廓上一些基点的编程绝对坐标为 A（24.99，－20.88）、B（25.94，－22.99）、C（38.25，－36.2）、D（38.99，－37.89）、E（44，－42.03）、F（47.33，－45.75）、H（48，－46.5）、I（48，－49）、J（46.18，－50）、K（42.78，－52.03）、L（27，－76.16）、M（25，－77.8）。

编制零件 13（1）的加工程序单，如表 13—6 所示。

表 13—6　　程序单（供参考）

实训项目	配合件零件的加工之一	零件名称	零件 13（1）	零件图号	13—1
使用夹具	三爪卡盘及顶针装夹	装夹方法	三爪定心及顶针	程序号	O0131

程序号	程　序	说　明
N10	G50 X100 Z100；	建立坐标系，确定换刀点
N20	S600 M03；	主轴以 600r/min 转速正转
N30	T0101；	调用 1 号刀
N40	G00 X50 Z3；	快速定位，接近工件
N50	G71 U2 R0.5；	运用 G71 复合固定循环指令加工外轮廓
N60	G71 P70 Q200 U0.5 W0 F100；	径向尺寸留 0.5mm 精加工余量
N70	G00 X16；	描述零件精加工轨迹的第一段程序
N80	G01 Z0 F50；	
N90	X19.8 Z-2；	
N100	Z-15；	
N110	X25；	
N120	Z-20.88；	
N130	G02 X25.94 Z-22.99 R5；	
N140	G01 X38.25 Z-36.2；	
N150	G03 X39 Z-37.89 R4；	
N160	G01 Z-41；	
N170	X44；	
N180	G02 X47.33 Z-45.75 R5；	
N190	G03 X48 Z-46.5 R1；	
N200	G01 Z-85；	描述零件精加工轨迹的最后一段程序
N210	G00 X100 Z100 M05；	退回换刀点，主轴停
N220	M00；	程序暂停，测量尺寸，检查处理
N230	M03 S1000；	主轴以 1 000r/min 转速正转
N240	T0202；	调用 2 号刀
N250	G00 X50 Z3；	快速定位
N260	G70 P70 Q200；	运用 G70 指令进行精加工
N270	G00 X100 Z100 M05；	退回换刀点，主轴停
N280	M00；	程序暂停，测量尺寸，检查处理
N290	M03 S400；	主轴以 400r/min 转速正转
N300	T0404；	调用 4 号刀
N310	G00 X22 Z4；	快速定位
N320	G76 P010060 Q30 R0.05；	运用 G76 复合循环指令加工外螺纹
N330	G76 X16.75 Z-12 P1625 Q250 F2.5；	
N340	G00 X100 Z100 M05；	退回换刀点，主轴停
N350	M00；	程序暂停，测量尺寸，检查处理
N360	M03 S200；	主轴以 200r/min 转速正转
N370	T0303；	调用 3 号刀
N380	G00 X50 Z-58.5；	快速定位

（续前表）

程序号	程　　序	说　　明
N390	G01 X36 F20；	直线插补切槽
N400	G00 X50；	退刀
N410	Z－60；	Z方向移动刀具
N420	G01 X36 F20；	又一次直线插补切槽
N430	G00 X50；	退刀到循环起点
N440	G72 W2.5 R0.5；	运用G72复合循环指令加工槽的左轮廓
N450	G72 P460 Q480 U0.5 W0 F30；	径向尺寸留0.5mm精加工余量
N460	G00 Z－64；	描述零件精加工轨迹的第一段程序
N470	G01 X48 F20；	
N480	X39 W4；	描述零件精加工轨迹的最后一段程序
N490	G72 W2.5 R0.5；	运用G72复合循环指令加工槽的右轮廓
N500	G72 P510 Q560 U0.5 W0 F30；	径向尺寸留0.5mm精加工余量
N510	G00 Z－49；	描述零件精加工轨迹的第一段程序
N520	X48；	
N530	G03 X46.18 Z－50 R1 F20；	
N540	G02 X42.78 Z－52.03 R2；	
N550	G01 X39 Z－56.5；	
N560	Z－58.5；	描述零件精加工轨迹的最后一段程序
N570	G00 X100 Z100 M05；	退回换刀点，主轴停
N580	M00；	程序暂停，测量尺寸，检查处理
N590	M03；	主轴以200r/min转速正转
N600	G00 X50 Z－58.5；	快速定位到循环起点
N610	G70 P460 Q480；	运用G70复合指令对槽的左轮廓进行精加工
N620	G70 P510 Q560；	运用G70复合指令对槽的右轮廓进行精加工
N630	G00 X100 Z100 M05；	退回换刀点，主轴停
N640	M00；	程序暂停，测量尺寸，检查处理
N650	M03；	主轴以200r/min转速正转
N660	G00 X50 Z－80；	快速定位到循环起点
N670	G01 X24 F20；	直线插补切退刀槽
N680	G00 X50；	退刀到循环起点
N690	G72 W2.5 R0.5；	运用G72复合循环指令加工工件的尾部轮廓
N700	G72 P710 Q760 U0.5 W0 F30；	径向尺寸留0.5mm精加工余量
N710	G00 Z－72；	描述零件精加工轨迹的第一段程序
N720	G01 X48 F20；	
N730	X41.4；	
N740	X27 Z－76.16；	
N750	G02 X25 Z－77.89 R2；	
N760	G01 Z－80；	描述零件精加工轨迹的最后一段程序

（续前表）

程序号	程　序	说　明
N770	G00 X100 Z100 M05；	退回换刀点，主轴停
N780	M00；	程序暂停，测量尺寸，检查处理
N790	M03；	主轴以 200r/min 转速正转
N800	G00 X50 Z－80；	快速定位到循环起点
N810	G70 P710 Q760；	运用 G70 指令对工件的尾部轮廓进行精加工
N820	G00 X100 Z100 M05；	退回换刀点，主轴停
N830	M00；	程序暂停，测量尺寸，检查处理
N840	M03；	主轴以 200r/min 转速正转
N850	G00 X50 Z－80；	快速定位
N860	G01 X－1 F20；	切断工件
N870	G00 X100；	X 方向退刀
N880	Z100 M05；	Z 方向退刀，主轴停
N890	M30；	程序结束

零件 13（2）：编程时，第一次装夹以工件已加工的左端面与轴线的交点为程序原点建立工件坐标系，如图 13—5 所示；掉头装夹加工时，则以工件的右端面与轴线的交点为程序原点建立工件坐标系，如图 13—6 所示；加工起点（或换刀点）设为 X 向距程序原点 50mm，Z 向距程序原点 100mm 的位置。

计算各基点的编程坐标值，径向以直径方式编程，图样上给定的几个精度要求较高的、无配合要求的尺寸取其基本值，有配合要求的则取其中值，如：配合尺寸 $\phi25^{+0.02}_{0}$ mm 取 $\phi25.01$mm，$\phi39^{+0.02}_{0}$ 取 $\phi29.01$mm，$50°\pm4'$ 取 $50°$。外轮廓上某些基点的编程绝对坐标为 A（46.64，－4）、B（48，－4.95）、C（41.38，－22.48）、D（40.94，－32.86）、E（48，－36）；内孔轮廓上某些基点的编程绝对坐标为 a（39.01，－3.1）、b（38.26，－4.8）、c（25.94，－18.01）、d（25.01，－20）、e（25.01，－5.89）、f（27，－4.16）。

编制零件 13（2）的加工程序单，如表 13—7 所示。

表 13—7　　程序单（供参考）

实训项目	配合件零件的加工之一	零件名称	零件 13（2）	零件图号	13—2
使用夹具	三爪卡盘装夹	装夹方法	三爪定心	程序号	O0132/O0133

程序号	程　序	说　明
O0132	第一次装夹，从右端往左端进行加工	
N10	G50 X100 Z100；	建立坐标系，确定换刀点
N20	M03 S500；	主轴以 500r/min 转速正转
N30	T0303；	调用 3 号刀
N40	G00 X23 Z2；	快速定位
N50	G71 U1.5 R0.5；	运用 G70 指令进行精加工
N60	G71 P70 Q120 U－0.4 W0 F30；	内孔径向尺寸留 0.4mm 精加工余量
N70	G00 X39；	描述零件精加工轨迹的第一段程序
N80	G01 Z－3.11 F20；	

（续前表）

程序号	程　序	说　明
N90	G03 X38.26 Z-4.8 R4；	
N100	G01 X25.94 Z-18.01；	
N110	G02 X25.01 Z-20 R5；	
N120	G01 Z-30；	描述零件精加工轨迹的最后一段程序
N130	G00 X100 Z100 M05；	退回换刀点，主轴停
N140	M00；	程序暂停，测量尺寸，检查处理
N150	S600 M03；	主轴以 600r/min 转速正转
N160	T0101；	调用 1 号刀
N170	G00 X52 Z3；	快速定位，接近工件
N180	G71 U2 R0.5；	运用 G71 复合固定循环指令加工外轮廓
N190	G71 P200 Q240 U0.5 W0 F60；	径向尺寸留 0.5mm 精加工余量
N200	G00 X41；	描述零件精加工轨迹的第一段程序
N210	G01 Z0 F30；	
N220	G02 X46.64 Z-4 R5；	
N230	G03 X48 Z-4.95 R1；	
N240	G01 Z-72；	描述零件精加工轨迹的最后一段程序
N250	G00 X100 Z100 M05；	退回换刀点，主轴停
N260	M00；	程序暂停，测量尺寸，检查处理
N270	M03 S800；	主轴以 800r/min 转速正转
N280	T0303；	调用 3 号刀
N290	G00 X23 Z2；	快速定位
N300	G70 P70 Q120；	运用 G70 指令进行精加工
N310	G00 X100 Z100 M05；	退回换刀点，主轴停
N320	M00；	程序暂停，测量尺寸，检查处理
N330	M03 S1000；	主轴以 1 000r/min 转速正转
N340	T0202；	调用 2 号刀
N350	G00 X52 Z3；	快速定位
N360	G70 P200 Q240；	运用 G70 指令进行精加工
N370	G00 X100 Z100 M05；	退回换刀点，主轴停
N380	M00；	程序暂停，测量尺寸，检查处理
N390	M03 S200；	主轴以 200r/min 转速正转
N400	T0404；	调用 4 号刀
N410	G00 X50 Z-9；	快速定位
N420	G01 X39 F20；	切第一个梯形槽的第一刀
N430	G00 X50；	退刀
N440	Z-7.41；	Z 方向移动
N450	G01 X39 Z-8.75 F20；	切第一个梯形槽的右斜面
N460	G00 X50；	
N470	Z-10.59；	
N480	G01 X39 Z-9.25 F20；	切第一个梯形槽的左斜面

（续前表）

程序号	程　序	说　明
N490	G00 X50;	
N500	Z-18;	刀具移到第二个梯形槽处
N510	G01 X39 F20;	切第二个梯形槽的第一刀
N520	G00 X50;	
N530	Z-16.41;	
N540	G01 X39 Z-17.75 F20;	切第二个梯形槽的右斜面
N550	G00 X50;	
N560	Z-19.59;	
N570	G01 X39 Z-18.25 F20;	切第二个梯形槽的左斜面
N580	G00 X50;	
N590	Z-65.5;	刀具移到切断处
N600	G01 X20 F20;	切断工件
N610	G00 X100;	*X* 方向退刀
N620	Z100 M05;	*Z* 方向退刀，主轴停
N630	M30;	程序结束
O0133	掉头装夹，装夹在工件外圆φ48mm 处	
N10	G50 X100 Z100;	建立坐标系，确定换刀点
N20	M03 S600;	主轴以 600r/min 转速正转
N30	T0101;	调用 1 号刀
N40	G00 X52 Z5;	快速定位，接近工件
N50	G94 X22 Z2 F50;	运用 G94 指令加工工件的端面
N60	Z1;	
N70	Z0;	保证工件的长度
N80	M03 S500;	主轴以 500r/min 转速正转
N90	T0202;	调用 2 号刀
N100	G00 X23 Z2;	快速定位，接近工件
N110	G71 U1.5 R0.5;	运用 G71 复合固定循环指令加工内孔轮廓
N120	G71 P130 Q170 U-0.4 W0 F50;	内孔径向尺寸留 0.4mm 精加工余量
N130	G00 X41.4;	描述零件精加工轨迹的最后一段程序
N140	G01 Z0 F30;	
N150	X27 Z-4.16;	
N160	G02 X25 Z-5.89 R2;	
N170	G01 Z-40;	描述零件精加工轨迹的最后一段程序
N180	G00 X100 Z100 M05;	退回换刀点，主轴停
N190	M00;	程序暂停，测量尺寸，检查处理
N200	M03 S800;	主轴以 800r/min 转速正转
N210	G00 X23 Z2;	快速定位
N220	G70 P130 Q170;	运用 G70 指令进行精加工
N230	G00 X100 Z100 M05;	退回换刀点，主轴停
N240	M00;	程序暂停，测量尺寸，检查处理

(续前表)

程序号	程　　序	说　　明
N250	M03 S500;	主轴以 800r/min 转速正转
N260	T0303;	调用 3 号刀
N270	G00 X52 Z3;	快速定位，定位到循环起点
N280	G73 U6 W0 R0.006;	运用 G73 复合循环指令加工中段圆弧面
N290	G73 P300 Q350 U0.4 F60;	径向尺寸留 0.4mm 精加工余量
N300	G00 X48;	描述零件精加工轨迹的第一段程序
N310	G01 Z-16 F30;	
N320	G03 X41.38 Z-22.48 R8;	
N330	G02 X40.94 Z-32.86 R6.5;	
N340	G03 X48 Z-36 R4;	
N350	G01 Z-30;	描述零件精加工轨迹的最后一段程序
N360	G00 X100 Z100 M05;	退回换刀点，主轴停
N370	M00;	程序暂停，测量尺寸，检查处理
N380	M03 S800;	主轴以 800r/min 转速正转
N390	G00 X52 Z3;	快速定位
N400	G70 P300 Q350;;	运用 G70 指令进行精加工
N410	G00 X100 Z100 M05;	退回换刀点，主轴停
N420	M00;	程序暂停，测量尺寸，检查处理
N430	M30;	程序结束

三、项目实施

1. 操作要点及注意事项

(1) 严格按照操作规程和安全规程操作。

(2) 开机后，进行车床空载运行，检查车床各部分运行状况。

(3) 选择尖刀时，注意刀具的尖角是否合理，加工过程中不能与工件发生干涉。

(4) 对刀时，所有的切槽刀都以右刀尖做为编程的刀位点。

(5) 正确使用游标卡尺、外径千分尺、游标万能角度尺、螺纹量规、螺纹中径千分尺测量相关的尺寸。

(6) 工件装夹时，夹持部分不能太短，要注意伸出长度，调头装夹时，不要夹伤已加工表面，注意工件的校正。

(7) 钻孔、扩孔时采用手动完成，没有编制加工程序。

(8) 为了保证长度尺寸公差，两工件第一次装夹切断时都可留 0.5mm 的加工余量，掉头装夹后，根据实际情况来保证长度尺寸。

(9) 在加工既有内表面，又有外表面的零件时，应先安排进行内外表面粗加工，后进行内外表面精加工，先内后外，内外交叉进行加工，这样容易控制其内外表面的尺寸精度、形位公差和表面粗糙度。

(10) 为保证零件尺寸的准确性，可分半精加工和精加工两步骤加工外轮廓，或通过修改刀补的方法来执行。

(11) 发生事故时，要沉着冷静、积极配合工作人员处理。

2. 操作步骤及质量检测

(1) 准确快速地输入加工程序。

(2) 通过数控系统图形仿真加工轨迹，进行程序校验及修整。

(3) 使用装夹具正确地安装刀具，进行对刀操作，建立工件坐标系。

(4) 灵活使用程序试运行、分段运行及自动运行等方式对工件进行自动加工操作。

(5) 加工过程中，要注意按图纸要求检测工件质量，随时对工件进行误差与质量分析与处理。

(6) 需要掉头加工的工件，应注意掉头后的对刀和端面找准。

(7) 加工完后，清理数控车床，按规定润滑保养数控车床。

零件 13 (1) 的检验卡如表 13—8 所示。

表 13—8　　检 验 卡

单位		姓名		考号	
实训项目	配合件零件的加工之一	零件名称	零件 13 (1)	零件图号	13—1

序号	检验内容及要求	配分	评分标准	检测结果	得分
1	手工编程	10	语法错误每处扣 2 分 数据错误每处扣 1 分		
2	程序输入	5	手工输入，不会者取消操作		
3	仿真加工轨迹	5	图形模拟走刀路径		
4	试切对刀、建立工件坐标系	5	不会者取消操作		
5	带公差的径向尺寸 $\phi48$	5	每超差 0.01mm 扣 2 分		
6	带公差的径向尺寸 $\phi44$	5	每超差 0.01mm 扣 2 分		
7	带公差的径向尺寸 $\phi39$	10	每超差 0.01mm 扣 2 分		
8	带公差的径向尺寸 $\phi39$	5	每超差 0.01mm 扣 2 分		
9	带公差的径向尺寸 $\phi36$	5	每超差 0.01mm 扣 2 分		
10	带公差的径向尺寸 $\phi25$	10	每超差 0.01mm 扣 2 分		
11	带公差的轴向尺寸 80	5	每超差 0.01mm 扣 2 分		
12	带公差的轴向尺寸 15	5	每超差 0.01mm 扣 2 分		
13	螺纹 M20	10	不符合要求不得分		
14	整体外形	5	圆弧连接圆滑，形状准确		
15	表面粗糙度	5	不得大于 $Ra1.6\mu m$		
16	倒角、去毛刺等	5	按照 GB 1804—M 要求		
17	安全操作、文明生产		违章视情节轻重扣分，重大事故取消操作	扣分不超过 10 分	

额定工时		实际加工时间		总得分	
检测员		记录员		考评员	

零件13（2）的检验卡如表13—9所示。

表13—9　　检　验　卡

单位		姓名		考号	
实训项目	配合件零件的加工之一	零件名称	零件13（2）	零件图号	13—2

序号	检验内容及要求	配分	评分标准	检测结果	得分
1	手工编程	10	语法错误每处扣2分 数据错误每处扣1分		
2	程序输入	5	手工输入，不会者取消操作		
3	仿真加工轨迹	5	图形模拟走刀路径		
4	试切对刀、建立工件坐标系	10	不会者取消操作		
5	带公差的径向尺寸$\phi48$	5	每超差0.01mm扣2分		
6	带公差的径向尺寸$\phi44$	5	每超差0.01mm扣2分		
7	带公差的径向尺寸$\phi41$	5	每超差0.01mm扣2分		
8	带公差的径向尺寸$\phi39$	10	每超差0.01mm扣2分		
9	带公差的径向尺寸$\phi38$	5	每超差0.01mm扣2分		
10	带公差的径向尺寸$\phi25$	10	每超差0.01mm扣2分		
11	带公差的轴向尺寸65	5	每超差0.01mm扣2分		
12	整体外形	10	圆弧连接圆滑，形状准确		
13	表面粗糙度	10	不得大于$Ra1.6\mu m$		
14	倒角、去毛刺等	5	按照GB 1804—M要求		
15	安全操作、文明生产		违章视情节轻重扣分，重大事故取消操作	扣分不超过10分	

额定工时		实际加工时间		总得分	
检测员		记录员		考评员	

四、项目总结

◇通过本实训项目的学习，了解配合件的零件在加工中应注意有配合关系的尺寸在加工编程时选择中值。

◇掌握如何正确地控制好零件的尺寸，可通过半精加工、精加工的操作来更好地控制尺寸，或通过修改刀补的方法来控制尺寸。

◇通过本实训项目的训练，能按照国家职业标准的要求，全面掌握数控车工应具有的基本知识与基本技能，注重培养良好的职业道德，严格按照工作程序、工作规范和安全操作的要求认真地执行。

五、项目拓展练习

如图13—7和13—8所示为配合的两零件，图13—9是两零件配合图，工件材料选用45#钢，坯料选用$\phi50$mm的棒料，要求对该两零件分别进行技术分析、确定装夹方法、选择加工刀具、制定加工方案、进行加工程序的编制，并加工检验。

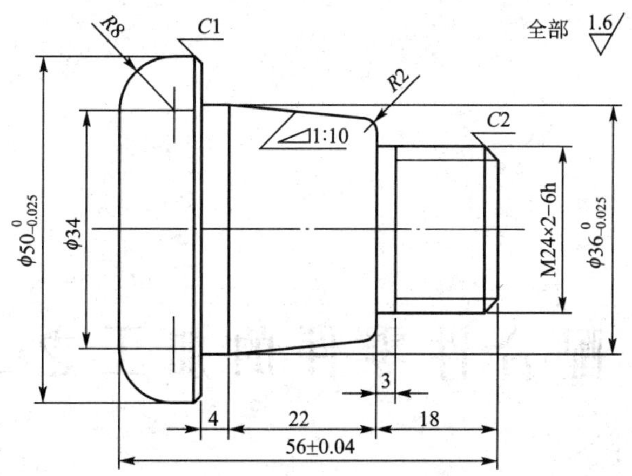

图 13—7 零件一

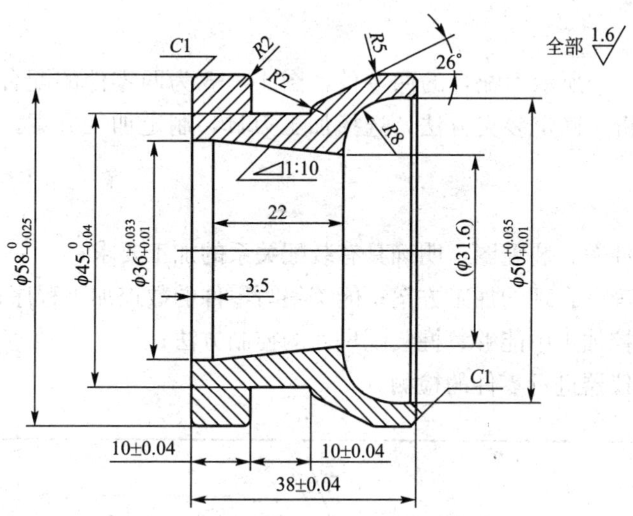

图 13—8 零件二

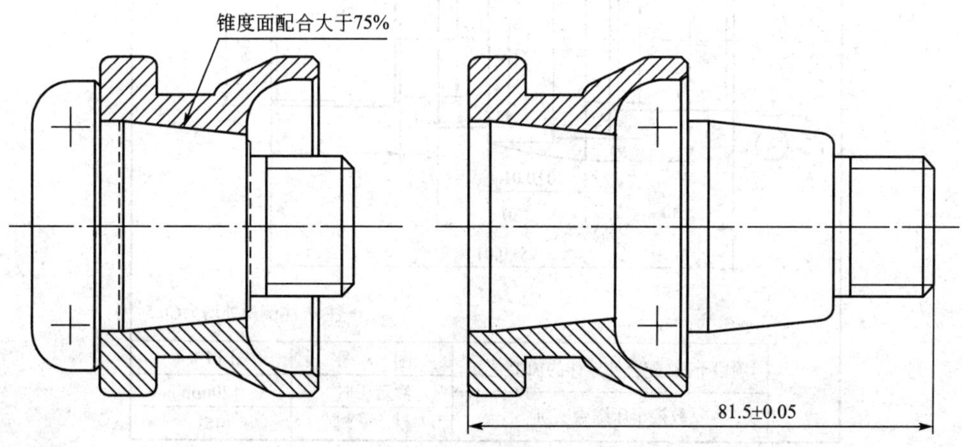

图 13—9 两零件的配合

配合件零件的加工之二

一、项目内容

图 14—1 和 14—2 所示为配合的两零件，图 14—3 为两零件的配合图，要求分别对该两零件进行技术分析，确定装夹方法，选择加工刀具，制定加工方案，进行加工程序的编制，并加工检验。

1. 技能目标

◆ 能够读懂零件图、装配图，明确具有装配关系的加工要求；

◆ 能够制定正确、合理的加工方案；能够编写零件的数控加工程序；

◆ 在零件的数控加工中能够掌握装配尺寸的控制方法；

◆ 会使用测量仪器进行零件的检测。

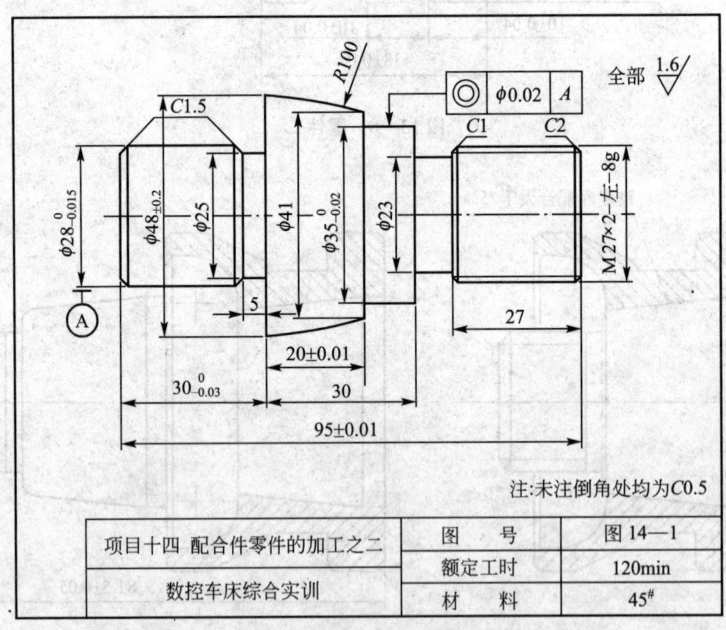

图 14—1

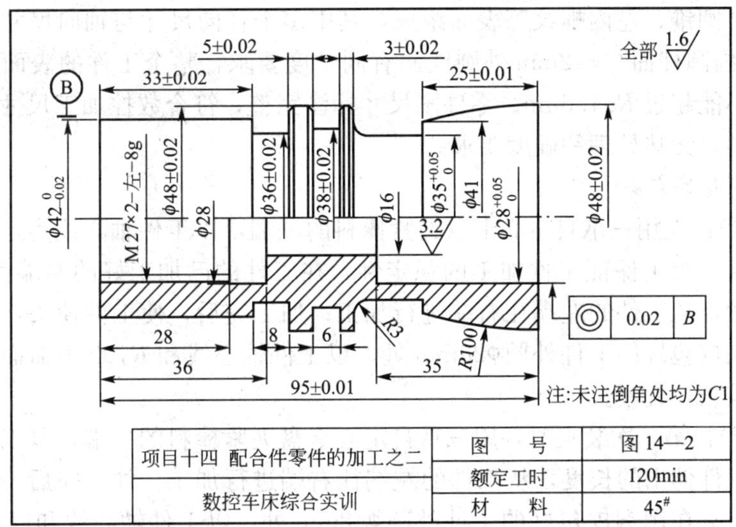

图 14—2

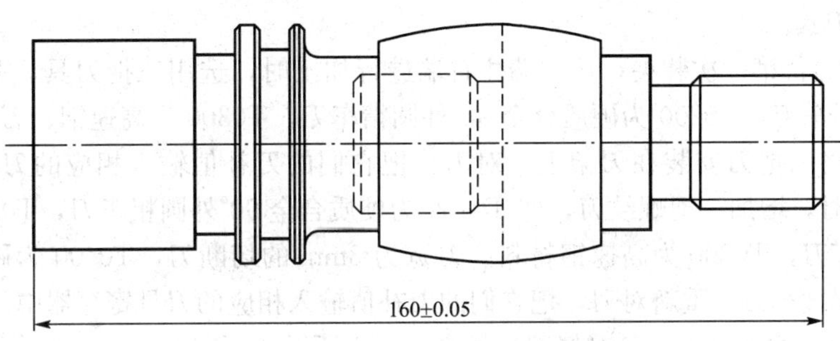

图 14—3　两零件的配合

2. 知识目标

◆ 掌握数控加工工艺的相关知识，包括刀具与夹具的选择、走刀路线的确定、切削用量的选用等；

◆ 掌握数控车床的编程技巧等。

二、项目分析

1. 零件工艺性分析

（1）毛坯的选用。

依据图 14—1 和图 14—2 所示的两零件，加工的棒料都选择切削加工性能较好的 45# 钢材料，棒料直径为φ50mm。

（2）技术要求分析。

零件 14（1）：如图 14—1 所示，此工件的外表面由圆柱、圆弧、螺纹退刀槽、左螺纹等表面组成，其中多个径向尺寸与轴向尺寸有较高的尺寸精度，φ35mm 圆柱面与φ28mm 圆柱面有同轴度要求，整个工件的表面粗糙度要求也较高，粗糙度不能超过 $Ra1.6\mu m$。零件图尺寸标注完整，符合数控加工尺寸标注要求，轮廓描述清楚完整，无热处理和硬度要求。

零件 14（2）：如图 14—2 所示，此工件的外表面由圆柱、圆弧、槽等表面组成，内表面主要由圆柱、圆锥、左内螺纹等表面组成，其中多个径向尺寸与轴向尺寸有较高的尺寸精度，ϕ28mm 内圆柱面与ϕ42mm 外圆柱面有同轴度要求，整个工件的表面粗糙度要求也较高，粗糙度不能超过 $Ra1.6\mu m$。零件图尺寸标注完整，符合数控加工尺寸标注要求，轮廓描述清楚完整，无热处理和硬度要求。

(3) 确定装夹等方案。

零件 14 (1)：先用三爪自定心卡盘夹紧棒料的一端，以工件轴心线为定位基准，保证工件伸出的长度，为了保证工件加工的稳定性，在工件的已加工好的左端面打一中心孔，用顶针定位顶紧，从工件的左端往右端进行加工；加工完后，使工件掉头，用三爪自定心卡盘装夹在用铜皮包好的工件外圆ϕ28mm 处，以工件轴心线和 R100 圆弧面的左端面为工艺定位基准，校正，夹紧。

零件 14 (2)：第一次装夹时，用三爪自定心卡盘夹紧棒料的一端，以工件轴心线为定位基准，保证工件伸出的长度，从工件的左端往右端进行加工；加工完后，工件掉头，三爪自定心卡盘装夹在用铜皮包好的工件外圆ϕ42mm 处，以工件轴心线和已加工的ϕ48mm 圆柱的左端面为工艺定位基准，校正，夹紧。

(4) 选择刀具。

零件 14 (1)：第一次装夹，从左端往右端进行加工时，选用三把刀具，T0100 为硬质合金 90°外圆粗车刀，T0200 为硬质合金 90°外圆精车刀，T0300 为高速钢、刀宽为 3mm 的切断刀，同时将三把刀安装在刀架上，对刀，把它们的刀补值输入相应的刀具寄存器中。工件掉头加工时，增加一把螺纹刀，即 T0100 为硬质合金 90°外圆粗车刀，T0200 为硬质合金 90°外圆精车刀，T0300 为高速钢材料、刀宽为 3mm 的切断刀，T0400 为硬质合金、尖角为 60°的外螺纹车刀。重新对刀，把它们的刀补值输入相应的刀具寄存器中。

零件 14 (1) 的刀具卡（已对好刀）如表 14—1 所示。

表 14—1　　刀　具　卡

实训项目	配合件零件的加工之二		零件名称	零件 14 (1)	零件图号	14—1
序号	刀具号	刀具名称及规格	数量	加工内容	备注	
第一次装夹，从左端往右端进行加工						
1	T0101	90°外圆粗车刀	1	外轮廓	YT15	
2	T0202	90°外圆精车刀	1	外轮廓	YT15	
3	T0303	刀宽 3mm 的切断刀	1	外圆槽	高速钢、右刀尖对刀	
掉头加工，装夹在工件外圆ϕ28mm 处						
1	T0101	90°外圆粗车刀	1	外轮廓	YT15	
2	T0202	90°外圆精车刀	1	外轮廓	YT15	
3	T0303	刀宽 3mm 的切断刀	1	螺纹退刀槽	高速钢、右刀尖对刀	
3	T0404	60°外螺纹车刀	1	外螺纹	YT15	
编制		审核		批准		

零件 14 (2)：第一次装夹，从左端往右端加工时，选用四把刀具，T0100 为硬质合金 90°外圆粗车刀，T0200 为硬质合金内孔车刀，T0300 为高速钢、刀宽为 3mm 的切断刀，T0400 为刀尖角为 60°的硬质合金内螺纹刀，加工时根据实际情况将四把刀安装在刀架上，对刀，把它们的刀补值输入相应的刀具寄存器中。工件掉头加工时，T0100 为硬质合金右偏 70°外圆尖刀，T0200 为硬质合金内孔车刀，T0300 为高速钢、刀宽为 3mm 的切断刀，

重新对刀，把它们的刀补值输入相应的刀具寄存器中。

零件 14（2）的刀具卡（已对好刀）如表 14—2 所示。

表 14—2　　刀　具　卡

实训项目	配合件零件的加工之二	零件名称	零件 14（2）	零件图号	14—2
序号	刀具号	刀具名称及规格	数量	加工内容	备注
第一次装夹，从左端往右端进行加工					
1	T0101	90°外圆精车刀	1	外轮廓	YT15
2	T0202	内孔车刀	1	内孔轮廓	YT15
3	T0303	刀宽 3mm 的切断刀	1	外圆槽、切断	高速钢、右刀尖对刀
4	T0404	60°内螺纹车刀	1	左内螺纹	YT15
掉头加工，装夹在工件外圆 ϕ42mm 处					
1	T0101	右偏 70°尖刀	1	外轮廓	YT15
2	T0202	内孔车刀	1	内轮廓	YT15
3	T0303	刀宽 3mm 的切断刀	1	外圆槽	高速钢、右刀尖对刀
编制		审核		批准	

配合件的工具量具卡如表 14—3 所示。

表 14—3　　工 具 量 具 卡

实训项目	配合件零件的加工之二	零件名称	零件 14	零件图号	14—1、2
序号	名称	规　　格	数量	备注	
1	游标卡尺	0～125mm（0.02mm）	1		
2	千分尺	0～25mm、25～50mm（0.01mm）	各 1		
3	百分表	0～10mm（0.01mm）	1		
4	中心钻	A 型	1		
5	麻花钻	ϕ10mm、ϕ24mm、ϕ26mm	各 1		
6	螺纹量规	M27×2一左　止通塞规	1 套	测量内螺纹	
7	螺纹量规	M27×2一左　止通套规	1 套	测量外螺纹	
8	百分表	0～10mm（0.01mm）	1	四爪卡盘装夹时使用	
9	磁性表座及表夹		1 套	同上	
10	辅具	莫氏钻套、钻夹头、回转顶尖	各 1	选用	
11	其他	铜棒、铜皮、毛刷等常用工具		选用	
编制		审核		批准	

（5）制定加工方案。

零件 14（1）：加工顺序按由粗到精、由近到远的原则确定。第一次装夹，从左端往右端进行加工，如不考虑 R100 圆弧面左边的轮廓部分，其尺寸大小由小变大，符合 G71 指令的加工规律，可以运用 G71 复合循环指令进行粗加工，运用 G70 指令进行精加工，刀具精加工时的走刀路径如图 14—4 所示；然后利用切断刀加工 R100 圆弧面左边的外圆槽，最后移动刀具切断工件。

掉头加工时，也遵守由粗到精、由近到远，在一次装夹中尽可能加工出较多的工件表面的加工原则。R100 圆弧面右边的轮廓符合 G71 指令的加工规律，所以首先选择运用

G71 复合循环指令粗加工工件外轮廓，运用 G70 指令进行精加工，精加工时刀具的走刀路径如图 14—5 所示；然后运用 G72 复合循环指令粗加工螺纹退刀槽，运用 G70 指令精加工螺纹退刀槽；最后运用复合循环指令 G76 粗精加工左外螺纹。

零件 14（1）的加工工序和操作步骤如表 14—4 所示。

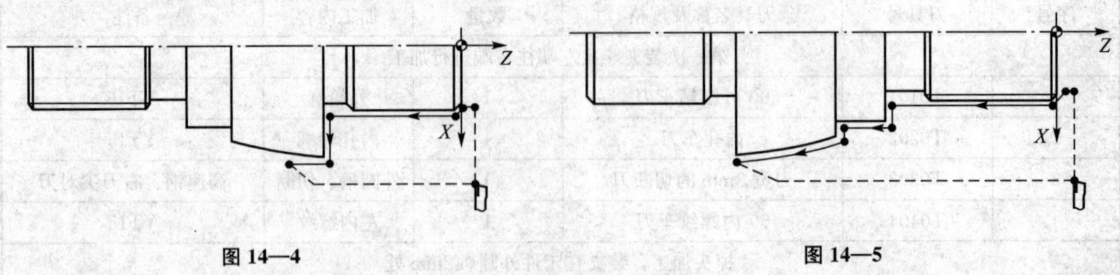

图 14—4　　　　图 14—5

表 14—4

工　序　卡

实训项目	配合件零件的加工之二	零件名称	零件 14（1）	零件图号	14—1
数控系统	GSK980TA	材料	45#	工序号	141/142
使用夹具	三爪卡盘及顶针装夹	装夹方法	三爪定心及顶针	程序号	O0141/O0142

序号	工步内容	G 指令	T 刀具	S 主轴转速 (r/min)	F 进给速度 (mm/r)	切削深度 (mm)
第一次装夹，程序号为 O0141						
1	粗车左端外轮廓	G71	T0101	600	0.15	1.5
2	精车左端外轮廓	G70	T0202	1 000	0.08	0.25
3	切断	G01	T0303	200	0.03	
掉头加工，程序号为 O0142						
1	粗车右端外轮廓	G71	T0101	600	0.15	1.5
2	精车右端外轮廓	G70	T0202	1 000	0.08	0.25
3	粗车螺纹退刀槽	G72	T0303	200	0.03	
4	精车螺纹退刀槽	G70	T0303	200	0.02	0.2
5	加工左外螺纹	G76	T0404	400		
6	检测、校核					

编制		审核		批准、时间	

零件 14（2）：内孔加工时要先对零件进行钻孔，然后再使用内孔刀具进行相应的加工操作。第一次装夹后，首先用 A 型中心钻在工件的左端面上打一个 ϕ2mm 的中心孔，为后面的钻孔起到自动定心的作用，然后用 ϕ10mm 的麻花钻钻孔，保证孔的深度为 96mm，再用 ϕ16mm 的钻头把孔扩大，同样保证孔的深度为 96mm，最后用 ϕ24mm 的麻花钻把孔扩大，深度为 36mm。掉头装夹加工时，用 ϕ26mm 的麻花钻把孔扩大，深度为 35mm，准备下一步的内孔加工。

加工顺序按照由粗到精、由近到远、先内后外、内外交叉的原则确定。第一次装夹，从左端往右端加工时，内孔轮廓的加工根据内孔的结构可以运用复合循环指令 G71 进行粗加工，外轮廓的形状也可以运用复合循环指令 G71 先进行粗加工，然后运用 G70 指令进行内、外轮廓的精加工，内、外轮廓精加工时的走刀路径如图 14—6 所示。掉头加工时，内孔轮廓的形状适合运用 G71 指令来进行粗加工，考虑到工件外轮廓结构的特殊性，R100 圆弧面左边的凹槽轮廓的大小变化规律刚好符合 G72 指令的加工规律，故而先运用复合循环指令 G72 对 $R100$ 圆弧面左边的凹槽进行粗加工，再运用 G73 指令对 $R100$ 圆弧面进行粗加工；精加工时先运用 G70 进行内孔轮廓的精加工，再运用 G70 指令进行外轮廓 $R100$ 圆弧面左边凹槽的精加工；最后运用 G70 进行外轮廓 $R100$ 圆弧面的精加工，所有精加工时的走刀路径如图 14—7 所示。

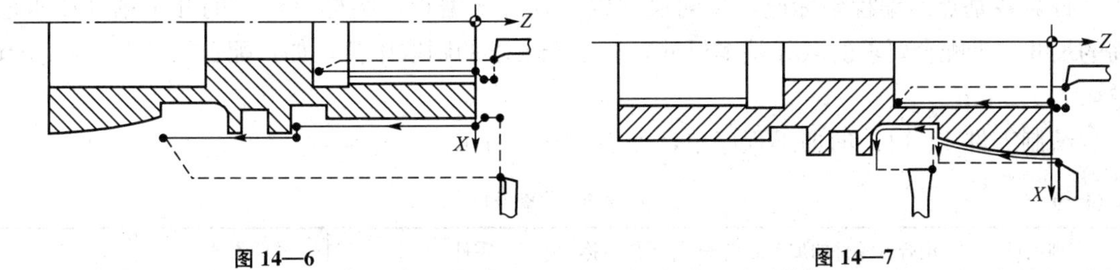

图 14—6　　图 14—7

零件 14（2）的加工工序和操作步骤如表 14—5 所示。

表 14—5　　工　序　卡

实训项目	配合件零件的加工之二	零件名称	零件 14（2）	零件图号	14—2
数控系统	GSK980TA	材料	45#	工序号	143/144
使用夹具	三爪卡盘装夹	装夹方法	三爪定心	程序号	O0143/O0144

序号	工步内容	G 指令	T 刀具	S 主轴转速 (r/min)	F 进给速度 (mm/r)	切削深度 (mm)
第一次装夹，加工程序号为 O0143						
1	打中心孔	手动	中心钻	300	0.03	
2	钻孔 φ10mm	手动	麻花钻	300	0.07	
3	扩孔 φ24mm	手动	麻花钻	300	0.07	
4	粗车外轮廓	G71	T0101	600	0.15	1.5
5	精车外轮廓	G70	T0101	1 000	0.08	0.25
6	粗车工件内孔	G71	T0202	500	0.12	1
7	精车工件内孔	G70	T0202	800	0.06	0.2
8	加工内左螺纹	G76	T0404	400		
9	切槽	G94	T0303	200	0.03	
10	切断	G01	T0303	200		
掉头加工，加工程序号为 O0144						
1	扩孔 φ26mm	手动	麻花钻	300	0.07	
2	粗车工件内孔	G71	T0202	500	0.12	1
3	粗车外轮廓凹槽	G72	T0303	200	0.03	
4	粗车 R100 的外轮廓	G73	T0101	600	0.15	1.5
5	精车工件内孔	G70	T0202	800	0.06	0.2
6	精车外轮廓凹槽	G70	T0303	200	0.02	
7	精车 R100 的外轮廓	G70	T0101	1 000	0.08	0.25
8	加工螺纹	G76	T0404	400		
9	检测、校核					

编制		审核		批准、时间		

2. 编程说明

零件 14（1）：编程时，第一次装夹以工件右端面与轴线的交点为程序原点建立工件坐标系，如图 16—4 所示；掉头装夹加工时，则以工件的左端面与轴线的交点为程序原点建立工件坐标系，如图 16—5 所示；加工起点（或换刀点）设为 *X* 向距程序原点 50mm，*Z* 向距程序原点 100mm 的位置。

计算各基点的编程坐标值，径向尺寸以直径方式编程，图样上给定的几个精度要求较高的尺寸，无配合要求的取其基本尺寸，有配合要求的则取中值，如：配合尺寸 $\phi28_{-0.015}^{\ 0}$ mm 取 $\phi27.992$mm。

编制零件 14（1）的加工程序单，如表 14—6 所示。

表 14—6　　程序单（供参考）

实训项目	配合件零件的加工之二	零件名称	零件 14（1）	零件图号	14—1
使用夹具	三爪卡盘、尾座	装夹方法	三爪卡盘、顶针	程序号	O0141/O0142

程序号	程　序	说　明
O0141	第一次装夹，从左端往右端进行加工	
N10	G50 X100 Z100 M99；	建立坐标系，确定换刀点，设定以 mm/r 进给
N20	S600 M03；	主轴以 600r/min 转速正转
N30	T0101；	调用 1 号刀
N40	G00 X50 Z3；	快速定位，接近工件
N50	G71 U2 R0.5；	运用 G71 复合固定循环指令加工外轮廓
N60	G71 P70 Q120 U0.5 W0.2 F0.15；	径向与轴向尺寸分别留 0.5mm 和 0.2mm 精加工余量
N70	G00 X25；	描述零件精加工轨迹的第一段程序
N80	G01 Z0 F0.08；	
N90	X28 Z-1.5；	
N100	Z-30；	
N110	X48；	
N120	Z-35；	描述零件精加工轨迹的最后一段程序
N130	G00 X100 Z100 M05；	退回换刀点，主轴停
N140	M00；	程序暂停，测量尺寸，检查处理
N150	M03 S1000；	主轴以 1 000r/min 转速正转
N160	T0202；	调用 2 号刀
N170	G00 X50 Z3；	快速定位
N180	G70 P70 Q120；	运用 G70 指令进行精加工
N190	G00 X100 Z100 M05；	退回换刀点，主轴停
N200	M00；	程序暂停，测量尺寸，检查处理
N210	M03 S200；	主轴以 1 000r/min 转速正转
N220	T0303；	调用 2 号刀
N230	G00 X50 Z-27；	快速定位
N240	G01 X25 F0.03；	直线插补到槽
N250	G00 X30；	退刀
N260	W3.5；	移刀

（续前表）

程序号	程　　序	说　　明
N270	G01 X28；	靠近工件
N280	X25 W－1.5；	倒角
N290	G00 X50；	退刀
N300	Z－95.2；	移刀
N310	X28；	靠近工件
N320	G01 X－1 F20；	切断工件
N330	G00 X100；	X 方向退刀
N340	Z100 M05；	Z 方向退刀，主轴停
N350	M30；	程序结束
O0142	掉头加工，装夹在工件外圆φ28mm 处	
N10	G00 X100 Z100 G99；	建立坐标系，确定换刀点，设定以 mm/r 进给
N20	M03 S600；	主轴以 600r/min 转速正转
N30	T0101；	调用 1 号刀
N40	G00 X50 Z3；	快速定位，接近工件
N50	G71 U2 R0.5；	运用 G71 复合固定循环指令加工外轮廓
N60	G71 P70 Q150 U0.5 W0.1 F0.15；	径向与轴向尺寸分别留 0.5mm 和 0.1mm 精加工余量
N70	G00 X23；	描述零件精加工轨迹的第一段程序
N80	G01 Z0 F0.08；	
N90	X26.8 Z－2；	
N100	Z－35；	
N110	X34；	
N120	X35 W－0.5；	
N130	Z－45；	
N140	X41；	
N150	G03 X48 Z－65 R100；	描述零件精加工轨迹的最后一段程序
N160	G00 X100 Z100 M05；	退回换刀点，主轴停
N170	M00；	程序暂停，测量尺寸，检查处理
N180	M03 S1000；	主轴以 1 000r/min 转速正转
N190	T0202；	调用 2 号刀
N200	G00 X50 Z3；	快速定位
N210	G70 P70 Q150；	运用 G70 指令进行精加工
N220	G00 X100 Z100 M05；	退回换刀点，主轴停
N230	M00；	程序暂停，测量尺寸，检查处理
N240	M03 S200；	主轴以 200r/min 转速正转
N250	T0303；	调用 3 号刀
N260	G00 X29 Z－32；	快速定位
N270	G01 X23；	直线插补
N280	G00 X29；	退刀
N290	G72 W2.5 R0.5；	运用 G72 复合循环指令加工φ30mm 的槽

(续前表)

程序号	程　　序	说　　明
N300	G72 P300 Q340 U0.4 W0 F0.03；	径向尺寸留 0.4mm 精加工余量
N310	G00 Z-26；	描述零件精加工轨迹的第一段程序
N320	G01 X27 F0.02；	
N330	X25 Z-27；	
N340	X23；	
N350	Z-32；	描述零件精加工轨迹的最后一段程序
N360	G00 X100 Z100 M05；	退回换刀点，主轴停
N370	M00；	程序暂停，测量尺寸，检查处理
N380	M03；	主轴以 200r/min 转速正转
N390	G00 X29 Z-32；	快速定位
N400	G70 P300 Q340；	运用 G70 指令进行精加工
N410	G00 X100 Z100 M05；	退刀，主轴停
N430	M00；	程序暂停，测量尺寸，检查处理
N440	M03 S400；	主轴以 200r/min 转速正转
N450	T0303；	调用 3 号刀
N460	G00 X30 Z-30；	快速定位
N470	G76 P010060 Q150 R0.02；	运用 G76 复合循环指令加工左外螺纹
N480	G76 X24.4 Z5 P1300 Q350 F2；	
N490	G00 X100 Z100 M05；	退回换刀点，主轴停
N500	M00；	程序暂停，测量尺寸，检查处理
N510	M30；	程序结束

零件 14（2）：编程时，以工件已加工的左端面与轴线的交点为程序原点建立工件坐标系，如图 14—6 所示；掉头加工时，则以工件的右端面与轴线的交点为程序原点建立工件坐标系，如图 14—7 所示；加工起点（或换刀点）设为 X 向距程序原点 50mm，Z 向距程序原点 100mm 的位置。

计算各基点的编程坐标值，径向以直径方式编程，图样上给定的几个精度要求较高的尺寸，无配合要求的取其基本尺寸，有配合要求的则取其中值，配合尺寸 $\phi28^{+0.05}_{0}$ mm 取 $\phi28.025$mm。

编制零件 14（2）的加工程序单，如表 14—7 所示。

表 14—7　　程序单（供参考）

实训项目	配合件零件的加工之二	零件名称	零件 14（2）	零件图号	14—2
使用夹具	三爪卡盘及顶针装夹	装夹方法	三爪定心	程序号	O0143

程序号	程　　序	说　　明
O0143	第一次装夹，从左端往右端进行加工	
N10	G50 X100 Z100 M99；	建立坐标系，确定换刀点，设定以 mm/r 进给
N20	M03 S500；	主轴以 500r/min 转速正转
N30	T0202；	调用 2 号刀
N40	G00 X22 Z2；	快速定位

（续前表）

程序号	程　　序	说　　明
N50	G71 U1.5 R0.5；	运用 G71 复合固定循环指令加工内孔轮廓
N60	G71 P70 Q100 U－0.4 W0 F0.12；	径向尺寸留 0.4mm 精加工余量
N70	G00 X29；	描述零件精加工轨迹的第一段程序
N80	G01 Z0 F0.06；	
N90	X25 Z－1；	
N100	Z－36；	描述零件精加工轨迹的最后一段程序
N110	G00 Z100；	*X* 方向退刀
N120	X100 M05；	*Z* 方向退刀，主轴停
N130	M00；	程序暂停，测量尺寸，检查处理
N140	S600 M03；	主轴以 600r/min 转速正转
N150	T0101；	调用 1 号刀
N160	G00 X50 Z3；	快速定位，接近工件
N170	G71 U2 R0.5；	运用 G71 复合固定循环指令加工外轮廓
N180	G71 P190 Q250 U0.5 W0 F0.15；	径向尺寸留 0.5mm 精加工余量
N190	G00 X41；	描述零件精加工轨迹的第一段程序
N200	G01 Z0 F0.08；	
N210	X42 W－0.5；	
N220	Z－41；	
N230	X47；	
N240	X48 W－0.5；	
N250	Z－65；	描述零件精加工轨迹的第一段程序
N260	G00 X100 Z100 M05；	退回换刀点，主轴停
N270	M00；	程序暂停，测量尺寸，检查处理
N280	M03 S800；	主轴以 800r/min 转速正转
N290	T0202；	
N300	G00 X22 Z2；	快速定位
N310	G70 P70 Q100；	运用 G70 指令对内孔轮廓进行精加工
N320	G00 X100 Z100 M05；	退回换刀点，主轴停
N330	M00；	程序暂停，测量尺寸，检查处理
N340	M03 S1000；	主轴以 200r/min 转速正转
N350	T0101；	
N360	G00 X50 Z3；	快速定位
N360	G70 P190 Q250；	运用 G70 复合循环指令进行精加工
N370	G00 X100 Z100 M05；	退回换刀点，主轴停
N380	M00；	程序暂停，测量尺寸，检查处理
N390	T0303；	调用 3 号刀
N400	M03 S200；	主轴以 200r/min 转速正转
N410	G00 X50 Z－33；	快速定位

（续前表）

程序号	程　　序	说　　明
N420	G01 X36 F0.03；	切宽为 8mm 槽的第一刀
N430	G00 X50；	
N440	Z－35.5；	
N450	G01 X36 F0.03；	切宽为 8mm 槽的第二刀
N460	G00 X50；	
N470	Z－38；	
N480	G01 X36 F0.03；	切宽为 8mm 槽的第三刀
N490	G00 X50；	
N500	Z－32.5；	
N510	G01 X42 F0.03；	
N520	X41 W－0.5；	倒 0.5×45°角
N530	X36；	
N540	Z－38；	
N550	G00 X50；	退刀
N560	Z－47；	*Z* 方向移动刀具，重新定位
N570	M00；	程序暂停，测量尺寸，检查处理
N580	G94 X38 F0.03；	运用 G94 单一循环指令加工 6mm 的槽
N590	G94 X38 W1；	
N600	G94 X46 W0.5 R2；	倒 6mm 的槽右边的 1×45°角
N610	G94 X38 W－2；	
N620	G94 X46 W－1.5 R－2；	倒 6mm 的槽左边的 1×45°角
N630	G00 X100；	*X* 方向退刀
N640	Z100 M05；	*Z* 方向退刀，主轴停
N650	T0404；	调用 4 号刀
N660	M03 S400；	主轴以 400r/min 转速正转
N670	G00 X22 Z2；	快速定位
N680	G01 Z－30 F0.15；	直线插补到孔深－30mm 处
N690	G76 P010060 Q150 R0.02；	运用 G76 复合循环指令加工内左螺纹
N700	G76 X27 Z5 P1300 Q350 F2；	
N710	G00 Z100；	*Z* 方向退刀
N720	X100 M05；	*X* 方向退刀，主轴停
N730	T0100；	取消刀补
N740	M30；	程序结束
O0144	掉头加工，装夹在工件外圆 ϕ42mm 处	
N10	G50 X100 Z100 G99；	建立坐标系，确定换刀点，设定以 mm/r 进给
N20	M03 S500；	主轴以 500r/min 转速正转
N30	T0202；	调用 2 号刀
N40	G00 X24 Z2；	快速定位

（续前表）

程序号	程　序	说　明
N50	G71 U1.5 R0.5；	运用G71复合循环指令进行内孔轮廓粗加工
N60	G71 P70 Q100 U-0.4 W0 F0.15；	径向尺寸留0.4mm精加工余量
N70	G00 X30；	描述零件精加工轨迹的第一段程序
N80	G01 Z0 F0.12；	
N90	X28 Z-1；	
N100	Z-35；	描述零件精加工轨迹的最后一段程序
N110	G00 X100 Z100 M05；	退刀，主轴停
N120	M00；	程序暂停，测量尺寸，检查处理
N130	T0303；	调用3号刀
N140	M03 S200；	主轴以200r/min转速正转
N150	G00 X52 Z-25；	快速定位
N160	G01 X35.2 F0.03；	直线插补退刀槽
N170	G00 X52；	退刀到循环起点
N180	G72 W2.5 R0.5；	运用G72复合循环指令加工$\phi35$槽
N190	G72 P200 Q250 U0.4 W0 F0.03；	径向尺寸留0.4mm精加工余量
N200	G00 Z-37.5；	描述零件精加工轨迹的第一段程序
N210	G01 X48 F0.02；	
N220	X47 Z-37；	
N230	X41；	
N240	G03 X35 Z-34 R3；	
N250	Z-25；	描述零件精加工轨迹的最后一段程序
N260	G00 X100 Z100 M05；	退刀，主轴停
N270	M00；	程序暂停，测量尺寸，检查处理
N280	T0101；	调用1号刀
N290	M03 S500；	主轴以500r/min转速正转
N300	G00 X50 Z2；	快速定位
N310	G73 U3.5 W0 R0.004；	运用G73复合循环指令进行$R100$圆弧面粗加工
N320	G73 P330 Q360 U0.4 W0 F0.12；	径向尺寸留0.4mm精加工余量
N330	G00 X48；	描述零件精加工轨迹的第一段程序
N340	G01 Z0 F0.06；	
N350	G02 X41 Z-25 R100；	
N360	G01 X50；	描述零件精加工轨迹的最后一段程序
N370	G00 X100 Z100 M05；	退回换刀点，主轴停
N380	M00；	程序暂停，测量尺寸，检查处理
N390	M03 S800；	主轴以800r/min转速正转
N400	T0202；	调用功2号刀
N410	G00 X24 Z2；	快速定位
N420	G70 P70 Q100；	运用G70复合循环指令进行内孔轮廓精加工

（续前表）

程序号	程　序	说　明
N430	G00 X100 Z100 M05；	退回换刀点，主轴停
N440	M00；	程序暂停，测量尺寸，检查处理
N450	M03 S200；	主轴以 200r/min 转速正转
N460	T0303；	调用 3 号刀
N470	G00 X52 Z-25；	快速定位
N480	G70 P200 Q250；	运用 G70 指令进行外轮廓凹槽的精加工
N490	G00 X100 Z100 M05；	退回换刀点，主轴停
N500	M00；	程序暂停，测量尺寸，检查处理
N510	M03 S800；	主轴以 800r/min 转速正转
N520	T0101；	
N530	G00 X50 Z2；	快速定位
N540	G70 P330 Q360；	运用 G70 指令进行 $R100$ 外轮廓的精加工
N550	G00 X100 Z100 M05；	退回换刀点，主轴停
N560	M00；	程序暂停，测量尺寸，检查处理
N570	M30；	程序结束

三、项目实施

1. 操作要点及注意事项

（1）严格按照操作规程和安全规程操作。

（2）开机后，进行车床空载运行，检查车床各部分运行状况。

（3）选择尖刀时，注意刀具的尖角是否合理，加工过程中不能与工件发生干涉。

（4）对刀时，所有的切槽刀都以右刀尖做为编程的刀位点。

（5）正确使用游标卡尺、外径千分尺、螺纹量规、螺纹中径千分尺测量相关的尺寸。

（6）工件装夹时，夹持部分不能太短，要注意伸出长度，调头装夹时，不要夹伤已加工表面，注意工件的校正。

（7）钻孔、扩孔采用手动完成，没有编制加工程序。

（8）为了保证长度尺寸公差，两工件第一次装夹切断时都可留 0.5mm 的加工余量，掉头装夹后，根据实际情况来保证长度尺寸。

（9）在加工既有内表面，又有外表面的零件时，应先安排进行内外表面精加工，后进行内外表面精加工，先内后外、交叉进行加工，这样易控制其内外表面的尺寸精度、形位公差和表面粗糙度。

（10）为保证零件尺寸的准确性，可分半精加工和精加工两步加工外轮廓，或通过修改刀补的方法来执行。

（11）发生事故时，要沉着冷静、积极配合工作人员处理。

2. 操作步骤及质量检测

（1）准确快速地输入加工程序。

(2) 通过数控系统图形仿真加工轨迹，进行程序校验及修整。

(3) 使用装夹具正确地安装刀具，进行对刀操作，建立工件坐标系。

(4) 灵活地使用程序试运行、分段运行及自动运行等方式对工件进行自动加工操作。

(5) 加工过程中，按图纸要求检测工件，随时对工件进行误差与质量分析。

(6) 需要掉头加工的零件，注意掉头的对刀和端面找准。

(7) 加工完后，清理数控车床，按规定润滑保养数控车床。

零件 14 (1) 的检验卡如表 14—8 所示。

表 14—8 **检 验 卡**

单位		姓名		考号	
实训项目	配合件零件的加工之四	零件名称	零件 14 (1)	零件图号	14—1

序号	检验内容及要求	配分	评分标准	检测结果	得分
1	手工编程	10	语法错误每处扣 2 分 数据错误每处扣 1 分		
2	程序输入	5	手工输入，不会者取消操作		
3	仿真加工轨迹	5	图形模拟走刀路径		
4	试切对刀、建立工件坐标系	10	不会者取消操作		
5	带公差的径向尺寸ϕ48	5	每超差 0.01mm 扣 2 分		
6	带公差的径向尺寸ϕ35	5	每超差 0.01mm 扣 2 分		
7	带公差的径向尺寸ϕ28	10	每超差 0.01mm 扣 2 分		
11	带公差的轴向尺寸 95	5	每超差 0.01mm 扣 2 分		
12	带公差的轴向尺寸 30	5	每超差 0.01mm 扣 2 分		
13	带公差的轴向尺寸 20	5	每超差 0.01mm 扣 2 分		
15	螺纹 M27×2—左	15	不符合要求不得分		
16	整体外形	5	圆弧连接圆滑，形状准确		
17	表面粗糙度	10	不得大于 $Ra1.6\mu m$		
18	倒角、去毛刺等	5	按照 GB 1804—M 要求		
19	安全操作、文明生产		违章视情节轻重扣分，重大事故取消操作	扣分不超过 10 分	

额定工时		实际加工时间		总得分	
检测员		记录员		考评员	

零件 14 (2) 的检验卡如表 14—9 所示。

表 14—9 **检 验 卡**

单位		姓名		考号	
实训项目	配合件零件的加工之四	零件名称	零件 14 (2)	零件图号	14—2

序号	检验内容及要求	配分	评分标准	检测结果	得分
1	手工编程	10	语法错误每处扣 2 分 数据错误每处扣 1 分		
2	程序输入	5	手工输入，不会者取消操作		

（续前表）

序号	检验内容及要求	配分	评分标准	检测结果	得分
3	仿真加工轨迹	5	图形模拟走刀路径		
4	试切对刀、建立工件坐标系	5	不会者取消操作		
5	带公差的径向尺寸ϕ48	5	每超差 0.01mm 扣 2 分		
6	带公差的径向尺寸ϕ42	5	每超差 0.01mm 扣 2 分		
7	带公差的径向尺寸ϕ38	5	每超差 0.01mm 扣 2 分		
8	带公差的径向尺寸ϕ36	5	每超差 0.01mm 扣 2 分		
9	带公差的径向尺寸ϕ35	5	每超差 0.01mm 扣 2 分		
10	带公差的径向尺寸ϕ28	10	每超差 0.01mm 扣 2 分		
11	带公差的轴向尺寸 95	5	每超差 0.01mm 扣 2 分		
12	带公差的轴向尺寸 33	5	每超差 0.01mm 扣 2 分		
13	带公差的轴向尺寸 25	5	每超差 0.01mm 扣 2 分		
14	内螺纹 M27×2—左	10	不符合要求不得分		
15	整体外形	3	圆弧连接圆滑，形状准确		
16	表面粗糙度	10	不得大于 $Ra1.6\mu m$		
17	倒角、去毛刺等	2	按照 GB 1804—M 要求		
18	安全操作、文明生产		违章视情节轻重扣分，重大事故取消操作	扣分不超过 10 分	

额定工时		实际加工时间		总得分	
检测员		记录员		考评员	

四、项目总结

◇ 通过本实训项目的学习，了解配合件零件在加工中应注意有配合关系的尺寸在加工编程时选择中值。

◇ 掌握如何正确地控制好零件的尺寸，可通过半精加工、精加工的操作来更好地控制尺寸，或通过修改刀补的方法来控制尺寸。

◇ 通过本实训项目的训练，能按照国家职业标准的要求，全面掌握数控车工应具有的知识与技能，注重培养良好的职业道德，严格按照工作程序、工件规范和安全操作的要求认真执行。

五、项目拓展练习

如图 14—8 和 14—9 所示为配合的两零件，图 14—10 是两零件的配合图，工件材料选用 45# 钢，坯料选用ϕ50mm 的棒料，要求对两零件分别进行技术分析、确定装夹方法、选择加工刀具、制定加工方案、进行加工程序的编制，并加工检验。

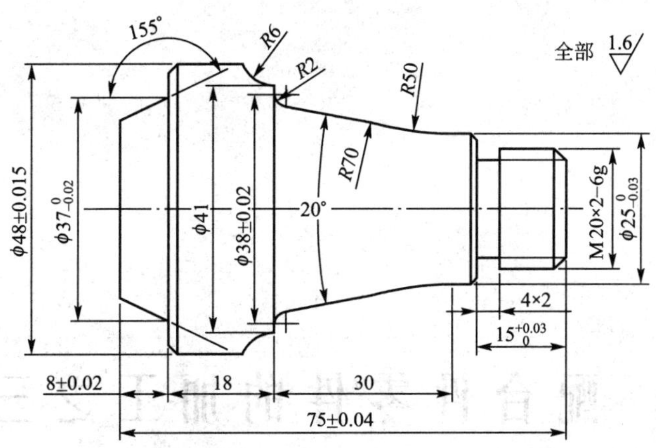

图 14—8　零件一

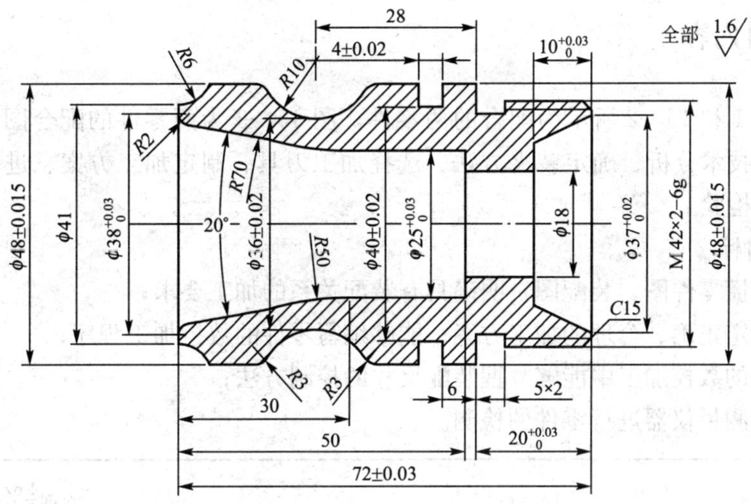

图 14—9　零件二

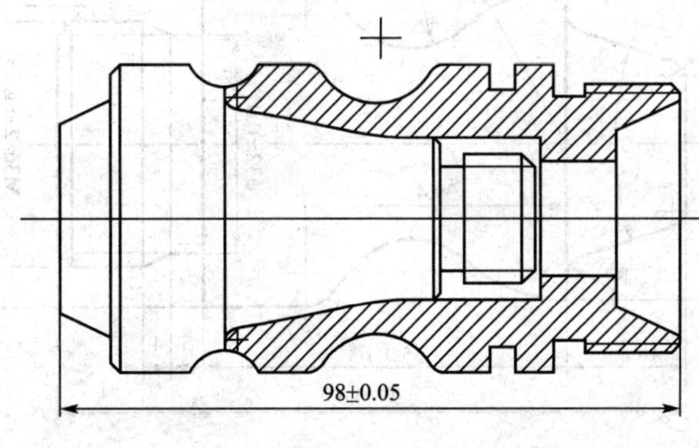

图 14—10　两零件的配合

配合件零件的加工之三

一、项目内容

如图 15—1 和 15—2 所示为配合的两零件，图 15—3 为两零件的配合图，要求分别对该两零件进行技术分析、确定装夹方法、选择加工刀具、制定加工方案、进行加工程序的编制，并加工检验。

1. 技能目标

◆ 能够读懂零件图、装配图，明确具有装配关系的加工要求；

◆ 能够制定正确、合理的加工方案；能够编写零件的数控加工程序；

◆ 在零件的数控加工中能够掌握装配尺寸的控制方法；

◆ 会使用测量仪器进行零件的检测。

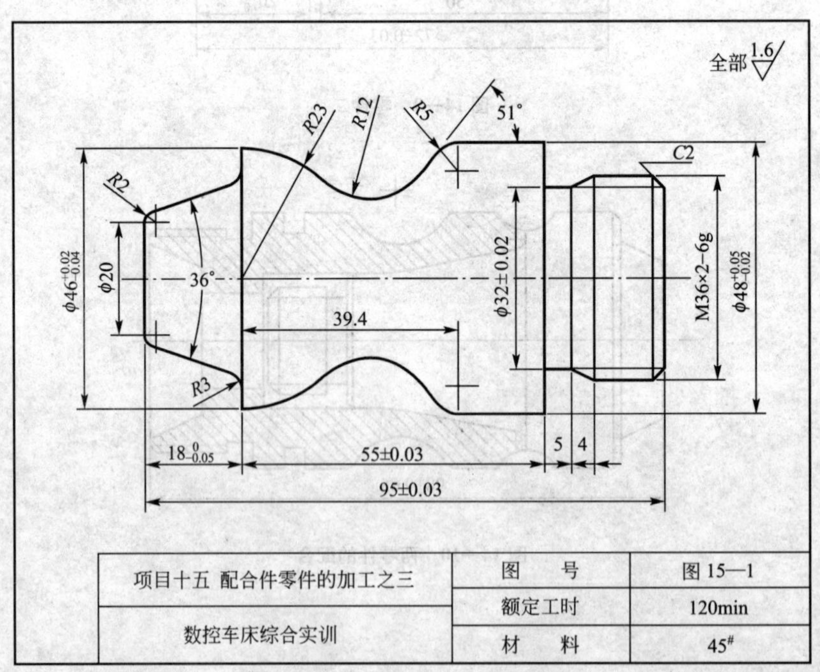

图 15—1

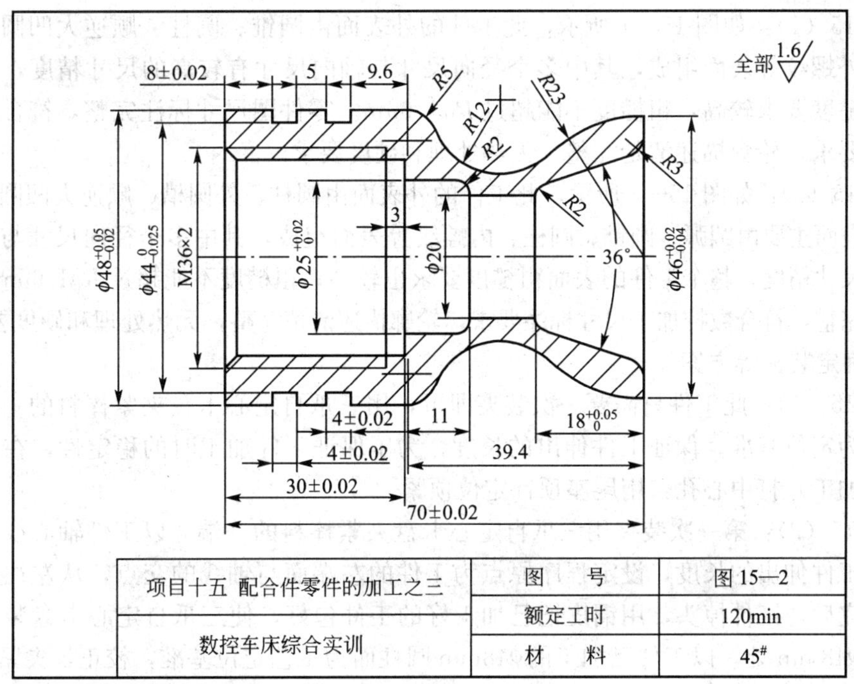

图 15—2

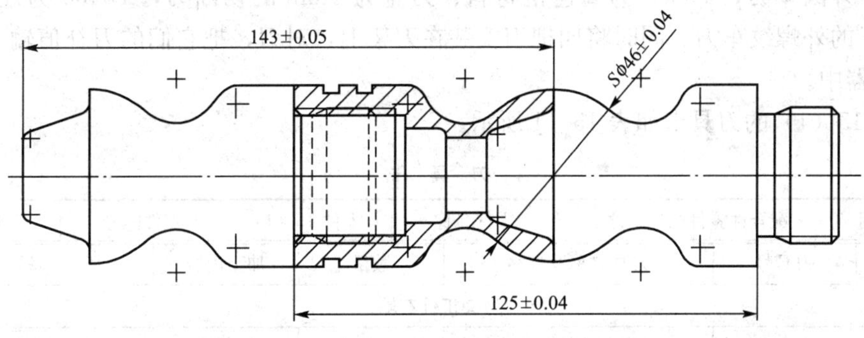

图 15—3　两零件的配合

2. 知识目标

◆ 掌握数控加工工艺的相关知识，包括刀具与夹具的选择、走刀路线的确定、切削用量的选用等；

◆ 掌握数控车床的编程技巧等。

二、项目分析

1. 零件工艺性分析

(1) 毛坯的选用。

依据图 15—1 和图 15—2 所示的两零件，都选择切削加工性能较好的 45# 钢材料，棒料直径为φ50mm。

（2）技术要求分析。

零件15（1）：如图15—1所示，此工件的外表面由圆锥、圆柱、顺逆大凹圆弧、螺纹退刀槽、外螺纹等表面组成，其中多个径向尺寸与轴向尺寸有较高的尺寸精度，整个工件的表面粗糙度要求较高，粗糙度不能超过 $Ra1.6\mu m$。零件图尺寸标注完整，符合数控加工尺寸标注要求，轮廓描述清楚完整，无热处理和硬度要求。

零件15（2）：如图15—2所示，此工件的外表面由圆柱、外圆槽、顺逆大凹圆弧等表面组成，内表面主要由圆弧、圆锥、圆柱、内螺纹等表面组成，其中多个径向尺寸与轴向尺寸有较高的尺寸精度，整个工件的表面粗糙度要求也较高，粗糙度不能超过 $Ra1.6\mu m$。零件图尺寸标注完整，符合数控加工尺寸标注要求，轮廓描述清楚完整，无热处理和硬度要求。

（3）确定装夹等方案。

零件15（1）：此工件只需要一次装夹即可，用三爪自定心卡盘夹紧棒料的一端，以工件轴心线为定位基准，保证工件伸出的长度，为了保证工件加工时的稳定性，在工件的左端面（已加工）打中心孔，用尾座顶针定位顶紧。

零件15（2）：第一次装夹用三爪自定心卡盘夹紧棒料的一端，以工件轴心线为定位基准，保证工件伸出的长度，设定程序原点为工件的左端面与轴线的交点，从左往右进行加工；加工完后，工件掉头，用铜皮把已加工好的工件包好，使三爪自定心卡盘装夹在用铜皮包好的 $\phi48mm$ 处，以工件已加工的 $\phi48mm$ 圆柱面为工艺定位基准，校正，夹紧。

（4）选择刀具。

零件15（1）：一次装夹，选用四把刀具，T0100为硬质合金右偏45°尖刀，T0200为硬质合金90°外圆车刀，T0300为高速钢材料、刀宽为4mm的切断刀，T0400为硬质合金、尖角为60°的外螺纹车刀。同时将四把刀安装在刀架上，对刀，把它们的刀补值输入相应的刀具寄存器中。

零件15（1）的刀具卡如表15—1所示。

表15—1　　刀　具　卡

实训项目	配合件零件的加工之三	零件名称	零件15（1）	零件图号	15—1
序号	刀具号	刀具名称及规格	数量	加工内容	备注
装夹工件右端					
1	T0101	右偏45°尖刀	1	外轮廓	YT15
2	T0202	90°外圆精车刀	1	外轮廓	YT15
3	T0303	刀宽4mm的切断刀	1	切槽	高速钢、右刀尖对刀
4	T0404	60°螺纹车刀	1	螺纹	YT15
编制		审核		批准	

零件15（2）：装夹工件右端，加工工件左端，选用四把刀具，T0100为硬质合金90°外圆粗、精车刀，T0200为高速钢材料、刀宽为4mm的切断刀，T0300为硬质合金内孔车刀，T0400为尖角为60°的硬质合金外螺纹刀，同时将四把刀安装在刀架上，对刀，把它们的刀补值输入相应的刀具寄存器中；工件掉头加工时，T0100为硬质合金右偏45°精车尖刀，T0200为硬质合金右偏45°粗车尖刀，T0300为硬质合金内孔车刀，重新对刀，把它们的刀补值输入相应的刀具寄存器中。

零件15（2）的刀具卡如表15—2所示。

表 15—2　　刀具卡

实训项目	配合件零件的加工之三	零件名称	零件 15（2）	零件图号	15—2
序号	刀具号	刀具名称及规格	数量	加工内容	备注
装夹工件右端，加工左端					
1	T0101	90°外圆粗、精车刀	1	外轮廓	YT15
2	T0202	刀宽 4mm 的切断刀	1	切断工件	高速钢、右刀尖对刀
	T0303	内孔车刀	1	内轮廓	YT15
3	T0404	60°螺纹车刀	1	螺纹	YT15
掉头加工，装夹在ϕ48mm 处					
1	T0101	右偏 45°精车尖刀	1	圆弧外轮廓	YT15
2	T0202	右偏 45°粗车尖刀	1	圆弧外轮廓	YT15
3	T0303	内孔车刀	1	内轮廓	YT15
编制		审核		批准	

此配合件的工具量具卡如表 15—3 所示。

表 15—3　　工具量具卡

实训项目	配合件零件的加工之三	零件名称	零件 15	零件图号	15—1、2
序号	名称	规　格		数量	备注
1	游标卡尺	0～125mm（0.02mm）		1	
2	千分尺	0～25mm、25～50mm（0.01mm）		各 1	
3	百分表	0～10mm（0.01mm）		1	
4	中心钻	A 型		1	
5	麻花钻	ϕ10mm、ϕ20mm		各 1	
6	螺纹量规	M36×2 止通塞规		1 套	测量内螺纹
7	螺纹量规	M36×2 止通套规		1 套	测量外螺纹
8	游标万能角度尺				测量角度
9	百分表	0～10mm（0.01mm）		1	四爪卡盘装夹时使用
10	磁性表座及表夹			1 套	四爪卡盘装夹时使用
11	辅具	莫氏钻套、钻夹头、回转顶尖		各 1	选用
12	其他	铜棒、铜皮、毛刷等常用工具			选用
编制		审核		批准	

（5）制定加工方案。

零件 15（1）：加工顺序依照由粗到精、由近到远，在一次装夹中尽可能加工出较多的工件表面的原则确定。结合本工件的结构特点，也考虑到加工效率，如不考虑工件中部的顺逆大凹圆弧结构和尾部的螺纹，那么整个外轮廓的形状尺寸符合单调递增的规律，可以选择用复合循环指令 G71 加工工件最左端的圆锥面及整个外轮廓，精加工时运用指令 G70 进行，其刀具精加工时的走刀路径示意图如图 15—4 所示。中部的顺逆大凹圆弧结构可以选择复合循环指令 G73 进行粗加工，精加工时也是运用指令 G70 进行，工件尾部螺纹处的尺寸可以运用复合循环指令 G72 进行粗加工，运用 G70 指令进行精加工，保证螺纹的大径尺寸，其刀具精加工时的走刀路径示意图如图 15—5 所示。然后运用复合循环指令 G76 加工外螺纹，最后切断工件。

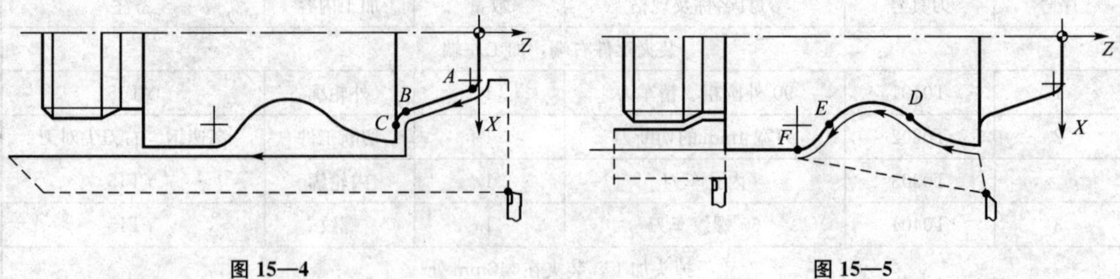

图 15—4　　　图 15—5

零件 15（1）的加工工序和操作步骤如表 15—4 所示。

表 15—4　　工　序　卡

实训项目	配合件零件的加工之三	零件名称	零件 15（1）	零件图号	15—1
数控系统	GSK980TA	材料	45#	工序号	151
使用夹具	三爪卡盘及顶针装夹	装夹方法	三爪定心及顶针	程序号	O0151

序号	工步内容	G 指令	T 刀具	S 主轴转速 (r/min)	F 进给速度 (mm/min)	切削深度 (mm)
第一次装夹，尾座顶针顶紧工件						
1	粗车工件前段外轮廓	G71	T0202	600	100	1.5
2	精车工件前段外轮廓	G70	T0101	1 000	50	0.25
3	粗车工件圆弧轮廓	G73	T0101	500	80	1
4	精车工件圆弧轮廓	G70	T0101	800	40	0.2
5	粗车工件螺纹处轮廓	G72	T0303	200	30	
6	精车工件螺纹处轮廓	G70	T0303	200	20	
7	加工螺纹	G76（或 G92）	T0404	400		
8	切断	G01	T0303	200	20	
9	检测、校核					
编制		审核		批准、时间		

零件 15（2）：内孔加工时要先对零件进行钻孔，然后再使用内孔刀具进行相应的加工操作。先用 A 型中心钻在工件的已加工好的左端面上打一个 ϕ2mm 的中心孔，为后面的钻孔起到自动定心的作用，然后用 ϕ10mm 的麻花钻钻孔，保证孔的深度为 72mm，最后用 ϕ20mm 的麻花钻把孔扩大到工件接近的尺寸，同样保证孔的深度为 72mm。

加工顺序依照由内到外、由粗到精、由近到远、内外交叉，在一次装夹中尽可能加工出较多的工件表面的原则确定。第一次装夹，从左往右进行加工，外轮廓可选择运用复合循环指令 G71 进行粗加工，精加工时运用指令 G70 进行，其走刀路径示意图如图 15—6 所示；内孔轮廓的加工也可以运用复合循环指令 G71 进行粗加工，运用指令 G70 进行精加工；调用切断刀直接运用直线插补指令加工两外圆槽；对内螺纹的加工，可以运用单一固定循环指令 G92 或运用复合循环指令 G76 进行；最后调用切断刀切断工件，等待下一步的加工。

掉头装夹时，考虑到工件的外轮廓形状的特点，只能选择运用复合循环指令 G73 粗加工外轮廓的顺逆大凹圆弧面轮廓，再运用 G70 指令进行精加工；对于内轮廓，可以运用复合循环指令 G71 进行粗加工，运用 G70 指令进行精加工，精加工时的走刀路径示意图如图 15—7 所示。

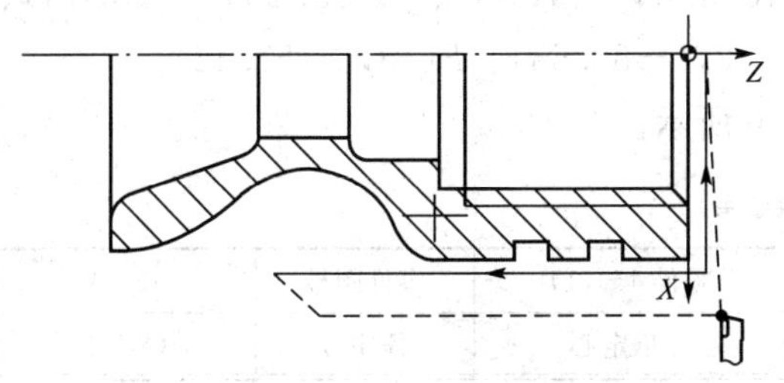

图 15—6　外轮廓精加工走刀路径示意图

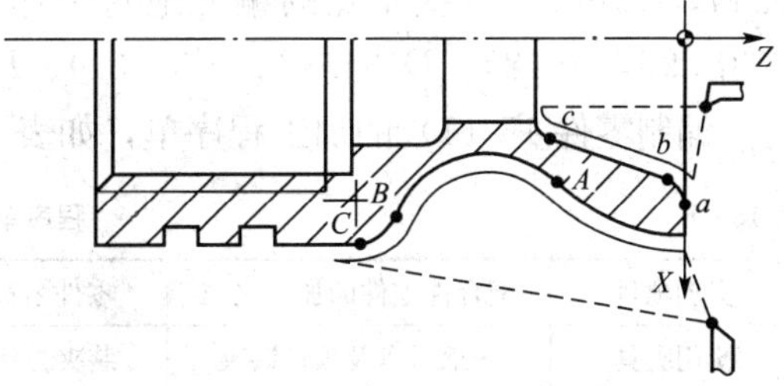

图 15—7　外轮廓及内孔的精加工走刀路径示意图

零件 15（2）的加工工序和操作步骤如表 15—5 所示。

表 15—5　　工　序　卡

实训项目	配合件零件的加工之三	零件名称	零件 15（2）	零件图号	15—2
数控系统	GSK980TA	材料	45#	工序号	152/153
使用夹具	三爪卡盘及顶针装夹	装夹方法	三爪定心及顶针	程序号	O0152/O0153

序号	工步内容	G 指令	T 刀具	S 主轴转速 (r/min)	F 进给速度 (mm/min)	切削深度 (mm)
第一次装夹，程序号为 O0152						
1	打中心孔	手动	中心钻	300	20	
2	钻孔 φ10mm	手动	麻花钻	300	40	
3	扩孔 φ20mm	手动	麻花钻	300	40	
4	粗车内孔轮廓	G71	T0303	500	80	1
5	粗车整个外轮廓	G71	T0101	600	100	1.5
6	精车内孔轮廓	G70	T0303	800	40	0.2
7	精车整个外轮廓	G70	T0101	1 000	50	0.25
8	加工两外圆槽	G01	T0202	200	20	
9	加工内螺纹	G76（或 G92）	T0404	400		
10	切断	G01	T0202	200	20	
掉头加工，装夹在已加工好的 φ48mm 处，程序号为 O0153						
1	粗车内孔轮廓	G71	T0303	500	80	1
2	粗车圆弧外轮廓	G73	T0202	500	80	
3	精车内孔轮廓	G70	T0303	800	40	0.2
4	精车圆弧外轮廓	G70	T0101	800	40	
5	检测、校核					

编制		审核		批准、时间	

2. 编程说明

零件 15（1）：编程时，以工件已加工好的左端面与轴线的交点为程序原点建立工件坐标系，如图 15—4 所示，加工起点（或换刀点）设为 *X* 向距程序原点 50mm，*Z* 向距程序原点 100mm 的位置。

计算各基点的编程坐标值，径向尺寸采用直径方式编程，图样上给定的几个精度要求较高的尺寸，无配合要求的取其基本尺寸，有配合要求的则取其中值，其中配合尺寸 $18_{-0.05}^{0}$mm 取 17.925mm，一些基点的编程绝对坐标为 A(23.8，−1.38)、B(33.26，−15.93)、C(38.96，−18)、D(34.32，−33.31)、E(37.12，−50.63)、F(48，−57.42)。

编制零件 15（1）的加工程序单，如表 15—6 所示。

表 15—6　　程序单（供参考）

实训项目	配合件零件的加工之三	零件名称	零件 15（1）	零件图号	15—1
使用夹具	三爪卡盘及顶针装夹	装夹方法	三爪定心	程序号	O0151

程序号	程　序	说　明
O0151	从左往右进行加工	
N10	G50 X100 Z100；	建立工件坐标系，确定换刀点
N20	S600 M03；	主轴以 600r/min 转速正转
N30	T0202；	调用外圆粗车刀
N40	G00 X50 Z3；	快速定位，接近工件
N50	G71 U2 R0.5；	运用 G71 复合固定循环指令
N60	G71 P70 Q150 U0.5 W0.2 F100；	径向与轴向尺寸分别留 0.5mm 和 0.2mm 精加工余量
N70	G00 X20；	描述零件精加工轨迹的第一段程序
N80	G01 Z0 F50；	
N90	G03 X23.8 Z－1.38 R2；	
N100	G01 X33.26 Z－15.93；	
N110	G02 X38.96 Z－17.975 R3；	
N120	G01 X46；	
N130	Z－40；	
N140	X48；	
N150	Z－100；	描述零件精加工轨迹的最后一段程序
N160	G00 X100 Z100 M05；	退回换刀点，主轴停
N170	M00；	程序暂停，测量尺寸，检查处理
N180	M03 S1000；	主轴以 1 000r/min 转速正转
N190	T0101；	调用 1 号刀
N200	G00 X50 Z3；	快速定位
N210	G70 P70 Q160；	运用 G70 指令进行精加工
N220	G00 X100 Z100 M05；	退回换刀点，主轴停
N230	M00；	程序暂停，测量尺寸，检查处理
N240	M03 S500；	主轴以 500r/min 转速正转
N250	G00 X50 Z－16；	快速定位
N260	G73 U10 W0 R0.01；	运用 G73 复合固定循环指令加工
N270	G73 P280 Q320 U0.5 W0 F80；	径向尺寸留 0.5mm 的精加工余量
N280	G01 X46 Z－18 F40；	描述零件精加工轨迹的第一段程序

（续前表）

程序号	程　　序	说　　明
N290	G03 X34.32 Z－33.31 R23；	
N300	G02 X37.12 Z－50.63 R12；	
N310	G03 X48 Z－57.42 R5；	
N320	G01 Z－100；	描述零件精加工轨迹的最后一段程序
N330	G00 X100 Z100 M05；	退回换刀点，主轴停
N340	M00；	程序暂停，测量尺寸，检查处理
N350	M03 S800；	主轴以 800r/min 转速正转
N360	G00 X50 Z－16；	快速定位
N370	G70 P280 Q320；	运用 G70 指令进行精加工
N380	G00 X100 Z100 M05；	退回换刀点，主轴停
N390	M00；	程序暂停，测量尺寸，检查处理
N400	M03 S400；	主轴以 400r/min 转速正转
N410	T0303；	调用 3 号刀
N420	G00 X50 Z－73；	快速定位
N430	G01 X32.2 F30；	切退刀槽
N440	G00 X50；	
N450	G72 W2.5 R0.5；	运用 G72 复合固定循环指令加工
N460	G72 P470 Q510 U0.5 W0 F30；	径向尺寸留 0.5mm 的精加工余量
N470	G00 Z－100；	描述零件精加工轨迹的第一段程序
N480	G01 X35.8 F20；	
N490	Z－79；	
N500	X32 Z－75；	
N510	Z－73；	描述零件精加工轨迹的最后一段程序
N520	G00 X100 Z100 M05；	退回换刀点，主轴停
N530	M00；	程序暂停，测量尺寸，检查处理
N540	M03；	主轴正转
N550	G00 X50 Z－73；	快速定位
N560	G70 P470 Q510；	运用 G70 指令进行精加工
N570	G00 Z－95；	快速移动刀具
N580	G01 X29 F20；	直线插补
N590	G00 X36；	退刀
N600	Z－93；	再次移刀
N610	G01 X32 Z－95 F20；	倒角
N620	G00 X100；	X 方向退刀
N630	Z100 M05；	Z 方向退刀，主轴停
N640	M00；	程序暂停，测量尺寸，检查处理
N650	M03 S400；	主轴以 400r/min 转速正转

（续前表）

程序号	程　序	说　明
N660	T0404；	调用4号刀
N670	G00 X50 Z-76；	快速定位
N680	X40；	移动刀具
N690	G76 P010060 Q30 R0.02；	运用G76复合固定循环指令加工螺纹
N700	G76 X33.4 Z-96 P1300 Q300 F2；	
N710	G00 X100；	X方向退刀
N720	Z100 M05；	Z方向退刀，主轴停
N730	M00；	程序暂停，测量尺寸，检查处理
N740	M03 S200；	主轴以200r/min转速正转
N750	T0303；	调用3号刀
N760	G00 X50 Z-95；	快速定位
N770	X36；	靠近工件
N780	G01 X-1 F20；	切断工件
N790	G00 X100；	X方向退刀
N800	Z100 M05；	Z方向退刀，主轴停
N810	M30；	程序结束

零件15（2）：编程时，第一次装夹时以工件已加工好的左端面与轴线的交点为程序原点建立工件坐标系，如图15—6所示；掉头装夹加工时，则以工件的右端面与轴线的交点为编程原点建立工件坐标系，如图15—7所示；加工起点（或换刀点）设为X向距程序原点50mm，Z向距程序原点100mm的位置。

计算各基点的编程坐标值，径向尺寸采用直径方式编程，图样上给定的几个精度要求较高的尺寸，无配合要求的取其基本尺寸，有配合要求的则取其中值，其中配合尺寸$18^{+0.05}_{0}$取18.025。外圆上一些基点的编程绝对坐标为A(33.74，－15.63)、B(41.92，－34.82)、C(48，－39.01)；一些内孔基点的编程绝对坐标为a(38.96，0)、b(32.26，－2.07)、c(23.8，－16.62)。

编制零件15（2）的加工程序单，如表15—7所示。

表15—7　　程序单（供参考）

实训项目	配合件零件的加工之三	零件名称	零件15（2）	零件图号	15—2
使用夹具	三爪卡盘及顶针装夹	装夹方法	三爪定心	程序号	O0152/O0153

程序号	程　序	说　明
O0152	第一次装夹，从左往右进行加工	
N10	G50 X100 Z100；	建立工件坐标系，确定换刀点
N20	M03 S500；	主轴以500r/min转速正转
N30	T0303；	调用3号刀
N40	G00 X20 Z3；	快速定位
N50	G71 U1.5 R0.5；	运用G71复合固定循环指令进行内孔的粗加工

（续前表）

程序号	程　　序	说　　明
N60	G71 P70 Q140 U－0.4 W0 F80；	内孔径向尺寸留 0.4mm 的精加工余量
N70	G00 X36；	描述零件精加工轨迹的第一段程序
N80	G01 Z0 F40；	
N90	X36 Z－2；	
N100	Z－30；	
N110	X25；	
N120	Z－39；	
N130	G03 X21 Z－41 R2；	
N140	G01 X20 W－1；	描述零件精加工轨迹的最后一段程序
N150	G00 X100 Z100 M05；	退回换刀点，主轴停
N160	M00；	程序暂停，测量尺寸，检查处理
N170	S600 M03；	主轴以 600r/min 转速正转
N180	T0101；	调用 1 号刀
N190	G00 X52 Z3；	快速定位，接近工件
N200	G71 U2 R0.5；	运用 G71 复合固定循环指令进行外轮廓的粗加工
N210	G71 P220 Q270 U0.5 W0.2 F100；	径向和轴向尺寸分别留 0.5 和 0.2mm 的精加工余量
N220	G00 X0；	描述零件精加工轨迹的第一段程序
N230	G01 Z0 F50；	
N240	X47；	
N250	X48 Z－0.5；	
N260	Z－50；	
N270	X50	描述零件精加工轨迹的最后一段程序
N280	G00 X100 Z100 M05；	退回换刀点，主轴停
N290	M00；	程序暂停，测量尺寸，检查处理
N300	M03 S800；	主轴以 800r/min 转速正转
N310	T0303；	调用 3 号刀
N320	G00 X20 Z3；	快速定位
N330	G70 P70 Q140	运用 G70 指令进行内孔的精加工
N340	G00 X100 Z100 M05；	退回换刀点，主轴停
N350	M00；	程序暂停，测量尺寸，检查处理
N360	M03 S1000；	主轴以 1 000r/min 转速正转
N370	T0101；	调用 1 号刀
N380	G00 X52 Z3；	快速定位
N390	G70 P220 Q270；	运用 G70 指令进行精加工
N400	G00 X100 Z100 M05	退回换刀点，主轴停
N410	M00；	程序暂停，测量尺寸，检查处理
N420	M03 S200；	主轴以 200r/min 转速正转

（续前表）

程序号	程　　序	说　　明
N430	T0202；	调用 2 号刀
N440	G00 X50 Z－8；	快速定位
N450	G01 X44 F20；	直线插补加工槽
N460	G00 X50；	退刀
N470	Z－17；	移动
N480	G01 X44 F20；	直线插补加工另一槽
N490	G00 X100；	X 方向退刀
N500	Z100 M05；	Z 方向退刀，主轴停
N510	M00；	程序暂停，测量尺寸，检查处理
N520	M03 S400；	主轴以 400r/min 转速正转
N530	T0404；	调用 4 号刀
N540	G00 X25 Z5；	快速定位
N550	G76 P010060 Q20 R0.02；	运用 G76 复合固定循环指令加工外螺纹
N560	G76 X36 Z－27 P1300 Q300 F2；	
N570	G00 X100 Z100 M05；	退回换刀点，主轴停
N580	M00；	程序暂停，测量尺寸，检查处理
N590	M03 S200；	主轴以 200r/min 转速正转
N600	T0202；	调用 2 号刀
N610	G00 X50 Z－70.2；	快速定位
N620	G01 X18 F20；	切断工件
N630	G00 X100；	X 方向退刀
N640	Z100 M05；	Z 方向退刀，主轴停
N650	M30；	程序结束
O0153	掉头装夹	
N10	G50 X100 Z100；	建立工件坐标系，确定换刀点
N20	M03 S500；	主轴以 500r/min 转速正转
N30	T0303；	调用 3 号刀
N40	G00 X20 Z3；	快速定位
N50	G71 U1.5 R0.5；	运用复合循环指令 G71 进行内孔圆弧面的粗加工
N60	G71 P70 Q130 U－0.4 F80；	内孔径向尺寸留 0.4mm 的精加工余量
N70	G00 X41.057；	描述零件精加工轨迹的第一段程序
N80	G01 Z0 F40；	
N90	G02 X37.252 Z－1.382 R2；	
N100	G01 X27.8 Z－15.927	
N110	G03 X22.094 Z－18.025 R3；	
N120	X21；	
N130	G01 X20 W－1；	描述零件精加工轨迹的最后一段程序

（续前表）

程序号	程　　序	说　　明
N140	G00 X100 Z100 M05；	退回换刀点，主轴停
N150	M00；	程序暂停，测量尺寸，检查处理
N160	M03 S500；	主轴以 500r/min 转速正转
N170	T0202；	调用 2 号粗车尖刀
N180	G00 X50 Z3；	快速定位，接近工件
N190	G73 U10 W0 R0.01；	运用复合循环指令 G73 进行外轮廓的粗加工
N200	G73 P210 Q270 U0.5 W0 F80；	径向尺寸留 0.5mm 的精加工余量
N210	G01 X46 Z0 F40；	描述零件精加工轨迹的第一段程序
N220	G03 X34.273 Z－15.341 R23；	
N230	G02 X28.155 Z－23.345 R12；	
N240	X37.271 Z－32.759 R12；	
N250	G01 X44.201 Z－35.498；	
N260	G03 X48 Z－39.42 R5；	
N270	G01 X50 W－2；	描述零件精加工轨迹的最后一段程序
N280	G00 X100 Z100 M05；	退回换刀点，主轴停
N290	M00；	程序暂停，测量尺寸，检查处理
N300	M03 S800；	主轴以 800r/min 转速正转
N310	T0303；	调用 3 号刀
N320	G00 X20 Z3；	快速定位
N330	G70 P70 Q130；	运用 G70 指令对内孔轮廓进行精加工
N340	G00 X100 Z100 M05；	退回换刀点，主轴停
N350	M00；	
N360	M03 S800；	主轴以 800r/min 转速正转
N370	T0101	调用 1 号精车尖刀
N380	G00 X50 Z3；	快速定位
N390	G70 P210 Q270；	运用 G70 指令对外轮廓圆弧面进行精加工
N400	G00 X100 Z100 M05；	退回换刀点，主轴停
N410	M00；	程序暂停，测量尺寸，检查处理
N420	M30；	程序结束

三、项目实施

1. 操作要点及注意事项

（1）严格按照操作规程和安全规程操作。

（2）开机后，进行车床空载运行，检查车床各部分运行状况。

（3）选择尖刀时，注意刀具的尖角是否合理，加工过程中不能与工件发生干涉。

（4）对刀时，切槽刀都以右刀尖做为编程的刀位点。

(5) 正确使用游标卡尺、外径千分尺、游标万能角度尺、螺纹量规、螺纹中径千分尺测量相关的尺寸。

(6) 工件装夹时，夹持部分不能太短，要注意伸出长度，调头装夹时，不要夹伤已加工表面，注意工件的校正。

(7) 钻孔、扩孔时采用手动完成。

(8) 为了保证长度尺寸公差，零件 15 (2) 第一次装夹切断时都可留 0.5mm 的加工余量，掉头装夹后，根据实际情况来保证长度尺寸。

(9) 在加工既有内表面，又有外表面的零件时，应先安排进行内外表面粗加工，后进行内外表面的精加工，交叉进行，先内后外进行加工，这样易于控制内外表面的尺寸精度、形位公差及表面粗糙度。

(10) 为保证零件尺寸的准确性，加工可分半精加工和精加工两步进行，或通过修改刀补的方法来执行。

(11) 发生事故时，要沉着冷静、积极配合工作人员处理。

2. 操作步骤及质量检测

(1) 准确快速地输入加工程序。

(2) 通过数控系统图形仿真加工轨迹，进行程序的校验及修整。

(3) 使用装夹具正确地安装刀具，进行对刀操作，建立工件坐标系。

(4) 灵活使用程序试运行、分段运行及自动运行等方式对工件进行自动加工操作。

(5) 加工过程中，要注意中间按图纸要求检测工件质量，随时对工件进行误差与质量分析与处理。

(6) 零件 15 (2) 需要掉头加工，注意掉头后的对刀和端面找准。

(7) 加工完成后，清理数控车床，按规定要求润滑保养数控车床。

零件 15 (1) 的检验卡如表 15—8 所示。

表 15—8 **检 验 卡**

单位		姓名		考号	
实训项目	配合件零件的加工之三	零件名称	零件 15 (1)	零件图号	15—1

序号	检验内容及要求	配分	评分标准	检测结果	得分
1	手工编程	15	语法错误每处扣 2 分 数据错误每处扣 1 分		
2	程序输入	5	手工输入，不会者取消操作		
3	仿真加工轨迹	5	图形模拟走刀路径		
4	对刀、建立工件坐标系	10	不会者取消操作		
5	带公差的径向尺寸 $\phi48$	5	每超差 0.01mm 扣 2 分		
6	带公差的径向尺寸 $\phi46$	5	每超差 0.01mm 扣 2 分		
7	带公差的径向尺寸 $\phi32$	5	每超差 0.01mm 扣 2 分		
8	带公差的轴向尺寸 18	5	每超差 0.02mm 扣 2 分		
9	带公差的轴向尺寸 55	5	每超差 0.02mm 扣 2 分		
10	带公差的轴向尺寸 95	5	每超差 0.02mm 扣 2 分		
11	螺纹 M36×2	10	不符合要求不得分		

（续前表）

序号	检验内容及要求	配分	评分标准	检测结果	得分
12	整体外形	10	圆弧曲线连接圆滑，形状准确		
13	表面粗糙度	10	不得大于 $Ra1.6\mu m$		
14	倒角、去毛刺等	5	按照 GB 1804—M 要求		
15	安全操作、文明生产		违章视情节轻重扣分，重大事故取消操作	扣分不超过 10 分	

额定工时		实际加工时间		总得分	
检测员		记录员		考评员	

零件 15（2）的检验卡如表 15—9 所示。

表 15—9　　**检　验　卡**

单位		姓名		考号	
实训项目	配合件零件的加工之三	零件名称	零件 15（2）	零件图号	15—2

序号	检验内容及要求	配分	评分标准	检测结果	得分
1	手工编程	10	语法错误每处扣 2 分 数据错误每处扣 1 分		
2	程序输入	5	手工输入，不会者取消操作		
3	仿真加工轨迹	5	图形模拟走刀路径		
4	对刀、建立工件坐标系	10	不会者取消操作		
5	带公差的径向尺寸 $\phi48$	5	每超差 0.01mm 扣 2 分		
6	带公差的径向尺寸 $\phi46$	5	每超差 0.01mm 扣 2 分		
7	带公差的径向尺寸 $\phi44$	5	每超差 0.01mm 扣 2 分		
8	带公差的径向尺寸 $\phi32$	5	每超差 0.01mm 扣 2 分		
9	带公差的轴向尺寸 18	5	每超差 0.02mm 扣 2 分		
10	带公差的轴向尺寸 30	5	每超差 0.02mm 扣 2 分		
11	带公差的轴向尺寸 8	5	每超差 0.02mm 扣 2 分		
12	带公差的轴向尺寸 70	5	每超差 0.02mm 扣 2 分		
13	螺纹 M36×2	10	不符合要求不得分		
14	整体外形	5	圆弧曲线连接圆滑，形状准确		
15	表面粗糙度	10	不得大于 $Ra1.6\mu m$		
16	倒角、去毛刺等	5	按照 GB 1804—M 要求		
17	安全操作、文明生产		违章视情节轻重扣分，重大事故取消操作	扣分不超过 10 分	

额定工时		实际加工时间		总得分	
检测员		记录员		考评员	

四、项目总结

◇ 通过本实训项目的学习，了解配合件零件在加工中有配合关系的尺寸在加工编程时应选择中值。

◇ 掌握如何正确地控制好零件的尺寸，可通过半精加工、精加工的操作来更好地控制尺寸，或通过修改刀补的方法来控制尺寸。

◇ 通过本实训项目的训练，能按照国家职业标准的要求，全面掌握数控车工应具有的知识与技能，注重培养良好的职业道德，严格按照工作程序、工件规范和安全操作的要求认真执行。

五、项目拓展练习

如图 15—8 和 15—9 所示为配合的两零件，图 15—10 是两零件的配合图，工件材料选用 45# 钢，坯料选用 ϕ50mm 的棒料，要求对该两零件分别进行技术分析、确定装夹方法、选择加工刀具、制定加工方案、进行加工程序的编制，并加工检验。

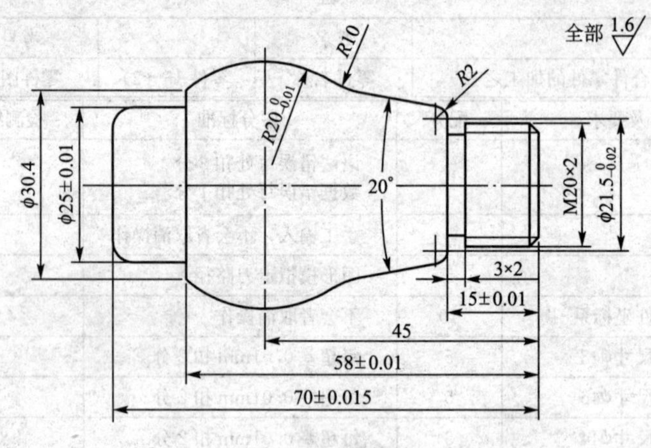

图 15—8 零件一

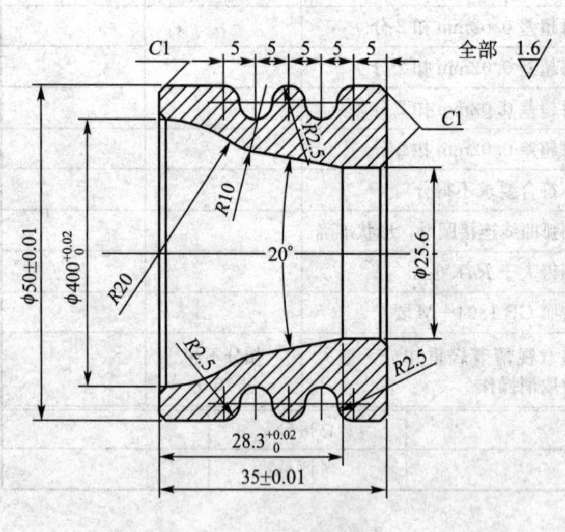

图 15—9 零件二

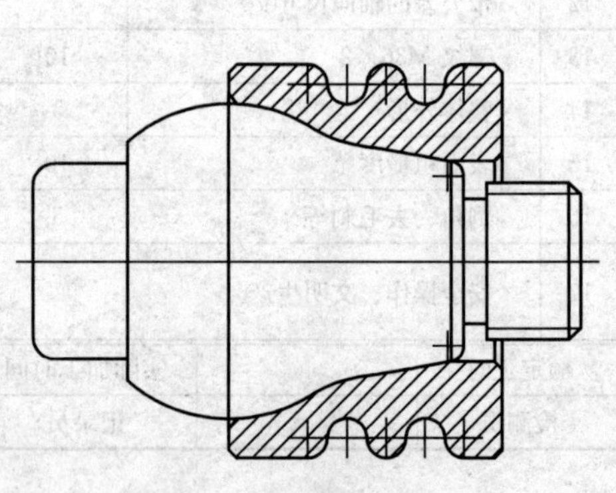

图 15—10 两零件的配合

项目十六 配合件零件的加工之四

一、项目内容

如图 16—1 和 16—2 所示为配合的两零件，图 16—3 为两零件的配合图，要求对该两零件分别进行技术分析、确定装夹方法、选择加工刀具、制定加工方案、进行加工程序的编制，并加工检验。

1. 技能目标

◆ 能够读懂零件图、装配图，明确具有装配关系的加工要求；

◆ 能够制定正确、合理的加工方案；能够编写零件的数控加工程序；

◆ 在零件的数控加工中能够掌握装配尺寸的控制方法；

◆ 会使用测量仪器进行零件的检测。

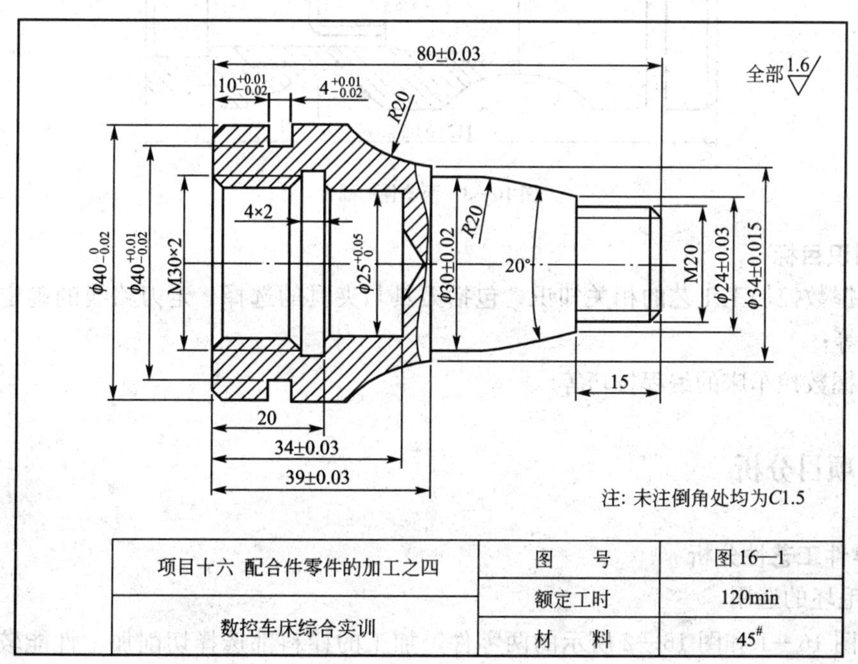

图 16—1

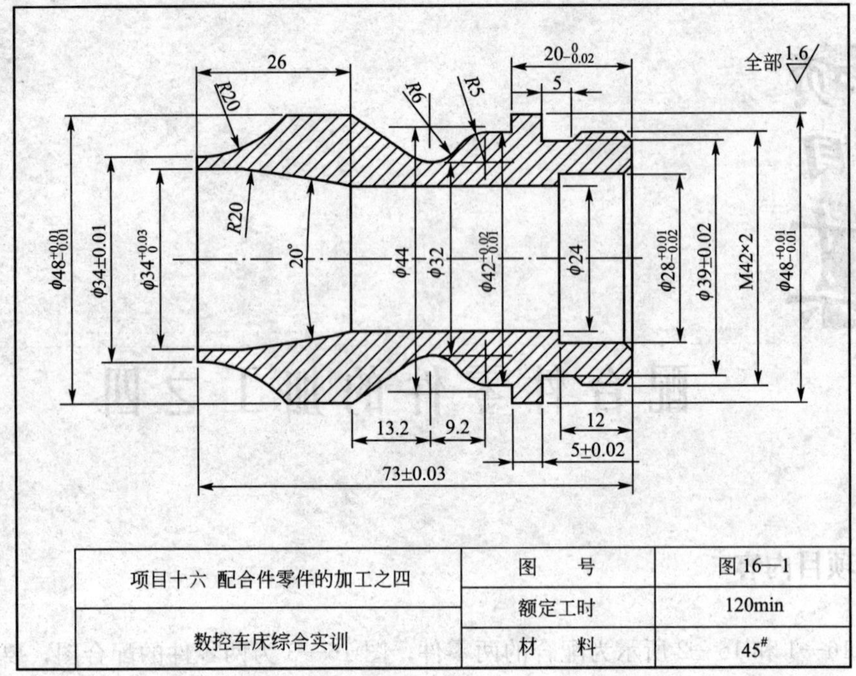

图 16—2

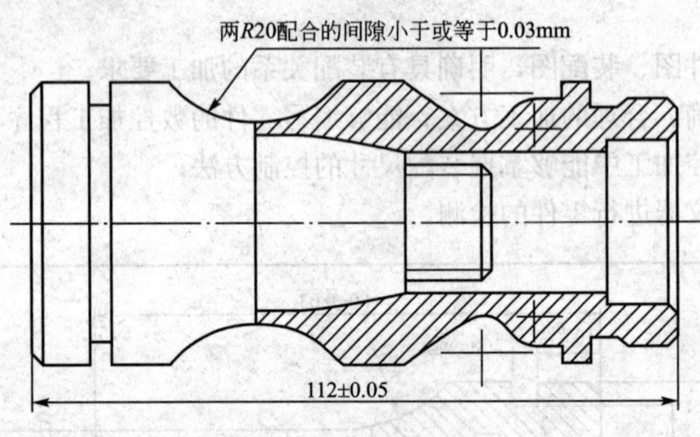

图 16—3 两零件的配合

2. 知识目标

◆ 掌握数控加工工艺的相关知识，包括刀具与夹具的选择、走刀路线的确定、切削用量的选用等；

◆ 掌握数控车床的编程技巧等。

二、项目分析

1. 零件工艺性分析

(1) 毛坯的选用。

依据图 16—1 和图 16—2 所示的两零件，加工的棒料都选择切削加工性能较好的 45# 钢材料，棒料直径为ϕ50mm。

（2）技术要求分析。

零件 16（1）：如图 16—1 所示，此工件的外表面由螺纹、圆锥、圆柱、圆弧等表面组成，内表面主要由螺纹及圆柱等表面组成，其中多个径向尺寸与轴向尺寸有较高的尺寸精度，整个工件的表面粗糙度要求也较高，粗糙度不能超过 $Ra1.6\mu m$。零件图尺寸标注完整，符合数控加工尺寸标注要求，轮廓描述清楚完整，无热处理和硬度要求。

零件 16（2）：如图 16—2 所示，此工件的外表面由螺纹、圆锥、圆柱、圆弧等表面组成，内表面主要由圆弧、圆锥及圆柱等表面组成，其中多个径向尺寸与轴向尺寸有较高的尺寸精度，整个工件的表面粗糙度要求也较高，粗糙度不能超过 $Ra1.6\mu m$。零件图尺寸标注完整，符合数控加工尺寸标注要求，轮廓描述清楚完整，无热处理和硬度要求。

（3）确定装夹等方案。

零件 16（1）：第一次装夹时，用三爪自定心卡盘夹紧棒料的一端，以工件轴心线为定位基准，保证工件伸出的长度，为了保证工件加工的稳定性，在工件的右端面（已加工）打中心孔，用顶针定位顶紧，从工件的右端往左端进行加工。加工完成后，工件掉头，三爪自定心卡盘装夹在用铜皮包好的工件外圆 ϕ30mm 处，以工件轴心线和 ϕ34mm 圆柱的右端面为工艺定位基准，校正，夹紧。

零件 16（2）：第一次装夹时，用三爪自定心卡盘夹紧棒料的一端，以工件轴心线为定位基准，保证工件伸出的长度，从工件的左端往右端进行加工；加工完成后，工件掉头，三爪自定心卡盘装夹在用铜皮包好的工件外圆 ϕ48mm 处，以工件已加工的 ϕ48mm 圆柱面为工艺定位基准，校正，夹紧。

（4）选择刀具。

零件 16（1）：第一次装夹，从右端往左端加工工件时，选用三把刀具，T0100 为硬质合金 90°外圆车刀，T0300 为高速钢、刀宽为 4mm 的切断刀，T0400 为硬质合金、尖角为 60°的外螺纹车刀，同时将三把刀安装在刀架上，对刀，把它们的刀补值输入相应的刀具寄存器中。工件掉头加工后，T0100 为硬质合金内孔车刀，T0300 为硬质合金、刀宽为 3mm 的内槽刀，T0400 为硬质合金 60°内孔螺纹车刀，重新对刀，把它的刀补值输入相应的刀具寄存器中。

零件 16（1）的刀具卡（已对好刀）如表 16—1 所示。

表 16—1 刀 具 卡

实训项目	配合件零件的加工之四	零件名称	零件 16—1	零件图号	16—1
序号	刀具号	刀具名称及规格	数量	加工内容	备注
装夹工件左端					
1	T0101	90°外圆精车刀	1	外轮廓	YT15
2	T0303	刀宽 4mm 的切断刀	1	切外圆槽	高速钢、右刀尖对刀
3	T0404	60°螺纹车刀	1	螺纹	YT15
掉头加工					
1	T0101	内孔车刀	1	内轮廓	YT15
2	T0303	刀宽 3mm 的内槽切刀	1	切内孔槽	高速钢、右刀尖对刀
3	T0404	60°内螺纹车刀	1	内螺纹	YT15
编制		审核		批准	

零件 16（2）：第一次装夹时，选用三把刀具，T0100 为硬质合金右偏 50°尖刀，T0200 为硬质合金内孔车刀，T0300 为高速钢、刀宽为 4mm 的切断刀，同时将三把刀安装在刀架上，对刀，把它们的刀补值输入相应的刀具寄存器中。工件掉头加工时，T0100 换为硬质合金 90°外圆车刀，T0200 为硬质合金内孔车刀，T0300 为高速钢、刀宽为 4mm 的切断刀，T0400 为尖角为 60°的硬质合金外螺纹刀，重新对刀，把它们的刀补值输入相应的刀具寄存器中。

零件 16（2）的刀具卡（已对好刀）如表 16—2 所示。

表 16—2　　刀　具　卡

实训项目	配合件零件的加工之四	零件名称	零件 16（2）	零件图号	16—2
序号	刀具号	刀具名称及规格	数量	加工内容	备注
装夹工件右端					
1	T0101	右偏 50°尖刀	1	外轮廓	YT15
2	T0202	内孔车刀	1	内孔轮廓	YT15
3	T0303	刀宽 4mm 的切断刀	1	切断	高速钢、右刀尖对刀
掉头加工					
1	T0101	90°外圆车刀	1	外轮廓	YT15
2	T0202	内孔车刀	1	内孔轮廓	YT15
3	T0303	刀宽 4mm 的切断刀	1	切外圆槽	高速钢、右刀尖对刀
4	T0404	60°螺纹车刀	1	外螺纹	YT15
编制		审核		批准	

配合件的工具量具卡如表 16—3 所示。

表 16—3　　工 具 量 具 卡

实训项目	配合件零件的加工之四	零件名称	零件 16	零件图号	16—1、2
序号	名称	规　格	数量	备注	
1	游标卡尺	0～125mm（0.02mm）	1		
2	千分尺	0～25mm、25～50mm（0.01mm）	各 1		
3	百分表	0～10mm（0.01mm）	1		
4	中心钻	A 型	1		
5	麻花钻	ϕ12mm、ϕ24mm	各 1		
6	螺纹量规	M30×2 止通塞规	1 套	测量内螺纹	
7	螺纹量规	M20 止通套规	1 套	测量外螺纹	
8	螺纹量规	M42×2 止通套规	1 套	测量外螺纹	
9	游标万能角度尺		1	测量角度	
10	百分表	0～10mm（0.01mm）	1	四爪卡盘装夹时使用	
11	磁性表座及表夹		1 套	四爪卡盘装夹时使用	
12	辅具	莫氏钻套、钻夹头、回转顶尖	各 1	选用	
13	其他	铜棒、铜皮、毛刷等常用工具		选用	
编制		审核		批准	

（5）制定加工方案。

零件 16（1）：加工顺序遵循由粗到精、由近到远的原则确定。第一次装夹，从右往左进行加工时，整个工件的外轮廓除槽之外其径向尺寸是逐步递增的，符合复合循环指令 G71 的走刀路径规律，可先运用 G71 指令对整个外轮廓进行粗加工，后运用 G70 指令对外轮廓进行精加工，其刀具精加工时的走刀路径如图 16—4 所示。调用切刀直线插补指令加工外圆槽，然后运用复合循环指令 G76 对螺纹进行粗精加工，或者运用单一循环指令 G92 对螺纹进行加工。

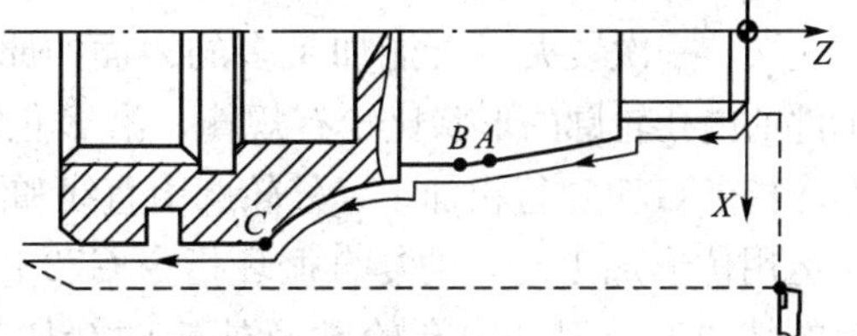

图 16—4　精加工外轮廓时的走刀路径示意图

掉头加工时，考虑到有内孔的加工，而内孔加工时要先对零件进行钻孔而后再使用内孔刀具进行相应的加工操作。所以首先用 A 型中心钻在工件的左端面上打一个 ϕ2mm 的中心孔，为后面的钻孔起到自动定心的作用，然后用 ϕ12mm 的麻花钻钻孔，保证孔的深度为 34mm，最后用 ϕ24mm 的麻花钻把孔扩大到接近要加工的尺寸，同样保证孔的深度为 34mm。

工件的内孔轮廓也可运用复合循环指令 G71 进行粗加工，运用 G70 指令进行精加工。调用内切刀加工内孔槽，最后使用内螺纹刀运用复合循环指令 G76 进行内螺纹的粗精加工，或者运用单一循环指令 G92 进行内螺纹加工。

零件 16（1）的加工工序和操作步骤如表 16—4 所示。

表 16—4　　　　**工　序　卡**

实训项目	配合件零件的加工之四	零件名称	零件 16（1）	零件图号	16—1
数控系统	GSK980TA	材料	45#	工序号	161/162
使用夹具	三爪卡盘及顶针装夹	装夹方法	三爪定心及顶针	程序号	O0161/O0162

序号	工步内容	G 指令	T 刀具	S 主轴转速 (r/min)	F 进给速度 (mm/min)	切削深度 (mm)
第一次装夹，程序号为 O0161						
1	粗车整个外轮廓	G71	T0101	600	100	1.5
2	精车整个外轮廓	G70	T0101	1 000	50	0.25
3	加工外圆槽	G01	T0303	200	20	
4	加工螺纹	G76（或 G92）	T0404	400		
5	切断	G01	T0303	200	20	
掉头加工，程序号为 O0162						
1	打中心孔	手动	中心钻	300	20	
2	钻孔 ϕ12mm	手动	麻花钻	300	40	
3	扩孔 ϕ24mm	手动	麻花钻	300	40	
4	粗车内孔轮廓	G71	T0101	500	80	1
5	精车内孔轮廓	G70	T0101	800	40	0.2
6	加工内孔槽	G01	T0303	200	20	
7	加工内螺纹	G76（或 G92）	T0404	400		
8	检测、校核					

编制		审核		批准、时间		

零件16（2）：第一次装夹好后，先用A型中心钻在工件的已加工的左端面上打一个ϕ2mm的中心孔，为后面的钻孔起到自动定心的作用，然后用ϕ12mm的麻花钻钻孔，保证孔的深度为75mm，最后用ϕ24mm的麻花钻把孔扩大到要加工的尺寸，同样保证孔的深度为75mm。

此工件需要两次装夹才能完成加工。加工顺序遵循由粗到精、由近到远、先内后外、内外交叉、一次装夹尽可能加工多的表面的原则。第一次装夹工件时，按照从左往右的顺序，工件的内孔轮廓的形状比较有规律，沿 Z 正方向，其径向尺寸是逐渐增大的，可以运用复合循环指令G71进行粗加工，外轮廓由直线和圆弧组成，其径向尺寸沿 Z 正方向时大时小，只能运用仿形加工走刀的复合循环指令G73进行粗加工，然后运用G70指令分别进行内外轮廓的精加工。刀具内孔轮廓及外轮廓精加工时的走刀路径示意图如图16—5所示。

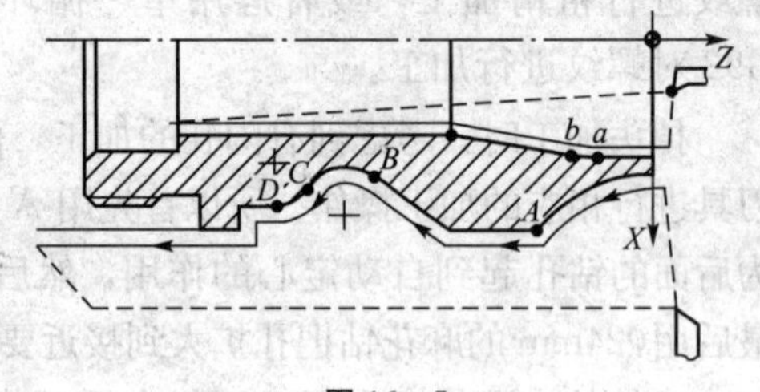

图16—5

掉头加工时，工件前部内孔轮廓和外轮廓都运用复合循环指令G71进行粗加工，运用G70进行精加工；调用切刀直线插补指令加工外圆槽，最后运用复合循环指令G76进行外螺纹的粗精加工，或者运用单一循环指令G92对螺纹进行加工。

零件16（2）的加工工序和操作步骤如表16—5所示。

表16—5 工 序 卡

实训项目	配合件零件的加工之四	零件名称	零件16（2）	零件图号	16—2
数控系统	GSK980TA	材料	45#	工序号	163/164
使用夹具	三爪卡盘及顶针装夹	装夹方法	三爪定心及顶针	程序号	O0163/O0164

序号	工步内容	G指令	T刀具	S主轴转速（r/min）	F进给速度（mm/min）	切削深度（mm）
第一次装夹，加工程序号为O0163						
1	打中心孔	手动	中心钻	300		
2	钻孔ϕ12mm	手动	麻花钻	300	50	
3	扩孔ϕ24mm	手动	麻花钻	300	50	
4	粗车工件内孔	G71	T0202	500	60	1
5	粗车整个外轮廓	G73	T0101	500	80	
6	精车工件内孔	G70	T0202	800	30	0.2
7	精车整个外轮廓	G70	T0101	800	40	0.2
8	切断工件	G01	T0303	200	20	
掉头加工，加工程序号为O0164						
1	粗车工件内孔	G71	T0202	500	80	1
2	粗车工件外轮廓	G71	T0101	600	100	1.5
3	精车工件内孔	G70	T0202	800	40	0.2
4	精车工件外轮廓	G70	T0101	1 000	50	0.25
5	加工外圆槽	G01	T0303	200	20	
6	加工外螺纹	G76	T0404	400		
7	检测、校核					

编制		审核		批准、时间	

2. 编程说明

零件 16（1）：编程时，第一次装夹以零件右端面（已加工好）与轴线的交点为程序原点建立工件坐标系，如图 16—4 所示；掉头装夹加工时，则以工件的左端面与轴线的交点为程序原点建立工件坐标系；加工起点（或换刀点）设为 X 向距程序原点 50mm，Z 向距程序原点 100mm 的位置。

计算各基点的编程坐标值，径向尺寸采用直径方式编程，图样上给定的几个精度要求较高的尺寸，无配合要求的取其基本尺寸，有配合要求的则取中值，其中配合尺寸 $\phi30\pm0.02$ 取 $\phi30.0$mm，外轮廓上一些基点的编程绝对坐标为 $A(29.4，-30.3)$、$B(30，-33.8)$、$C(48，-56.2)$。

编制零件 16（1）的加工程序单，如表 16—6 所示。

表 16—6　程序单（供参考）

实训项目	配合件零件的加工之四	零件名称	零件 16（1）	零件图号	16—1
使用夹具	三爪卡盘及顶针装夹	装夹方法	三爪定心	程序号	O0161/O0162

程序号	程　序	说　明
O0161	第一次装夹，从右往左进行加工	
N10	G50 X100 Z100；	建立工件坐标系，确定换刀点
N20	S600 M03；	主轴以 600r/min 转速正转
N30	T0101；	调用 1 号刀
N40	G00 X50 Z3；	快速定位，接近工件
N50	G71 U2 R0.5；	运用 G71 复合固定循环指令加工工件的外轮廓
N60	G71 P70 Q180 U0.5 W0 F100；	径向尺寸留 0.5mm 的精加工余量
N70	G00 X0；	描述零件精加工轨迹程序的第一段
N80	G01 Z0 F50；	
N90	X15.8；	
N100	X19.8 Z-2；	
N110	Z-15；	
N120	X24；	
N130	X29.4 Z-30.3；	
N140	G03 X30 Z-33.8 R20；	
N150	Z-41；	
N160	G01 X34；	
N170	G02 X48 Z-56.2 R20；	
N180	G01 Z-85；	描述零件精加工轨迹程序的最后一段
N190	G00 X100 Z100 M05；	退回换刀点，主轴停
N200	M00；	程序暂停，测量尺寸，检查处理
N210	M03 S1000；	主轴以 1 000r/min 转速正转
N220	G00 X50 Z3；	快速定位
N230	G70 P70 Q180；	运用 G70 指令进行精加工
N240	G00 X100 Z100 M05；	退回换刀点，主轴停

（续前表）

程序号	程　序	说　明
N250	M00；	程序暂停
N260	M03 S200；	主轴以 200r/min 转速正转
N270	T0303；	调用 3 号刀
N280	G00 X50 Z-66；	快速定位
N290	G01 X40 F30；	切外圆槽
N300	G00 X100；	X 方向退刀
N310	Z100 M05；	Z 方向退刀，主轴停
N320	M00；	程序暂停，测量尺寸，检查处理
N330	M03 S400；	主轴以 400r/min 转速正转
N340	T0404；	调用 4 号刀
N350	G00 X25 Z5；	快速定位
N360	G76 P010060 Q50 R0.02；	运用 G76 复合固定循环指令加工螺纹
N370	G76 X16.75 Z-12 P1625 Q300 F2.5；	
N380	G00 X100 Z100 M05；	退回换刀点，主轴停
N390	M00；	程序暂停，测量尺寸，检查处理
N400	M03 S200；	主轴以 200r/min 转速正转
N410	T0303；	调用 3 号刀
N420	G00 X50 Z-80；	快速定位
N430	G01 X44 F20；	加工切断槽
N440	G00 X50；	
N450	W2.5；	
N460	G01 X45 W-2.5；	倒角 1×45°
N470	G01 X-1 F20；	切断工件
N480	G00 X100；	X 方向退刀
N490	Z100 M05；	Z 方向退刀，主轴停
N500	M30；	程序结束
O0162	掉头加工，装夹在ϕ30mm 处	
N10	G50 X100 Z100；	建立工件坐标系，确定换刀点
N20	M03 S500；	主轴以 500r/min 转速正转
N30	T0101；	调用 1 号刀
N40	G00 X22 Z2；	快速定位
N50	G71 U1.5 R0.5；	运用 G71 复合固定循环指令加工内孔轮廓
N60	G71 P70 Q140 U-0.4 W0 F100；	内孔径向尺寸留 0.4mm 的精加工余量
N70	G00 X30；	描述零件精加工轨迹程序的第一段
N80	G01 Z0 F50；	
N90	X28 Z-1；	
N100	Z-20；	

（续前表）

程序号	程　　序	说　　明
N110	X27；	
N120	X25 W－1；	
N130	Z－34；	
N140	X22；	描述零件精加工轨迹程序的最后一段
N150	G00 X100 Z100 M05；	退回换刀点，主轴停
N160	M00；	程序暂停，测量尺寸，检查处理
N170	M03 S800；	主轴以 800r/min 转速正转
N180	G00 X22 Z2；	快速定位
N190	G70 P70 Q140；	运用 G70 指令对内孔轮廓进行精加工
N200	G00 X100 Z100 M05；	退回换刀点，主轴停
N210	M00；	程序暂停，测量尺寸，检查处理
N220	M03 S200；	主轴以 200r/min 转速正转
N230	T0303；	调用 3 号刀
N240	G00 X22 Z2；	快速定位
N250	G01 Z－20 F100；	直线插补内孔槽
N260	X32 F20；	
N270	X26；	
N280	W2；	
N290	X30 W－2；	加工内孔槽倒角
N300	G00 X22；	退刀
N310	Z100；	*Z* 方向退刀
N320	X100 M05；	*X* 方向退刀，主轴停
N330	M00；	程序暂停，测量尺寸，检查处理
N340	M03 S400；	主轴以 400r/min 转速正转
N350	T0404；	调用 4 号刀
N360	G00 X22 Z5；	快速定位
N370	G76 P010060 Q30 R0. 02；	运用 G76 复合固定循环指令加工内螺纹
N380	G76 X30 Z－18 P1300 Q300 F2；	
N390	G00 Z100；	*Z* 方向退刀
N400	X100 M05；	*X* 方向退刀，主轴停
N410	M00；	程序暂停，测量尺寸，检查处理
N420	M30；	程序结束

零件 16（2）：编程时，第一次装夹时以已加工好的左端面与轴线的交点为程序原点建立工件坐标系，如图 16—5 所示；掉头装夹加工时，则以工件的右端面与轴线的交点为程序原点建立工件坐标系；加工起点（或换刀点）设为 *X* 向距程序原点 50mm，*Z* 向距程序原点 100mm 的位置。

计算各基点的编程坐标值，径向尺寸采用直径编程方式，对于图样上给定的几个精度要求较高的尺寸，无配合要求的取其基本尺寸，有配合要求的取其中值，其中配合尺寸$\phi 30^{+0.03}_{0}$取ϕ30.015mm，外轮廓上某些基点的编程绝对坐标为A(48，−15.2)、B(34.2，−35.7)、C(38，−44.4)、D(42，−48.4)，内孔轮廓某些基点的编程绝对坐标为a(30，−7.2)、b(29.4，−10.7)。

编制零件16（2）的加工程序单，如表16—7所示。

表16—7　　程序单（供参考）

实训项目	配合件零件的加工之四	零件名称	零件16（2）	零件图号	16—2
使用夹具	三爪卡盘及顶针装夹	装夹方法	三爪定心	程序号	O0163/O0164

程序号	程　　序	说　　明
O0163	第一次装夹，从左往右进行加工	
N10	G50 X100 Z100；	建立工件坐标系，确定换刀点
N20	M03 S500；	主轴以500r/min转速正转
N30	T0202	调用2号刀
N40	G00 X22 Z3；	快速定位
N50	G71 U1.5 R0.5；	运用G71复合固定循环指令加工内孔轮廓
N60	G71 P70 Q110 U−0.4 W0 F60；	内孔径向尺寸留0.4mm的精加工余量
N70	G00 X30.015；	描述零件精加工轨迹程序的第一段
N80	G01 Z−7.2 F30；	
N90	G03 X29.4 Z−10.7 R20；	
N100	G01 X24 Z−26；	
N110	Z−62；	描述零件精加工轨迹的最后一段
N120	G00 X100 Z100 M05；	退回换刀点，主轴停
N130	M00；	程序暂停，测量尺寸，检查处理
N140	S500 M03；	主轴以500r/min转速正转
N150	T0101；	调用1号刀
N160	G00 X50 Z3；	快速定位，接近工件
N170	G73 U8 R0.01；	运用G73复合固定循环指令加工工件外轮廓
N180	G73 P190 Q290 U0.5 W0 F80；	径向尺寸留0.5mm的精加工余量
N190	G00 X34；	描述零件精加工轨迹程序的第一段
N200	G01 Z0 F40；	
N210	G02 X48 Z−15.2 R20；	
N220	G01 Z−26；	
N230	X34.2 Z−35.7；	
N240	G02 X38 Z−44.4 R6；	
N250	G03 X42 Z−48.4 R5；	
N260	G01 Z−53；	

（续前表）

程序号	程　　序	说　　明
N270	X47；	
N280	X48 W－0.5；	
N290	Z－78；	描述零件精加工轨迹程序的最后一段
N300	G00 X100 Z100 M05；	退回换刀点，主轴停
N310	M00；	程序暂停，测量尺寸，检查处理
N320	M03 S800；	主轴以 800r/min 正转
N330	T0202；	
N340	G00 X22 Z3；	快速定位
N350	G70 P70 Q110；	运用 G70 指令对内孔轮廓进行精加工
N360	G00 X100 Z100 M05；	退回换刀点，主轴停
N370	M00；	程序暂停，测量尺寸，检查处理
N380	M03 S800；	主轴以 800r/min 转速正转
N390	T0101；	
N400	G00 X50 Z3；	快速定位
N410	G70 P190 Q290；	运用 G70 指令对工件外轮廓进行精加工
N420	G00 X100 Z100 M05；	退回换刀点，主轴停
N430	M00；	程序暂停，测量尺寸，检查处理
N440	M03 S200；	主轴以 200r/min 转速正转
N450	T0303	调用 3 号刀
N460	G00 X50 Z－73；	快速定位
N470	G01 X22 F20；	切断工件
N480	G00 X100；	*X* 方向退刀
N490	Z100 M05；	*Z* 方向退刀，主轴停
N500	M30；	程序结束
O0164	掉头装夹，装夹在 ϕ48mm 处	
N10	G50 X100 Z100；	建立工件坐标系，确定换刀点
N20	M03 S500；	主轴以 500r/min 正转
N30	T0202；	调用 2 号刀
N40	G00 X22 Z2；	快速定位
N50	G71 U1.5 R0.5；	运用 G71 复合固定循环指令加工内孔轮廓
N60	G71 P70 Q120 U－0.4 W0 F80；	内孔径向尺寸留 0.4mm 的精加工余量
N70	G00 X30；	描述零件精加工轨迹程序的第一段
N80	G01 Z0 F40；	
N90	X28 Z－1；	
N100	Z－12；	

（续前表）

程序号	程　序	说　明
N110	X25；	
N120	X23 W－1；	描述零件精加工轨迹程序的最后一段
N130	G00 X100 Z100 M05；	退回换刀点，主轴停
N140	M00；	程序暂停，测量尺寸，检查处理
N150	M03 S600；	主轴以600r/min转速正转
N160	T0101；	调用1号刀
N170	G00 X52 Z3；	快速定位，接近工件
N180	G71 U2 R0.5；	运用G71复合固定循环指令加工工件外轮廓
N190	G71 P200 Q260 U0.5 W0 F100；	径向尺寸留0.5mm的精加工余量
N200	G00 X0；	描述零件精加工轨迹程序的第一段
N210	G01 Z0 F50；	
N220	X37.8；	
N230	X41.8 Z－2；	
N240	Z－15；	
N250	X47；	
N260	X49 W－1；	描述零件精加工轨迹程序的最后一段
N270	G00 X100 Z100 M05；	退回换刀点，主轴停
N280	M00；	程序暂停，测量尺寸，检查处理
N290	M03 S800；	主轴以800r/min正转
N300	T0202；	调用2号刀
N310	G00 X22 Z2；	快速定位
N320	G70 P70 Q120；	运用G70指令对内孔轮廓进行精加工
N330	G00 X100 Z100 M05；	退回换刀点，主轴停
N340	M00；	程序暂停，测量尺寸，检查处理
N350	M03 S1000；	主轴以1 000r/min转速正转
N360	T0101；	调用1号刀
N370	G00 X52 Z3；	快速定位
N380	G70 P200 Q260；	运用G70指令对工件外轮廓进行精加工
N390	G00 X100 Z100 M05；	退回换刀点，主轴停
N400	M00；	程序暂停，测量尺寸，检查处理
N410	M03 S200；	主轴以200r/min转速正转
N420	T0303；	调用3号刀
N430	G00 X50 Z－11；	快速定位
N440	G01 X39.2 F20；	切槽

（续前表）

程序号	程　序	说　明
N450	G00 X42；	
N460	W3；	
N470	G01 X39 Z－10 F20；	倒角
N480	Z－11；	
N490	G00 X100；	X 方向退刀
N500	Z100 M05；	Z 方向退刀，主轴停
N510	M00；	程序暂停，测量尺寸，检查处理
N520	M03 S400；	主轴以 400r/min 正转
N530	T0404；	调用 4 号刀
N540	G00 X46 Z5；	快速定位
N550	G76 P010060 Q25 R0.025；	运用 G76 复合循环指令加工螺纹
N560	G76 X39.4 Z－11 P1300 Q350 F2；	
N570	G00 X100 Z100 M05；	退回换刀点，主轴停
N580	M00；	程序暂停，测量尺寸，检查处理
N590	M30；	程序结束

三、项目实施

1. 操作要点及注意事项

（1）严格按照数控车床的操作规程和安全规程进行操作。

（2）开机后，进行数控车床空载运行，检查车床各部分运行状况。

（3）选择尖刀时，注意刀具的尖角是否合理，加工过程中不能与工件发生干涉。

（4）对刀时，所有的切槽刀都以右刀尖做为编程的刀位点。

（5）正确使用游标卡尺、外径千分尺、游标万能角度尺、螺纹量规、螺纹中径千分尺等测量相关的尺寸。

（6）工件装夹时，夹持部分不能太短，要注意伸出长度，调头装夹时，不要夹伤已加工表面，注意工件的校正。

（7）钻孔、扩孔时采用手动完成，没有编制加工程序。

（8）为了保证长度尺寸公差，两工件第一次装夹切断时都可留 0.5mm 的加工余量，掉头装夹后，根据实际情况来保证长度尺寸。

（9）在加工既有内表面，又有外表面的零件时，应先安排进行内外表面粗加工，后进行内外表面精加工，先内后外，内外交叉进行加工这样容易控制零件内外表面的尺寸精度、形位公差及表面粗糙度。

（10）为保证零件尺寸的准确性，加工可分半精加工和精加工两步骤进行，或通过修改刀补的方法来执行。

（11）发生事故时，要沉着冷静、积极配合工作人员处理。

2. 操作步骤及质量检测

(1) 准确快速地输入加工程序。

(2) 通过数控系统图形仿真加工轨迹，进行程序的校验及修整。

(3) 使用装夹具正确地安装刀具，进行对刀操作，建立工件坐标系。

(4) 灵活使用程序试运行、分段运行及自动运行等运行方式对工件进行自动加工操作。

(5) 加工过程中，要注意中间按图纸要求检测工件质量，随时对工件进行误差与质量的分析与处理。

(6) 两工件均需要掉头加工，注意掉头的对刀和端面找准。

(7) 加工完成后，清理数控车床，按规定要求润滑保养数控车床。

零件 16 (1) 的检验卡如表 16—8 所示。

表 16—8 **检 验 卡**

单位		姓名		考号	
实训项目	配合件零件的加工之四	零件名称	零件 16 (1)	零件图号	16—1

序号	检验内容及要求	配分	评分标准	检测结果	得分
1	手工编程	10	语法错误每处扣 2 分 数据错误每处扣 1 分		
2	程序输入	5	手工输入，不会者取消操作		
3	仿真加工轨迹	5	图形模拟走刀路径		
4	试切对刀、建立工件坐标系	5	不会者取消操作		
5	带公差的径向尺寸ϕ48	5	每超差 0.01mm 扣 2 分		
6	带公差的径向尺寸ϕ40	5	每超差 0.01mm 扣 2 分		
7	带公差的径向尺寸ϕ34	5	每超差 0.01mm 扣 2 分		
8	带公差的径向尺寸ϕ30	5	每超差 0.01mm 扣 2 分		
9	带公差的径向尺寸ϕ25	5	每超差 0.01mm 扣 2 分		
10	带公差的径向尺寸ϕ24	5	每超差 0.01mm 扣 2 分		
11	带公差的轴向尺寸 80	5	每超差 0.01mm 扣 2 分		
12	带公差的轴向尺寸 39	5	每超差 0.01mm 扣 2 分		
13	带公差的轴向尺寸 34	5	每超差 0.01mm 扣 2 分		
14	带公差的轴向尺寸 10	5	每超差 0.01mm 扣 2 分		
15	螺纹 M20	10	不符合要求不得分		
16	整体外形	3	圆弧连接圆滑，形状准确		
17	表面粗糙度	10	不得大于 $Ra1.6\mu m$		
18	倒角、去毛刺等	2	按照 GB 1804—M 要求		
19	安全操作、文明生产		违章视情节轻重扣分，重大事故取消操作	扣分不超过 10 分	

额定工时		实际加工时间		总得分	
检测员		记录员		考评员	

零件 16 (2) 的检验卡如表 16—9 所示。

表 16—9　　检　验　卡

单位		姓名		考号	
实训项目	配合件零件的加工之四	零件名称	零件 16（2）	零件图号	16—2

序号	检验内容及要求	配分	评分标准	检测结果	得分
1	手工编程	10	语法错误每处扣 2 分 数据错误每处扣 1 分		
2	程序输入	5	手工输入，不会者取消操作		
3	仿真加工轨迹	5	图形模拟走刀路径		
4	试切对刀、建立工件坐标系	5	不会者取消操作		
5	带公差的径向尺寸ϕ48	5	每超差 0.01mm 扣 2 分		
6	带公差的径向尺寸ϕ42	5	每超差 0.01mm 扣 2 分		
7	带公差的径向尺寸ϕ39	5	每超差 0.01mm 扣 2 分		
8	带公差的径向尺寸ϕ34	5	每超差 0.01mm 扣 2 分		
9	带公差的径向尺寸ϕ30	5	每超差 0.01mm 扣 2 分		
10	带公差的径向尺寸ϕ28	5	每超差 0.01mm 扣 2 分		
11	带公差的轴向尺寸 73	5	每超差 0.01mm 扣 2 分		
12	带公差的轴向尺寸 20	5	每超差 0.01mm 扣 2 分		
13	带公差的轴向尺寸 5	5	每超差 0.01mm 扣 2 分		
14	螺纹 M42×2	10	不符合要求不得分		
15	整体外形	5	圆弧连接圆滑，形状准确		
16	表面粗糙度	10	不得大于 $Ra1.6\mu m$		
17	倒角、去毛刺等	5	按照 GB 1804—M 要求		
18	安全操作、文明生产		违章视情节轻重扣分，重大事故取消操作	扣分不超过 10 分	

额定工时		实际加工时间		总得分	
检测员		记录员		考评员	

四、项目总结

◇ 通过本实训项目的学习，了解配合件零件在加工中有配合关系的尺寸在加工编程时应选择中值。

◇ 掌握如何正确地控制好零件的尺寸，可通过半精加工、精加工的操作来更好地控制尺寸，或通过修改刀补的方法来控制尺寸。

◇ 通过本实训项目的训练，能按照国家职业标准的要求，全面掌握数控车工应具有的基本知识与技能，注重培养良好的职业道德，严格按照工作程序、工件规范和安全操作的要求认真执行。

五、项目拓展练习

图 16—6 和 16—7 所示为配合的两零件，图 16—8 是两零件的配合图，工件材料选用

45#钢，坯料选用ϕ50mm的棒料，要求对该两零件分别进行技术分析、确定装夹方法、选择加工刀具、制定加工方案、进行加工程序的编制，并加工检验。

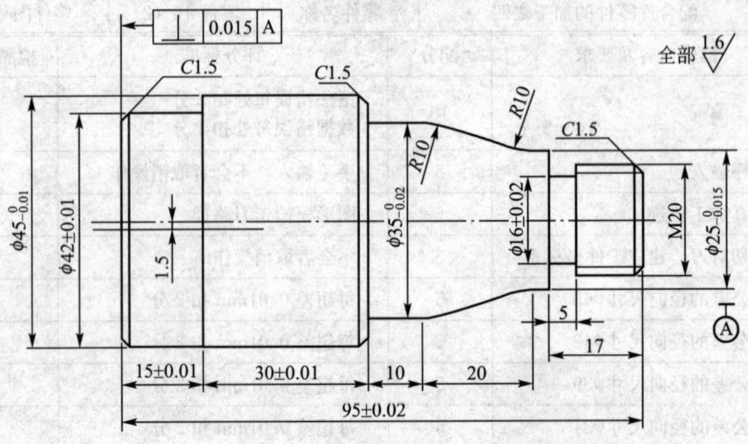

图 16—6　零件一

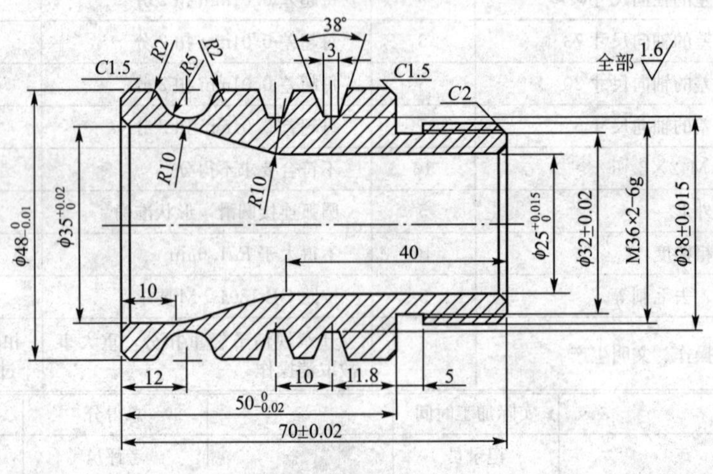

图 16—7　零件二

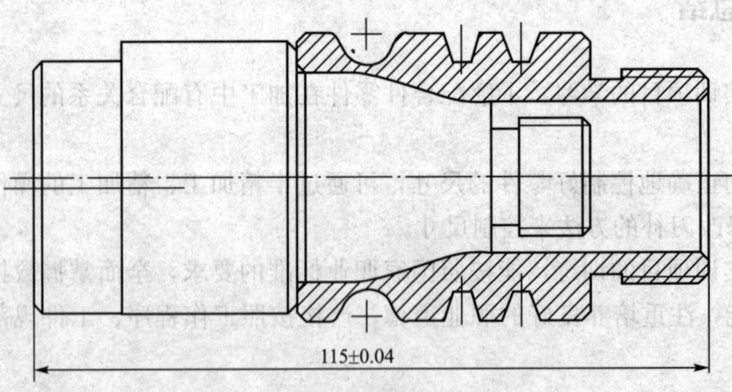

图 16—8　两零件的配合

GSK980T 数控系统

一、GSK980T 数控系统操作面板

GSK980T 数控系统的操作面板如附图 1 所示。整个面板分为三个部分：左上角为液晶显示画面；右上角为功能操作键盘，可以进行程序的编辑、位置的显示、刀补用参数的设置等；下面部分是机床操作按键，用于机床辅助功能的设定，如主轴的动作、刀位的转换等。

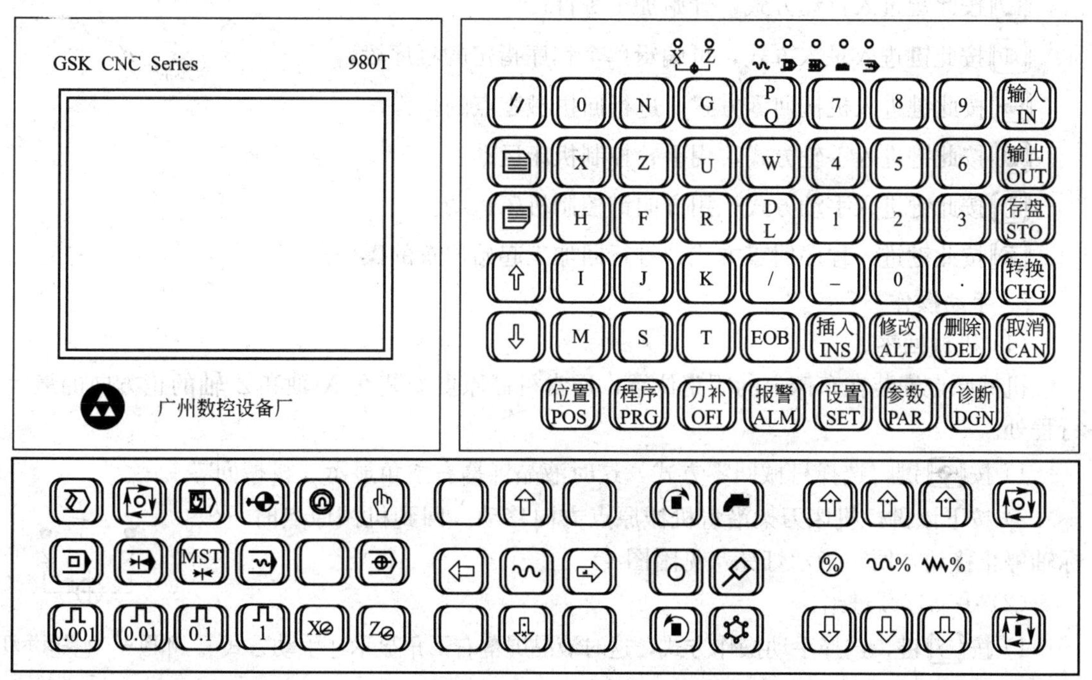

附图 1　GSK980T 的操作面板示意图

1. 显示页面键

显示页面键是用于选择各种显示画面的，共有七种显示页面键：位置、程序、偏置、报警、设置、参数、诊断，如附图 2 所示。

位置POS 程序PRG 刀补OFI 报警ALM 设置SET 参数PAR 诊断DGN

附图 2 显示页面键

位置POS 按此键，显示现在位置，共有四页：[相对]、[绝对]、[总和]、[位置/程序]，可以通过翻页键转换。

程序PRG 按此键，显示编辑程序，共有三页：[MDI/模]、[程序]、[目录/存储量]。

刀补OFI 按此键，显示设定补偿量和宏变量，共有两项：[偏置]、[宏变量]。

报警ALM 按此键，显示报警信息。

设置SET 按此键，显示设定各种设置参数参数开关及程序开关。

参数PAR 按此键，显示设定参数。

诊断DGN 按此键，显示各种诊断数据。

2. 操作方式键

操作方式键如附图 3 所示，包括 7 个按键，意义分别如下：

附图 3 操作方式键

按此键进入编辑方式，可对加工程序进行编辑。

按此键进入自动方式，开始加工零件。

按此键进入录入方式，可编辑单个程序指定的程序段。

按此键进入机械回零方式，进行回机械零点的操作。

按此键进入手轮方式，用手轮控制机床运动。

按此键进入手动方式，用方向键控制机床运动。

按此键进入程序回零方式，进行回加工起始位置的操作。

3. 手动操作

(1) 机械回零。

机械原点安装在车床上的固定位置，通常机械原点安装在 X 轴和 Z 轴的正方向的最大行程处。

1) 按键，选择机械回零方式，这时液晶屏幕右下角显示[机械回零]。

2) 按下该键，机床刀架沿着机械原点方向移动。回到机械原点时，坐标轴停止移动，回零指示灯亮（见附图 4）。

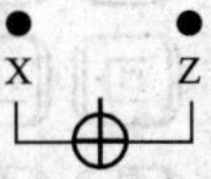

X Z

附图 4 回零指示灯

(2) 手动连续进给。

1) 按键，选择手动操作方式，这时液晶屏幕右下角显示[手动方式]。

2) 选择要移动的方向运动键（见附图 5）。

3) 按住该键，机床刀架沿着所选择的方向连续进给，松开则停止。

4) 快速进给：按键时，同带自锁的按钮，进行“开→关→开…”切换，当为“开”时，位于面板上部指示灯亮，“关”时指示灯灭（见附图 6）。选择为开时，手动以快速速度进给。

附图 5 手动方向运动键

附图 6 手动快速指示灯

(3) 手轮进给。

1) 按[手轮]键，选择手轮操作方式，这时液晶屏幕右下角显示［手轮方式］。

2) 选择手轮运动方向：按下相应的键（见附图 7），则选择该轴方向，所选手轮轴的地址［U］或［W］闪烁。

3) 选择移动量（单位 mm）：按下移动量选择键（见附图 8），相应在屏幕左下角显示移动增量。

4) 转动手轮（见附图 9），机床刀架沿着所选择的方向连续进给。

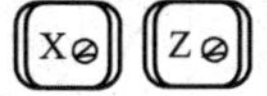

附图 7 手轮运动方向选择键

附图 8 移动量选择键

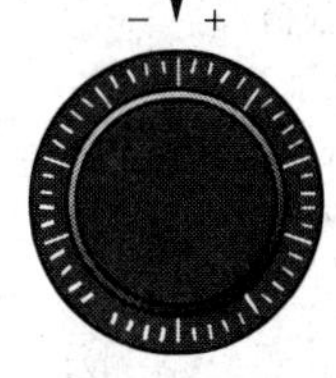

附图 9

左转：一方向；右转：十方向

(4) 程序回零。

1) 按[程序回零]键，选择返回程序起点方式，这时液晶屏幕右下角显示［程序回零］。

2) 按一下该键，机床刀架沿着程序起点方向移动。回到程序起点时，坐标轴停止移动，位置显示地址［X］、［Z］、［U］、［W］闪烁，回零指示指示灯亮（见附图 4）。程序回零后，自动消除刀偏。

(5) 手动辅助功能操作。

1) 手动换刀。

[换刀]手动/手轮/单步方式下按此键，刀架旋转换下一把刀。

2) 冷却液开关。

[冷却]手动/手轮/单步方式下按此键，同带自锁的按钮，进行“开→关→开…”切换。

3) 润滑开关。

[润滑]手动/手轮/单步方式下按此键，同带自锁的按钮，进行“开→关→开…”切换。

4) 主轴正转。

[正转]手动/手轮/单步方式下，按下此键，主轴正向转动起动。

5) 主轴反转。

[反转]手动/手轮/单步方式下，按下此键，主轴反向转动起动。

6) 主轴停止。

[停止]手动/手轮/单步方式下，按下此键，主轴停止转动。

4. 录入方式

在录入方式下可输入一个程序段的指令，并可以执行该程序段。

例： G00 X10.5 Z200.5；

(1) 按键，选择录入方式。

(2) 按【程序PRG】键，选择程序页面。

(3) 按键或键，在面板左上方显示“程序段值”界面（见附图 10）。

(4) 用功能操作键盘上的［地址］和［数字］键输入 G00。

(5) 按【输入IN】键，G00 被显示出来（见附图 11）。按【输入IN】键以前，发现输入错误，可按【取消CAN】键，然后再次输入正确的数值。如果按【输入IN】键后发现错误，再次输入正确的数值。

(6) 再用同样的方法输入 X10.5 和 Z200.5（见附图 11）。

(7) 按键，执行。

```
程序        O1235   N1235
 （程序段值）                     （模态值）
        X                          F50
        Z         G0               M5
        U         G97              S 0001
        W                          T 0100
        R         G69
        F         G98
        M         G21
        S
        T
        P
        Q               SACT 0000
地址                     S 0001 T 0100
                  录入方式
```

附图 10 “程序段值”界面

```
程序              O1235      N1235
 （程序段值）                           （模态值）
        X      10.500                   F50
   G00  Z     205.500 G0                M5
        U             G97               S 0001
        W                               T 0100
        R             G69
        F             G98
        M             G21
        S
        T
        P
        Q                     SACT 0000
地址                          S 0001 T 0100
                  录入方式
```

附图 11 输入数值

二、程序的录入与编辑

1. 程序的录入与编辑操作的按键（见附图 12）

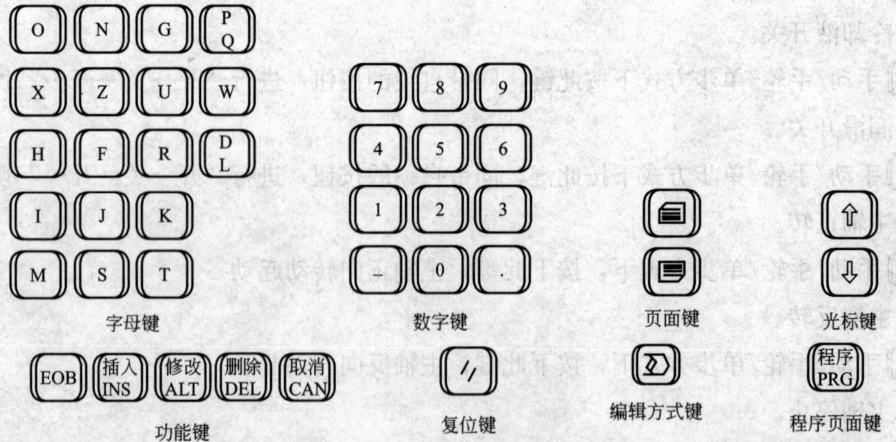

附图 12 程序录入与编辑操作的按键

2. 程序的录入与编辑操作前的准备

(1) 把程序保护开关置于 ON 上；

(2) 按[编辑]键，把操作方式设定为编辑方式；

(3) 按[程序 PRG]键后，显示程序页面。

3. 新建程序

(1) 按[O]键输入地址 O；

(2) 按数字键输入要新建的程序号（四位数字 0001～9999）；

(3) 按[EOB]键确认。

4. 程序内容的输入与编辑（在编辑方式的程序页面）

(1) 程序内容的输入。

用键盘的字母和数字键把程序中的每个字符输入，每段程序输入完后按[EOB]键结束，进入下一段输入，全部程序输入完按[插入 INS]键将当前程序保存（见附图 13）。

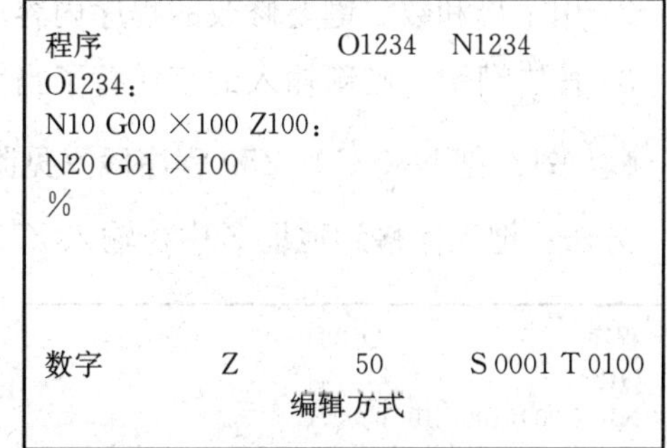

附图 13 输入程序

当前键入的字符（例：Z50）如有误，可按[取消 CAN]键取消。

(2) 程序内容的查找。

1) 逐个查找法。

① 按[↑]或[↓]键随光标 个字 个字地移动查找字符。

② 按[翻页]键，画面翻到下一页，光标移至下页。

③ 按[翻页]键，画面翻到上一页，光标移至上页。

2) 直接查找法。

① 用字母和数字键输入查找的字符；

② 按[↑]或[↓]键，从光标当前的位置开始向上或向下查找指定的字符；

③ 如果检索完成了，光标显示在所查找的字符中。

(3) 返回到程序开头。

按[复位]键，光标从当前的位置返回到程序开头位置，在 LCD 画面上，从头开始显示程序的内容。

(4) 程序内容的插入。

1) 把光标移到要插入程序内容位置的前一个地址字符中；

2) 用字母和数字键输入要插入的程序内容；

3) 按[插入 INS]键，则在当前地址段后插入新输入的字符。

例： 在 N80 G01 Z50 程序段（见附图 14）中 Z50 后插入 F100。

方法： 把光标移到地址 Z 中，输入 F100，按[插入 INS]键（见附图 15）。

(5) 程序内容的修改。

1) 把光标移到待修改程序内容地址字符中；

```
程序                O1234          N1234
O1234;
N10 G00×100 Z100;
N20 S2 M3 T0101;
N30 G0×50 M08;
N40 G73 U6 W4 R0.005;
N50 G73 P70 Q110 U1 W1 F100;
N70 G00×30;
N80 G1 Z50;
N110 G02×40 Z30 R40;
N120 G70 P70 Q110;
N130 G0×100 Z100;
数字        F        150        S 001 T 0100
                 编辑方式
```

附图 14　插入前的程序段

```
程序                O1234          N1234
O1234;
N10 G00×100 Z100;
N20 S2 M3 T0101;
N30 G0×50 M08;
N40 G73 U6 W4 R0.005;
N50 G73 P70 Q110 U1 W1 F100;
N70 G00×30;
N80 G1 Z50 F150;
N110 G02×40 Z30 R40;
N120 G70 P70 Q110;
N130 G0×100 Z100;
数字                              S 0001 T 0100
                 编辑方式
```

附图 15　插入后的程序段

2）用字母和数字键要修改的程序内容；

3）按修改ALT键，则新输入的字代替了当前光标所指的字。

例：把 N80 G01 Z50 程序段（见附图 16）中的 Z50 修改成 Z150。

方法：把光标移到地址 Z 中，输入 Z50，按修改ALT键（见附图 17）。

```
程序                O1234          N1234
O1234;
N10 G00×100 Z100;
N20 S2 M3 T0101;
N30 G0×50 M08;
N40 G73 U6 W4 R0.005;
N50 G73 P70 Q110 U1 W1 F100;
N70 G00×30;
N80 G1 Z50;
N110 G02×40 Z30 R40;
N120 G70 P70 Q110;
N130 G0×100 Z100;
数字        Z        150        S 0001 T 0100
                 编辑方式
```

附图 16　修改前的程序段

```
程序                O1234          N1234
O1234;
N10 G00×100 Z100;
N20 S2 M3 T0101;
N30 G0×50 M08;
N40 G73 U6 W4 R0.005;
N50 G73 P70 Q110 U1 W1 R100;
N70 G00×30;
N80 G1 Z150;
N110 G02×40 Z30 R40;
N120 G70 P70 Q110;
N130 G0×100 Z100;
数字                              S 0001 T 0100
                 编辑方式
```

附图 17　修改后的程序段

（6）程序内容的删除。

1）单个字段的删除。

① 把光标移到待删除程序内容地址字符中；

② 按删除DEL键，则当前光标所指的字被删除。

例：把 N130 G0 X100 Z100 程序段（见附图 18）中的 X100 删除。

方法：把光标移到地址 X 中，按删除DEL键（见附图 19）。

2）多个程序段的删除。

① 把光标移到待删除程序段内容的开始地址字符中；

② 输入待删除的结束字符；

③ 按删除DEL键，则所指定的程序段内容被删除。

```
程序              O1234          N1234
O1234;
N10 G00×100 Z100;
N20 S2 M3 T0101;
N30 G0×50 M08;
N40 G73 U6 W4 R0.005;
N50 G73 P70 Q110 U1 W1 F100;
N70 G00×30;
N80 G1 Z50;
N110 G02×40 Z30 R40;
N120 G70 P70 Q110;
N130 G0×100 Z100;
数字                      S 0001 T 0100
              编辑方式
```

附图 18　删除前的程序段

```
程序              O1234          N1234
O1234;
N10 G00×100 Z100;
N20 S2 M3 T0101;
N30 G0×50 M08;
N40 G73 U6 W4 R0.005;
N50 G73 P70 Q110 U1 W1 F100;
N70 G00×30;
N80 G1 Z50;
N110 G02×40 Z30 R40;
N120 G70 P70 Q110;
N130 G0 Z100;
数字                      S 0001 T 0100
              编辑方式
```

附图 19　删除后的程序段

例：删除 N40 至 N130 的程序段内容（见附图 20）。

方法：把光标移到 N40 程序段地址 N 中，输入 Z100 后，按[删除 DEL]键（见附图 21）。

```
程序              O1234          N1234
O1234;
N10 G00×100 Z100;
N20 S2 M3 T0101;
N30 G0×50 M08;
N40 G73 U6 W4 R0.005;
N50 G73 P70 Q110 U1 W1 F100;
N70 G00×30;
N80 G1 Z50;
N110 G02×40 Z30 R40;
N120 G70 P70 Q110;
N130 G0 Z100;
数字          Z      100     S 0001 T 0100
              编辑方式
```

附图 20　删除前的程序段

```
程序              O1234          N1234
O1234;
N10 G00×100 Z100;
N20 S2 M3 T0101;
N30 G0×50 M08;
N140 G0 Z50 T0303;
N150 ×50;
N160 G01×20 F50;
N170 G0×100;
N180 Z100;
N190 G0×45 T0200;
N200 G92×30 Z45 F3;
数字                      S 0001 T 0100
              编辑方式
```

附图 21　删除后的程序段

5. 查找程序

(1) 按[O]键输入地址 O；

(2) 按数字键输入要查找的程序号（四位数字 0001～9999）；

(3) 按[⇩]键查找。查找结束时，在显示屏上显示查找出的程序并在右上部显示已查找的程序号。

6. 删除程序

(1) 删除指定程序。

1) 按[O]键输入地址 O；

2) 按数字键输入要删除的程序号（四位数字 0001～9999）；

3) 按[删除 DEL]键，则对应键入程序号的程序被删除。

(2) 删除全部程序。

1) 按[O]键输入地址 O；

2）按数字键输入－9999；

3）按[删除DEL]键，则所有的程序被删除。

三、对刀操作

加工一个零件常需要几把不同的刀具，由于刀具安装及刀具偏差，每把刀转到切削位置时，其刀尖所在位置并不完全重合，为了在编程时无须考虑刀具间的偏差，就要进行对刀，通过对刀后，在编程时只需在加工程序的换刀指令中调用相应的刀具补偿即可。

1. 对刀前的准备

(1) 按加工工艺顺序安装刀具。

(2) 刀尖要与中心高一致，刀杆伸出长度要合理，装夹要牢固。

(3) 毛坯伸出长度要合理，装夹要牢固。

2. 自动加工过程序中的控制键（见附图 22）

附图 22　自动加工控制键

3. 零点偏置法（绝对值对刀法）

(1) 原理。

以机械零点为基准，把工件零点与刀尖在机械零点时的刀尖位置之间的偏差作为偏移量，输入到机床的刀偏表中（见附图 23）。

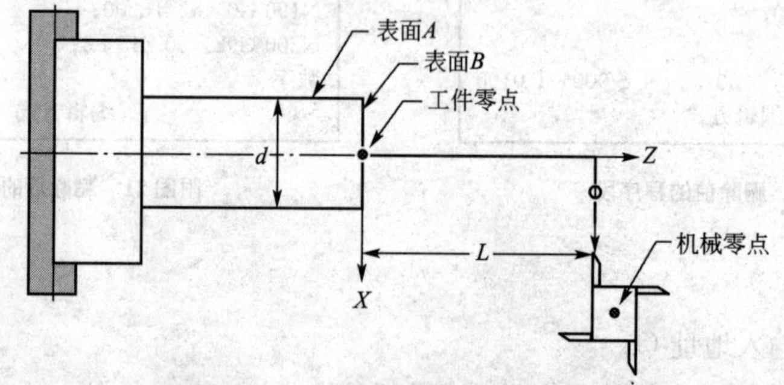

附图 23　试切对刀相关要素示意图

(2) 操作过程。

(1) 按[机械回零]键，选择机械回零方式，按[⇨]和[⇩]方向运动键，使机床回机械零点，回零后指示灯亮。

(2) 选择 1 号刀，在手动方式或手轮方式（单步方式），沿表面 A 切削外圆一刀，在 X 轴不动的情况下沿 Z 轴把刀具移到安全位置，并且停止主轴旋转。

(3) 测量被切削外圆表面的直径尺寸“d”，按[刀补OFI]键，进入“刀补页面”，按[翻页]和[⇩]键，把光标移到 101 号刀补设置处（刀偏置号＋100），按[X]键，输入测量的直径尺寸“d”后再按[输入IN]键，即完成 1 号刀 X 向的刀补设置。

（4）沿表面 B 切削端面一刀，在 Z 轴不动的情况下沿 X 轴把刀具移到安全位置，并且停止主轴旋转。

（5）按[刀补 OFI]键，进入“刀补页面”，按[▤]和[⇩]键，把光标移到 101 号刀补设置处（刀偏置号+100），按[Z]键，输入“0”后再按[输入 IN]键，即完成 1 号刀 Z 向的刀补设置。

（6）把刀具移到安全位置，换 2 号刀，把刀尖移到刚才 1 号刀切出的交角（表面 A 与表面 B 相交的角），按[刀补 OFI]键，进入“刀补页面”，按[▤]和[⇩]键，把光标移到 102 号刀补设置处（刀偏置号+100），按[X]键，输入测量的直径尺寸“d”后再按[输入 IN]键，按[Z]键，输入“0”后再按[输入 IN]键，即完成 2 号刀的刀补设置。

（7）用对 2 号刀的方法设置 3 号刀和 4 号刀。

4. G50 对刀法（相对值对刀）

（1）原理。

用基准刀对工件进行试切，用 G50 把零坐标系统设定后，把非基准刀与非基准刀之间的偏差作为偏移量，输入到机床的刀偏表中。

（2）操作方法。

1）基准刀（1 号刀）试切工件设定基准坐标系。

① 在手动方式或手轮方式（单步方式）下，沿表面 A 切削外圆一刀，在 X 轴不动的情况下沿 Z 轴把刀具移到安全位置，并且停止主轴旋转。

② 测量被切削外圆表面的直径尺寸“d”，按[D]键进入录入方式，按[程序 PRG]键，进入“程序段值页面”，按数字/字母键输入 G50 X“d”把当前的 X 向绝对坐标设为“d”；按[刀补 OFI]键，进入“刀补页面”，按[▤]和[⇩]键，把光标移到 001 号刀补设置处，按[X]键，输入“0”后再按[输入 IN]键，把基准刀的 X 向的刀偏清零。

③ 沿表面 B 切削端面一刀，在 Z 轴不动的情况下沿 X 轴把刀具移到安全位置，并且停止主轴旋转。

④ 按[D]键进入录入方式，按[程序 PRG]键，进入“程序段值页面”，按数字/字母键输入 G50 Z0，把当前的 Z 向绝对坐标设为“0”，按[刀补 OFI]键，进入“刀补页面”，按[▤]和[⇩]键，把光标移到 001 号刀补设置处，按[Z]键，输入“0”后再按[输入 IN]键，把基准刀的 Z 向的刀偏清零。

2）非基准刀（2 号刀）刀偏置设置。

① 把刀具移到安全位置，换 2 号刀，把刀尖移到刚才 1 号刀切出的交角（表面 A 与表面 B 相交的角），按[刀补 OFI]键，进入“刀补页面”，按[▤]和[⇩]键，把光标移到 102 号刀补设置处（刀偏置号+100），按[X]键，输入测量的直径尺寸“d”后再按[输入 IN]键。按[Z]键，输入“0”后再按[输入 IN]键，完成 2 号刀的刀补设置。

② 用对 2 号刀的方法设置 3 号刀和 4 号刀。

如果要加工的程序是用 G50 编程还应把基准刀刀尖移到 G50 所定义的程序起点位置。如程序的第一段是 G50 X100 Z100（见附图 24），则应在操作完非基准刀刀偏置设置后，在录入方式下输入 T0100 G00 X100 Z100 把基准刀刀尖移到 G50 所定义的程序起点 X100 Z100

位置（见附图 25）。

```
程序           O1234          N1234
O1234;
N10 G50×100 Z150;
N20 S2 M3 T0101;
N30 G0×50 M08;
N40 G73 U6 W4 R0.005;
N50 G73 P70 Q110 U1 W1 F100;
N70 G00×30;
N80 G1 Z50;
N110 G02×40 Z30 R40;
N120 G70 P70 Q110;
N130 G0 Z100;
数字                    S 0001 T 0100
              自动方式
```

附图 24　要加工的程序

```
程序             O1234          N1234
（程序段值）                   （模态值）
     X      100.000              F50
G50  Z      150.000    G0        M5
     U                 G97       S 0001
     W                           T 0100
     R                 G69
     F                 G98
     M                 G21
     S
     T      0100
     P
     Q                    SACT 0000
地址                    S 0001 T 0100
              录入方式
```

附图 25　基准刀刀尖移到程序起点

四、自动加工

1. 自动加工过程中的控制键（见附图 26）

自动方式键　机床锁定键　辅助功能锁定键　循环启动键　进给保持(暂停)键　单段执行键　倍率调节键

附图 26　自动加工控制键

2. 自动加工前的准备

(1) 待加工零件程序已通过机床面板输入，并且经过检查、编辑修改，确定无误。

(2) 进行模拟加工：按[自动方式]键，进入自动方式，按[机床锁定]和[MST]键，把机床锁定，按[循环启动]键，开始模拟加工。这时要认真观察程序执行的情况，是否有报警，程序输入是否正确。

(3) 装夹好毛坯，安装刀具，并设置好刀偏。

(4) 把光标移动到待加工零件程序头。

3. 自动加工步骤

(1) 按[自动方式]键，进入自动方式，把所有倍率调改为零，按[单段]键，进入单段执行模式，按[显示]键调出显示程序内容和坐标位置的页面，按[循环启动]键，开始加工。

(2) 观察刀架移动位置，确定无误后，把进给倍率调大，快速倍率调为 50%。

(3) 取消单段执行模式，开始连续加工。

(4) 刀架移动安全位置，准备换另一把刀时，按[单段]键，进入单段执行模式，把所有倍率调改为零，按[循环启动]键，确定刀架移动位置无误后，把进给倍率调大，快速倍率调为 50%，取消单段执行模式，继续加工。

4. 在自动加工中调整刀具补偿

通过对刀，执行自动加工后发现对应刀具所加工的尺寸有误差，这时就要调整刀偏来补偿。

按【刀补 OFT】键，把光标移动到要调整刀具相应的刀偏号中，用增量 U 或 W 输入补偿量，按【输入 IN】键确认。如：1 号刀是外圆刀，外圆尺寸是 ϕ40mm，而实际测量尺寸是 ϕ40.23mm，就应在 001 刀偏号中，输入 U－0.23。

参 考 文 献

[1] 范进桢主编. 数控加工技术与编程. 北京：清华大学出版社，2005

[2] 陈云卿主编. 数控车床编程与技能训练. 北京：化学工业出版社 2006

[3] 谢晓红主编. 数控车削编程与加工技术. 北京：电子工业出版社，2008

[4] 杨琳主编. 数控车床加工工工艺与编程. 北京：中国劳动社会保障出版社，2005

[5] 宋小春，张木青编著. 数控车床编程与操作. 广州：广东经济出版社，2005

[6] 刘蔡保主编. 数控车床编程与操作. 北京：化学工业出版社，2009

图书在版编目（CIP）数据

数控车床综合实训/吴志清主编
北京：中国人民大学出版社，2010
21世纪高职高专规划教材·机械制造与自动化系列
ISBN 978-7-300-12094-2

Ⅰ. ①数…
Ⅱ. ①吴
Ⅲ. ①数控机床：车床—高等学校：技术学校—教材
Ⅳ. ①TG519.1

中国版本图书馆CIP数据核字（2010）第078254号

21世纪高职高专规划教材·机械制造与自动化系列
数控车床综合实训
主　编　吴志清
副主编　史豪慧

出版发行	中国人民大学出版社		
社　　址	北京中关村大街31号	**邮政编码**	100080
电　　话	010-62511242（总编室）		010-62511398（质管部）
	010-82501766（邮购部）		010-62514148（门市部）
	010-62515195（发行公司）		010-62515275（盗版举报）
网　　址	http://www.crup.com.cn		
	http://www.ttrnet.com（人大教研网）		
经　　销	新华书店		
印　　刷	三河市汇鑫印务有限公司		
规　　格	185mm×260mm　16开本	**版　　次**	2010年8月第1版
印　　张	17.25	**印　　次**	2010年8月第1次印刷
字　　数	414 000	**定　　价**	29.00元

教师信息反馈表

为了更好地为您服务，提高教学质量，中国人民大学出版社愿意为您提供全面的教学支持，期望与您建立更广泛的合作关系。请您填好下表后以电子邮件或信件的形式反馈给我们。

<table>
<tr><td>您使用过或正在使用的我社教材名称</td><td></td><td>版次</td><td></td></tr>
<tr><td>您希望获得哪些相关教学资料</td><td colspan="3"></td></tr>
<tr><td>您对本书的建议（可附页）</td><td colspan="3"></td></tr>
<tr><td>您的姓名</td><td colspan="3"></td></tr>
<tr><td>您所在的学校、院系</td><td colspan="3"></td></tr>
<tr><td>您所讲授的课程名称</td><td colspan="3"></td></tr>
<tr><td>学生人数</td><td colspan="3"></td></tr>
<tr><td>您的联系地址</td><td colspan="3"></td></tr>
<tr><td>邮政编码</td><td></td><td>联系电话</td><td></td></tr>
<tr><td>电子邮件（必填）</td><td colspan="3"></td></tr>
<tr><td>您是否为人大社教研网会员</td><td colspan="3">□是，会员卡号：________
□不是，现在申请</td></tr>
<tr><td>您在相关专业是否有主编或参编教材意向</td><td colspan="3">□是　　□否
□不一定</td></tr>
<tr><td>您所希望参编或主编的教材的基本情况（包括内容、框架结构、特色等，可附页）</td><td colspan="3"></td></tr>
</table>

我们的联系方式：北京市海淀区中关村大街 31 号
中国人民大学出版社教育分社
邮政编码：100080
电话：010－62515912
网址：http://www.crup.com.cn/jiaoyu/
E－mail：jyfs_2007@126.com